調査観察データ
解析の実際
1

欠測データの統計科学

医学と社会科学への応用

高井啓二
星野崇宏
野間久史

岩波書店

シリーズ刊行にあたって

社会科学や医学・疫学などヒトにかかわるデータを扱う分野では，条件を厳密に統制した実験研究を行うことが多くの場合困難であり，加えて関心のある変数に影響を与え得る要因が多数にわたる。そのため，因果的な議論や予測を行うことは，実験研究が可能な分野に比べ容易ではない。

また近年では，企業の意思決定をデータに基づいて行うことが通常になってきたが，やはりごく一部の場合を除いて実務では統制された実験は難しいため，同様の問題が生じている。

しかし，特にこの20年における統計学の発展により，実験が可能でない調査・観察研究においても，因果推論や精度の高い予測モデルを構築することを可能にするさまざまな方法論を提供できるようになった。その際に利用される大きな2つの武器として，(A)欠測データの統計解析理論と，その枠組みに立脚した統計的因果効果推定法，(B)潜在変数を導入した柔軟なモデリング，特に購買や移動，来店，Web閲覧などといった行動データで利用される離散選択モデリングや行動間隔・生存時間分析に対して個人差やグループの差を導入する変量効果や潜在クラス，マルチレベルモデリングといった拡張・発展・応用がある。

本シリーズでは1,2巻で(A)の理論および応用，3,4巻で(B)の理論および応用をカバーしている。これによって，社会科学や医学・疫学といったヒトに関連する諸科学のデータ分析において因果効果を推定する，あるいは行動を理解し予測を行うための統計手法について，研究者や企業の解析担当者などに包括的な理解を与え，解析の指針を示し，さらにはここで紹介した諸手法の普及を目指すものである。

また，最近医学・疫学系の分野においては，CONSORT声明やNRCの欠測データ解析ガイドライン，ICMJE統一投稿規定に代表される国際的な統計解析のガイドラインが標準化されつつある。軌を一にして，社会科学や心理学においても統計解析のコンセンサスができつつある。本シリーズではこうした動きを十分反映しながら，1,3 巻では上記(A)と(B)について厳選された具体的な方法論を示しながら理論を中心に示し，2,4 巻は実際のデータ解析を，ステップバイステップで応用分野の研究者や実務者が活用できる形で応用を中心に説明する。

本シリーズは確率，情報，統計とその応用，背後にある数理に関心を持つあらゆる読者を対象としている。とりわけ，初学者・研究者を問わず，

・技術や知識のみならず，その背後にある概念や考え方が知りたい

・新しく出現した手法や分野を大きな流れの中で位置づけたい

・実際の統計解析の現場で活用できるようになりたい

と考えている方々の期待に応える内容とするべく努めたつもりであるが，目的が達成されたかどうか，さまざまなご意見やご批判をいただければ幸いである。

編者　星野崇宏，岡田謙介

まえがき

社会科学や医学・疫学・マーケティングなどヒトにかかわるデータを扱う分野では，通常の統計学の教科書通りにすべての対象者にすべての変数が得られているような整形された“完全データ”が得られることはまれであり，ほとんどの場合，回答拒否やパネル調査からの脱落，不注意による無回答などさまざまな理由によって“本来得られるはずであった”データのうち一部が欠測したデータ(本書ではこれを欠測データと呼ぶ)しか得られない。

このような欠測データを正しく扱うための統計学は，統計学の理論的研究としては盛んに行われてきたが，各分野の応用研究では長い間ほぼ無視されてきたと言ってよい。

しかしこの10年ほど，各分野で「データの欠測を無視あるいは軽視して単純な解析を行うことで大きなバイアスが生じる可能性がある」といった問題意識が共有され，より適切な解析を行わないと一定レベル以上の学術誌の査読ではリジェクトされたり，全米学術研究会議(National Research Council)によって欠測データ解析に関する報告書が発行されたりする(第1章および付録参照)など，応用研究でも欠測データの適切な扱い方の知識に対するニーズが高まってきた。

学術分野以外でも，意思決定にエビデンスが求められる風潮の中で，マーケティングやファイナンスなど実務分野でのデータ解析の意識が高まっており，欠測データの適切な扱いのみならず，欠測値を予測しデータを補完したい(第4章参照)といったニーズが高まっている。

本書では，ここ20年ほどで飛躍的に進展した統計学での欠測データ解析の研究蓄積に対する理解と読者各自の有する欠測データへの適切な統計解析を可能にすることを目標に，欠測データの統計理論といくつかのモデルや状況での解析法についての説明を行い，また医学でまとまりつつあるガイドラインや社会科学系でのコンセンサスに十分留意しながら，厳選された具体的な方法論を，実際のデータを応用研究者が活用できる形で紹介する。

本書の構成としては，まず第1章で「欠測データに対してよくやりがちな処理がどのような誤った結論を導くか」を具体的な例を与えて示すことで欠測データの重要性を示し，さらにいくつかの概念の定義を与える。続いて第2章では欠測データを発生させるメカニズムを分類し，それらの分類のもとで，欠測データにもとづく最尤推定量の性質について述べる。第3章では，欠測データにもとづいて最尤推定値を計算するための方法であるEMアルゴリズムについて説明する。第4章では欠測値に値を代入する“単一代入法”と“多重代入法”を説明し，第5章では回帰分析のように説明変数と目的変数が明確である場合での欠測の扱いとともに，第2章のアプローチと大きく異なる“重み付き推定方程式”による欠測の扱いについて説明する。第6章では，脱落を伴う経時測定データの解析方法についての解説を行う。同一個人の独立性を仮定することができない繰り返し測定データは，医薬品開発の臨床試験を含む医学研究で多く，脱落メカニズムを適切に考慮した妥当な推測を行うための方法を紹介する。第7章では，欠測データを発生させるメカニズムについて分析者が持つ仮説を検証するための方法として，統計的検定や感度分析について述べる。

次に本書の使い方であるが，数理的な内容を研究されたい方や数理に詳しい方であれば，第1章から読み進めることをお勧めする。一方，応用研究分野の方で「理論的な内容はある程度天下りを認めつつ」実際の自分のデータ解析に必要である，という観点で読み進めたい方においては，2.4.2，2.4.4，2.5.2，2.6.2，3章全体，4.6.4，5.2.4，5.2.5，5.3.2，6.4節，7.1.3は例を除いて飛ばし読みをされてもよい。このような観点から，本書ではなるべく具体例を記載し，また具体例での解析を読者が再現できるように，以下のURLにRやSASなどのプログラムコードを掲載している。

http://www2.itc.kansai-u.ac.jp/~takai/Book/index.html

ただし，あくまでも手法の理論的根拠とその前提は読み飛ばされた部分に存在するため，本当に納得しながら解析を行いたいということであれば，これらの部分を読む必要がある。もしこの部分の数理的な内容が難しいということであれば，以下の本をお勧めしたい。

久保拓弥(2012)『データ解析のための統計モデリング入門』岩波書店

難波明生(2015)『計量経済学講義』日本評論社

藤澤洋徳(2006)『確率と統計』朝倉書店

McCulloch, C. E. ら(2011)『線形モデルとその拡張』(土居正明ら訳) シーエーシー

本書の分担部分であるが，第1章は医学でのガイドライン(野間)を除き星野，第2章と第3章，第7章を高井，第4章と第5章を星野，第6章を野間が執筆した。ただし解析例などは担当以外の者も互いに提供しており，また全員で互いの内容については繰り返しコメントを行い，記法や用語などに齟齬がないように努めた。

本書をまとめるにあたり，猪狩良介(慶應義塾大学・日本学術振興会)，加藤諒(慶應義塾大学・日本学術振興会)，竹内真登(名古屋大学・日本学術振興会)，土居正明(東レ)，中野暁(インテージ)，新美潤一郎(名古屋大学)，林賢一(慶應義塾大学)，藤原正和(塩野義製薬)，丸尾和司(国立精神・神経医療研究センター)，宮崎慧(関西大学)，森川耕輔(大阪大学)，山本倫生(京都大学)，渡辺秀章(塩野義製薬)の方々に，内容及び誤字脱字などのチェックを行っていただいたことにこの場をお借りして御礼申し上げたい。ただし，あり得べき誤りは筆者の責任である。

また，この本の執筆の機会を与えて頂いた岩波書店の吉田宇一氏，編集を担当いただいた辻村希望氏に御礼申し上げる。

2016 年 4 月吉日

著 者 一 同

目　次

シリーズ刊行にあたって
まえがき

1　はじめに：欠測の Do's and Don'ts とガイドライン ………… 1

1.1　やってはいけない解析例　1

1.1.1　汚いものに蓋をする：リストワイズ削除とペアワイズ削除　1

1.1.2　とりあえず値を埋める：代入値を利用した解析の問題点　5

1.1.3　回帰分析での欠測の処理　9

1.2　用語の定義と欠測の分類　14

1.3　欠測を扱うための2つのアプローチ：代入法とそれを回避する方法　19

1.4　欠測のガイドライン化と対応に向けて　21

2　欠測データに対する最尤法 ………… 23

2.1　完全データと欠測データに対する最尤法　23

2.1.1　完全データを用いた最尤法　23

2.1.2　多変量欠測データの完全尤度　25

2.2　欠測データ分析のためのモデル　34

2.2.1　選択モデル　35

2.2.2　パターン混合モデル　37

2.2.3　共有パラメータモデル　39

2.3　欠測データメカニズムの分類　40

2.4　ランダムな欠測(MAR)　41
2.4.1　MAR の定義　41
2.4.2　MAR 下の最尤推定量の性質　46
2.4.3　無視可能な欠測　51
2.4.4　無視可能な欠測下の最尤推定量の性質　53
2.5　完全にランダムな欠測(MCAR)　54
2.5.1　MCAR の定義　54
2.5.2　MCAR 下の最尤推定量の性質　58
2.5.3　「リストワイズ削除」「ペアワイズ削除」の問題点　59
2.6　ランダムでない欠測(NMAR)　61
2.6.1　NMAR の定義　61
2.6.2　NMAR 下の最尤推定量の性質　64
2.7　ま と め　66
3　EM アルゴリズム ……………………………………………… 68
3.1　尤度の計算　68
3.2　EM アルゴリズムを利用する状況　69
3.3　EM アルゴリズムの定式化　71
3.4　EM アルゴリズムの導出　77
3.5　EM アルゴリズムの性質　81
3.5.1　対数尤度の単調増加性とアルゴリズムの収束　81
3.5.2　指数型分布と EM アルゴリズム　82
3.6　EM アルゴリズムの実際　84
3.6.1　2 変量正規分布の場合の EM アルゴリズム　84
3.6.2　数 値 例　88
3.6.3　多項分布の場合の EM アルゴリズム　90
3.6.4　数 値 例　95

3.7　適用上の諸問題とその対策　97
3.7.1　E-step が計算できないとき　97
3.7.2　M-step が計算できないとき　98
3.7.3　EM アルゴリズムの収束を加速させたいとき　99
3.7.4　推定値の共分散行列の計算を行いたいとき　99
3.7.5　NMAR の場合を考えたいとき　100

4　単一代入と多重代入 ……………………………… 102
4.1　代入法とは　102
4.1.1　代入法の必要性　102
4.1.2　代入モデルと解析モデル　103
4.2　種々の単一代入の分類　104
4.3　回帰代入に関連する手法　106
4.3.1　連続変数の場合　107
4.3.2　離散変数の場合　109
4.4　マッチングを用いた代入法　110
4.5　多重代入法と 3 つのステージ　113
4.5.1　単一代入の問題点としての分散の過小評価　113
4.5.2　多重代入法の目的　114
4.5.3　代入ステージ　115
4.5.4　解析ステージ　116
4.5.5　統合ステージ　117
4.5.6　パラメトリックな多重代入法　120
4.5.7　セミパラメトリック・ノンパラメトリックな多重代入法　121
4.6　多重代入法についての統計的性質　122
4.6.1　適正な多重代入法　122
4.6.2　代入モデルと解析モデルの融和性　123
4.6.3　どのような補助変数を利用すべきか　127

4.6.4　統合された推定量の漸近的性質　127
4.6.5　疑似完全データセットはいくつ必要か？　131

4.7　連鎖式による多重代入　133

4.8　まとめ：多重代入法の応用にあたって　137
4.8.1　多重代入法の利点：どのような場合に利用すべきか？　137
4.8.2　利用における注意点と報告すべき内容　138
4.8.3　ソフトウェア　139

5　回帰分析モデルにおける欠測データ解析 ……………… 141

5.1　回帰分析と欠測の分類　141
5.1.1　完全ケース分析からの一致推定と推定方程式アプローチ　142

5.2　直接尤度を用いた最尤推定とベイズ推定　146
5.2.1　目的変数のみに欠測がある場合　147
5.2.2　説明変数のみに欠測がある場合　148
5.2.3　目的変数と説明変数どちらにも欠測がある場合　149
5.2.4　EM アルゴリズムによる最尤推定　149
5.2.5　MCMC によるベイズ推定の場合　152

5.3　完全ケースを用いたランダムでない欠測の解析法　156
5.3.1　ケースコントロール研究と逆回帰モデルを解く方法　156
5.3.2　内生的標本抽出での解析法　160

5.4　回帰分析モデルでの重み付き推定方程式　162
5.4.1　周辺モデルに対する重み付き推定方程式　162
5.4.2　説明変数の欠測がある場合の重み付き推定方程式　166
5.4.3　二重にロバストな推定　166

5.5　生存時間分析における欠測　169
5.5.1　欠測としての打ち切り　170
5.5.2　情報のある打ち切りでの解析法　172

5.6　回帰分析モデルにおける連鎖式による多重代入　175
5.7　ま　と　め　177
5.7.1　ソフトウェア　178

6　脱落を伴う経時測定データの解析 ………………………… 179

6.1　経時測定データの解析　179
6.1.1　周辺モデル　179
6.1.2　変量効果モデル　181
6.2　脱落に関する欠測データメカニズム　182
6.2.1　MCAR　182
6.2.2　MAR　183
6.2.3　NMAR　184
6.3　MCAR, MAR のもとでの推測　184
6.3.1　尤度に基づく推測　184
6.3.2　セミパラメトリック推測　187
6.4　NMAR のもとでの推測　190
6.4.1　選択モデル　191
6.4.2　パターン混合モデル　192
6.4.3　共有パラメータモデル　193
6.4.4　セミパラメトリックモデル　193
6.5　ソフトウェアと関連資料の紹介　194

7　欠測データメカニズムの検討 ………………………………… 196

7.1　MCAR と MAR の検討　196
7.1.1　t 検定による方法　197
7.1.2　Little の検定　199
7.1.3　Hausman 検定を利用した方法　203
7.2　感度分析　206
7.2.1　パターン混合モデルと感度分析　209

7.2.2　パターン混合モデル　210
7.2.3　感度分析の例　212

付　録

A.1　周辺平均と周辺分散　215
A.2　多変量正規分布の性質　216
A.3　推定方程式について　216
A.4　全米学術研究会議報告書における推奨事項　218

引用文献　223
索　引　231

1

はじめに：欠測のDo's and Don'tsとガイドライン

1.1 やってはいけない解析例

1.1.1 汚いものに蓋をする：リストワイズ削除とペアワイズ削除

欠測が存在するデータを見て，これは面白いと興味をそそられる分析者や研究者は(我々著者を除き)ほとんどいないであろう。本来得られるはずであった欠測のない**完全データ**(complete data)が得られないことを悔やみつつ，欠測のある不完全なデータをいかに完全データであるかのように解析するかを考えるのが普通である。そこで多くの分析者が行うのは**完全ケース分析**(complete-case analysis)[*1]あるいは**リストワイズ削除**(listwise deletion)と呼ばれる解析である。これはすべての変数についてデータが得られているユニット[*2]だけ残し，一部でも変数に欠測があるユニットは削除してから解析を行うという，欠測データに対してごく自然に行いがちな対処方法である。

ただし，変数が多数でありかつ欠測の割合が大きい場合には，完全ケースのサンプルサイズは本来のそれよりも極端に小さくなることがある。また，一部の変数のみ欠測するユニットについては，欠測している変数を利用しない解析には利用できる場合がある。たとえば相関係数の計算には，たとえ実際には複数の変数があっても，2変数ずつしか利用しないため，それ以外の変数が欠測しているユニットのデータも利用しようと思えばで

＊1　以後完全ケースという用語がしばしば出てくるが，完全データと混同しないこと。完全データは欠測がまったくなかった場合に得られるであろうデータを指す。

＊2　人や動物，菌，企業など分析単位のこと。時系列であれば時点。

きる。

このようになるべく多くのデータを利用する方法を**利用可能なケースによる分析**(available-case analysis)あるいは**ペアワイズ削除**(pairwise deletion)*3と呼ぶ。

これらの方法は直観的であり，また実行が容易であることから，さまざまな状況で(場合によっては本来のデータには欠測があることを明示せず，背後で)行われている。しかし，これらの方法は場合によって大きくバイアスのある結果を与えることが知られている。

例 1.1(社会科学データの例)

どの程度の収入を得ている世帯がどのような消費行動を行うかを理解することは，さまざまな政策意思決定に寄与する。たとえば消費税を増税する場合に，特定の財に対して軽減税率を導入することによって低所得者にどの程度のメリットがあるかを考える場合などに利用できる。日本でも，マイナンバー制度の導入によって，政府は各世帯の世帯収入を把握することが可能になったが，すでに同様の制度を導入している諸外国同様，その世帯がどのような消費行動を行っているかを正確に把握することはできない。このような関心から，政府や大学・シンクタンクなどのさまざまな機関によって，同一対象者に対して世帯収入とともに各種の財やサービスへの支払額を調べる調査が行われている。このような調査では一般に，収入についての項目への欠測率が他の項目と比較して際立って高いことが知られている。この理由としては，低所得者が収入を答えるのに対して拒否感があること，収入額の正確な把握ができない人たちが含まれていることや，高所得者層では逆にプライバシー意識が高いことから回答への抵抗感があることが考えられる。

たとえば，米国政府による全国健康栄養調査(National Health and Nutrition Examination Survey)は，毎年約 4 万世帯に対して調査を実施する大規模な調査であるが，他の調査項目の未回答率は極めて低いにもかかわらず，世帯収入や個人の給与所得の未回答率だけは高く，1997 年から 2004 年での世帯収入の未回答率の平均は 30.75% であり，さらに近

*3 厳密には第 2 章で説明する。

年増加傾向にあるとされている。Schenker et al. (2006)が世帯収入への欠測の有無をさまざまな変数で説明するロジスティック回帰分析*4を行ったところ，2001年のデータでは健康保険に入っているかどうか，健康上の理由で活動に制限があるかどうか，黒人かどうか，米国外で生まれたかどうか，年齢はいくつかなどの要因が，欠測率に有意に影響を与えることがわかった。このことから，世帯収入と医療機関への受診行動との関係などを解析する際に，収入について未回答の対象者のデータを削除した完全ケース分析をすると，社会的弱者のデータが欠落するバイアスが生じ，問題となることは明白である。また Kim et al. (2007)はカリフォルニア州で毎年行われている大規模調査から，収入の回答の有無が年齢や学歴，居住地域に関連することや，収入の低い人と未回答者は属性情報が似た分布となることを示している。

この問題については，すぐ後に具体的な解析例を示す。 □

例 1.2(医学データの例)

新薬開発のための臨床試験などでは，一般的に，試験薬の有効性を評価するための目的変数を観察するために，数カ月～数年間に及ぶ追跡が行われる。この間，試験の参加者全員についての情報を，最終時点まで1つも欠かすことなく完全に測定できることはほとんどなく，試験途中での脱落や，追跡期間中の間欠的なデータの欠測はほぼ確実に生じる。ここでは，1990年代に米国で行われたACTG193A試験(Henry et al., 1998; Fitzmaurice et al., 2011)を例として挙げる。この試験は，AIDSの治療薬である複数の逆転写酵素阻害剤の併用療法・交替療法の有効性を評価した臨床試験であり，1313人の参加者に対して，異なる薬剤の4種類の組み合わせから成る治療のいずれかがランダムに割り付けられている。ここでは，このうち zidovudine，didanozine，nevirapine の3剤併用群($n=330$)と，それ以外の2剤併用・交替療法の3群($n=979$)を比較することとする。治療効果を評価するための目的変数には，数週間おきに，CD4細胞数*5の測定が行われており，ここではその対数値を用い

*4　ロジスティック回帰分析についての基礎的な文献を参照のこと。
*5　CD4細胞は，免疫系の情報伝達に関与する白血球の一種であり，HIVの感染によってその数が減少していく。疾患の進行度を測る指標として用いられる。

る。

まず先述の通り，このような臨床試験において，数カ月以上の追跡期間を通して，1300 人以上の参加者全員を 1 人の漏れもなく完全に追跡することはほとんど不可能であり，ほぼ確実になんらかのデータの欠測が生じる。表 1.1 に，先述の 2 群における，追跡開始時点，8 週目，16 週目，24 週目，32 週目での目的変数*6をまとめている。たとえば，32 週時点では，3 剤併用群において 122 人(37.0%)，それ以外の 3 群において 413 人(42.2%)が欠測を起こしており，全体としても，実に 4 割近くの対象者が試験途中での脱落を起こしたことになる。形式的に，32 週時点で CD4 細胞数が観測された対象者についてのみ t 検定を行うと，群間での有意差が認められるが($p < 0.001$)，そもそも群間における欠測の割合にも 5% 以上の差が認められる。仮に，それぞれの群が異なるメカニズムによって欠測を起こしているのであれば，治療のランダム割り付けによる恩恵は失われ，群間の治療効果の差の推定にはバイアスが生じることとなる。

実際，医学研究における欠測は，「何の理由もなくランダムに起こる」ことはほとんどあり得ず，欠測を起こした対象者には，欠測を起こすだけのなんらかの理由があることが一般的である。ACTG193A 試験においても，症状の進行により試験治療を継続できなくなった患者や，副作用により試験治療が中止される患者，あるいは，追跡終了時点までに亡くなった患者など，さまざまな原因によって欠測が起こったことが考えられる。科学的に妥当な結論を得るためには，これらの欠測データメカニズムを適切に考慮した上で，何を評価の対象とし，どのようなデータ解析を行うかが重要となる。また，それ以前に，すべての個人において，欠測の原因を完全に同定することは不可能であり，どのような解析方法を用いても，欠測は，起こってしまえば必ず結果への不確実性を生じさせてしまうため，研究の計画・実施段階において，最小限に留められるように適切な防止策を施すことが重要である。 □

*6　ACTG193A 試験のオリジナルデータは，http://www.hsph.harvard.edu/fitzmaur/ala/に公開されている。ここでは，解説のために若干の修正を行ったデータを用いている。実際に使用されているデータの詳細については，本書の Web ページをご参照いただきたい。

表 1.1　ACTG193A 試験における欠測データと目的変数 (log(CD4+1))の要約

	追跡開始時点	8 週目	16 週目	24 週目	32 週目
3 剤併用群(n=330)					
欠測	—	22	50	84	122
(%)	—	(6.7%)	(15.2%)	(25.5%)	(37.0%)
平均	2.83	3.27	3.25	3.06	2.99
標準偏差	0.96	1.13	1.17	1.14	1.23
それ以外(n=979)					
欠測	—	100	164	263	413
(%)	—	(10.2%)	(16.8%)	(26.9%)	(42.2%)
平均	2.94	2.93	2.86	2.73	2.67
標準偏差	0.90	1.13	1.10	1.07	1.06
p 値(t 検定)	—	<0.001	<0.001	<0.001	<0.001

ただし，完全ケース分析や利用可能なケースによる分析は，特定の場合においては正しい欠測データ解析の方法であることもある。これについては第 2 章や第 5 章の内容を参照されたい。いずれにせよ，どのような場合にこれらの方法を利用できるか，また利用できない場合には，代わりに行うべき解析方法が何かを理解するのが望ましい。学術的な研究においては，医学研究で近年出されたガイドラインが非常に大きな影響力を持ち，また社会科学においてもより多くの変数を一度に扱うようになってきたことから，欠測の正しい扱い方に関する注目が集まり，論文査読などにおいて非常に重要な話題となってきた。

さらに，ビジネスや政策決定など実務の場面においても，誤った方法を利用することによって誤った意思決定を行い大きな損失を被ることがあるが，近年は大量の変数が得られるようになった分，そのデータの欠測率も大きくなり，データの欠測を正しく扱う方法を利用しないと解析に大きなバイアスが生じる可能性も高まっている。

1.1.2　とりあえず値を埋める：代入値を利用した解析の問題点

欠測値にとりあえず尤もらしい値を代入して埋めてしまうというのは，非常に自然な発想である。尤もらしい値と言えば代表値であり，平均値やモード，メディアンなどで欠測値を埋めるという処理は(場合によっては欠測の処理としては明示されずに）応用研究や実務では非常に多く行われていると思われる。

欠測値に代入値を入れることで生成される疑似的な完全データを，以降では**疑似完全データ**(pseudo-complete data)（または代入データ(imputed data)）と呼ぶ*7。

疑似完全データを作成するための代入法としては，応用研究や実務では「観測値から計算した平均をすべての欠測値に代入する」**平均値代入**が利用されることが多い。欠測が「完全にランダムな欠測」という特殊な欠測の場合*8には，観測されているユニットだけから計算した平均値や回帰分析の係数は不偏性を有する，つまりバイアスのない推定値となる。したがって，平均値代入を行って得られた疑似完全データから平均を点推定しても問題はない*9。

しかし平均値代入は，疑似完全データを完全データとみなして標本(共)分散や不偏(共)分散を計算しても，(共)分散の過小推定が起きること，またそれに付随して，推定値の分散も過小評価されることに問題がある。

具体例で説明しよう。標準正規分布から乱数を 10 万個発生させ，そのうちの 1 割が完全にランダムな欠測(MCAR, 次の節で説明)で欠測しているデータを作成し，平均値代入を行って得た疑似完全データのヒストグラムが図 1.1 である。観測データからの標本平均は -0.0043 と母平均 0 にかなり近いが，図を見て明らかなように，平均値代入された値が標本平均の一点に分布しているため，標本分散が過小評価され，母分散 1 より小さい 0.8962 となっている。

「観測されている別の変数を用いて，欠測値の予測値を計算して代入する」**回帰代入***10もよく利用されるが，上記の現象は回帰代入でも同様に生じる。

---

*7　ただし，すべての変数について欠測がない状態にまで代入せずに関心のある解析が行える程度まで代入を行う場合もある。この場合も一種の疑似完全データと言ってよい。

*8　詳しくは第 2 章で説明する。

*9　ただし，平均や分散の標準誤差が過小評価されるため，区間推定についての過小評価が起きる。同様に検定も，事前に指定した有意水準に第 1 種の誤りが生じる確率を抑えることはできない。

*10　詳細は 4.3 節参照。

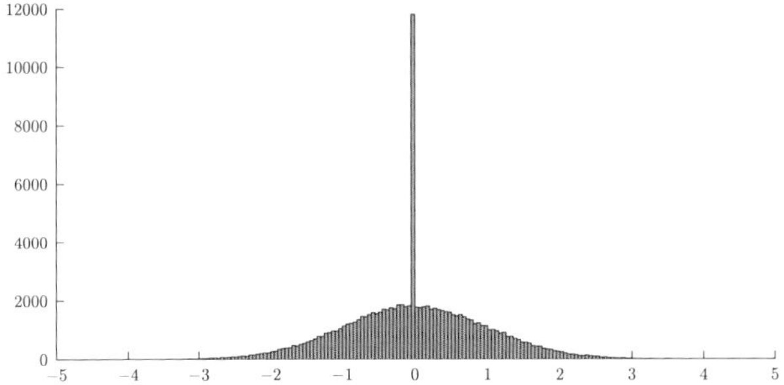

図 **1.1**　平均値代入の場合のヒストグラム。縦軸は度数

例として，目的変数 y のみに欠測が起きる場合での回帰代入を考えよう。この場合には，説明変数を条件付けた目的変数の条件付き期待値 $E(y|\boldsymbol{x})$ を用いて，y の欠測値の代入を行うことになるが，欠測値については条件付き分散 $V(y|\boldsymbol{x})=V(e)$，つまり残差分散が無視されるため，y の分散を疑似完全データから計算した標本分散や不偏分散で推定すると過小評価が生じる。このことは，付録の式(A.1)の周辺分散の公式を利用すれば明らかである。つまり付録の式(A.1)において $w=y$，$z=\boldsymbol{x}$ とおき，誤差分散が $\boldsymbol{x}$ に依存しないならば，目的変数の周辺分散 $V(y)$ は

$$V(y) = V(e)+V_{\boldsymbol{x}}[E(y|\boldsymbol{x})] \tag{1.1}$$

であるため，代入値の分散 $V_{\boldsymbol{x}}[E(y|\boldsymbol{x})]$ だけで $V(y)$ を推定すると，$V(e)$ だけ過小評価が起きる。図 1.2 は横軸を x，縦軸を y として平均と分散がどちらも 0 と 1，相関係数が 0.6 の 2 変量正規分布の等高線と，$y=0.6x$ の回帰直線をプロットしたものである。図の縦軸の左の実線は y の周辺分布である標準正規分布の密度関数をあらわす。破線は $V[E(y|\boldsymbol{x})]$ と等しい分散を持つ正規分布の密度関数をあらわす。後者は，$V(e)$ を無視した，つまり回帰代入で得た予測値の分散だけから y の分散を推定したものであり，一見して大きなバイアスが生じていることがわかる。実際には観測された y は利用できるが，欠測値に回帰代入を行った疑似完全データをあたかも完全データであるかのように見なした y の標本分散は

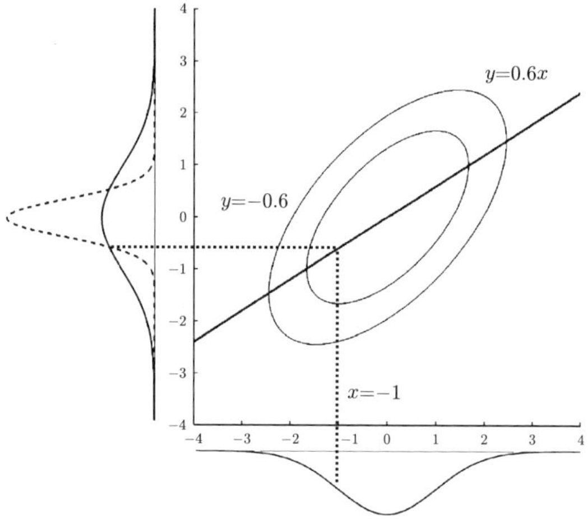

図 1.2 回帰代入での分散。横軸は x，縦軸は y

$$\frac{1}{n}\Big[\sum_{i:\text{観測}}(y_i-\bar{y})^2+\sum_{i:\text{欠測}}(\hat{y}_i-\bar{y})^2\Big] = \frac{1}{n}\Big[\sum_{i:\text{観測}}(y_i-\hat{y}_i)^2+\sum_{i=1}^{n}(\hat{y}_i-\bar{y})^2\Big]$$
$$= s_y^2-\frac{1}{n}\sum_{i:\text{欠測}}(y_i-\hat{y}_i)^2 \qquad (1.2)$$

となり*11，回帰の説明力が1か欠測比率がゼロに収束しない限り，サンプルサイズが無限大になっても真の y の分散に収束しない。ただし，$\bar{y}$ は完全データの標本平均，s_y^2 は完全データでの y の標本分散，$\hat{y}$ は回帰による予測値である。

では回帰代入でどのように分散を推定するか，加えて，たとえ分散を正しく推定できても，平均や分散の標準誤差の推定を行う場合には問題が生じるがどのようにすべきかという点については，第4章を参照して頂きたい。

*11 厳密には完全データの標本平均 $\bar{y}$ ではなく代入値も観測値とみなして計算した疑似完全データの標本平均を利用するが，こちらには n 大で y の期待値に近づく一致性が成立するので，本質的な議論には影響を与えない。また MAR のため n 大で観測値でも欠測値でも同じ回帰モデルが成立することに注意する。

1.1.3 回帰分析での欠測の処理

関心のある変数を別の変数で説明する，あるいは予測する回帰分析は，学術研究はもちろん，マーケティングやファイナンスなどの経営分野の実務でもよく利用されている。では回帰分析において説明変数あるいは目的変数，またはその両者に欠測値がある場合には，どのようにすべきだろうか？

欠測が存在する場合にしばしば行われる，目的変数，説明変数のいずれにも欠測がないユニットのデータのみを利用した完全ケース分析が適切な場合と不適切な場合があることを紹介しよう(詳しくは6.1節参照)。

目的変数を y，説明変数を x とすると，欠測のない完全データは以下の回帰モデルから発生しているとする。

$$y = \alpha+\beta x+e, \quad e \sim N(0,\sigma_e^2) \tag{1.3}$$

ここで，説明変数 x の一定の割合は欠測するとしよう[*12]。このとき，x の欠測確率が y の値に依存して決まる場合を考える。具体的には，x が観測されれば r=1，欠測すれば r=0 とすると，欠測しない確率=観測確率が

$$\Pr(r=1|y) = \frac{1}{1+\exp(-\gamma(y-c))} \tag{1.4}$$

とロジスティック回帰モデルで表されるとする。

特に極端な場合として，y がある閾値 c 以下であれば x が観測されない場合(式(1.4)の γ が非常に大きい場合)の散布図を図1.3に示す。

図からも明確なように，説明変数に欠測があり，その欠測確率が目的変数の値に依存する場合には，完全ケース分析では α や β の推定にバイアスが生じることがわかる。この例では，完全ケース分析では切片 α と回帰係数 β の推定値はそれぞれ 92.4457，0.1934 と，真値からのバイアスがある。また $y<200$ で x が欠測する場合(ほぼ半数が欠測する場合)

---

*12 具体的には，たとえば y をローン返済などを含めた家賃，x を世帯収入などと考えれば，例1.1と整合的である。

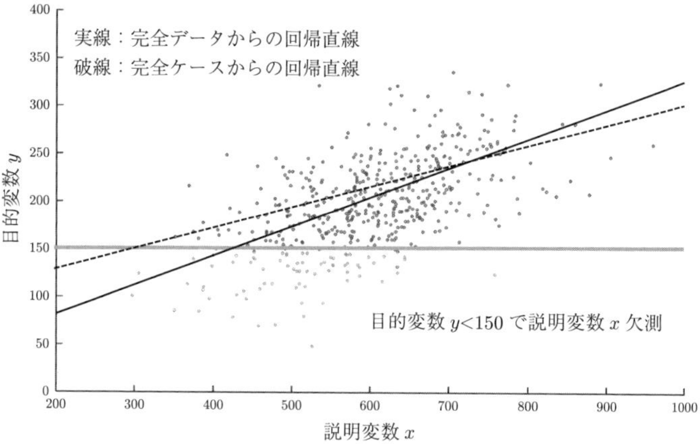

図 **1.3** 説明変数の欠測がある場合の散布図と回帰直線。真値は $\alpha=20$，$\beta=0.3$，$\sigma_e^2=40^2$，説明変数 x は正規分布 $N(600, 100^2)$ から発生させた。サンプルサイズ 500 で $y<150$ のとき x が欠測する(つまり $c=150$)場合で，欠測率はおよそ 15% となる。

には，推定値はそれぞれ 149.3562，0.1395 とさらに大きく外れる。完全ケース分析によって特に回帰係数の大きさが過小評価されてしまうことによる，意思決定や判断の誤りの影響は大きいと考えられる*13。

また，上記の図では $y<150$ で確定的に欠測が生じているが，式(1.4)のように y の値が大きいと欠測する確率が小さくなるような場合にも同様に，完全ケースによる回帰係数の推定にはバイアスが生じる。この場合にバイアスのない*14推定を行うためには，観測データ尤度の最大化による最尤推定やベイズ推定，適切な多重代入法を利用する必要がある。

一方，説明変数ではなく目的変数に欠測が生じ，その欠測確率が説明変数の値のみに依存する場合(例 1.5 および例 5.1 参照)には，完全ケース分析でもバイアスのない推定が可能になる。これらの問題についての詳細は 6.1 節と 6.2 節を参照されたい。

上記はシミュレーションデータの解析例であるが，実データ解析例も紹

---

*13　たとえば y を家賃，x を世帯収入とすれば，家賃がある程度以上の地域の世帯で世帯収入の調査が行われるような場合には所得の家賃への影響度が低く推定され，固定資産税や住宅ローン減税や補助への施策判断に与える影響は大きいだろう。

*14　より統計学的に厳密には“一致性のある”推定と言う。

表 1.2　完全ケース分析と多重代入の解析結果の比較

変　数	完全ケースでの回帰			多重代入		
	推定値	標準誤差	t 値	推定値	標準誤差	z 値
切　片	70.007	11.620	**6.029**	78.940	8.190	**9.639**
第 1 子	5.266	2.717	1.938	4.140	1.880	**2.202**
婚　姻	6.198	3.372	1.838	4.640	2.130	**2.178**
収　入	0.000	0.000	0.499	0.000	0.000	0.000
年　齢	0.118	0.449	0.396	0.000	0.350	0.000
大卒以上	6.164	4.421	1.394	11.200	2.980	**3.758**
短大／大学在籍	−3.151	3.282	−0.960	1.070	2.280	0.469
高　卒	−1.895	2.492	−0.761	0.220	2.000	0.110
ヒスパニック	−3.890	4.195	−0.927	−5.650	3.770	−1.499
白　人	14.150	3.894	**3.634**	11.820	3.140	**3.764**

太字は 5% 有意の係数を表す。基準カテゴリーは学歴では高校中退／中卒，人種では黒人である。

介しよう。

例 1.3(社会科学データの例：NLSY データの解析)

米青少年全国縦断調査(National Longitudinal Survey of Youth; NLSY)1997 は，1997 年時点で 12 歳から 17 歳であった人々を追跡した大規模調査であり，対象者の子供に対しても調査を行っていることから，教育学や経済学，心理学で非常によく利用されるデータセットの 1 つである。ここでは，第 5 章で取り上げる多重代入のための R のパッケージ mi に搭載されているデータセットである nlsyV を利用する。このデータセットは，NLSY1997 のデータの一部である 400 人分をランダムに抽出したサブデータセットである。変数としては，子供の 36 カ月時点での言語能力得点，その子供が第 1 子か，その子供の誕生時点で母親は婚姻していたか，母親の年齢，母親の学歴，世帯収入，母親の人種が存在する。

さてこのデータセットでの各変数の欠測は，多い順に母親の人種 117 人(29.25%)，世帯収入 82 人(20.5%)，言語能力得点 75 人(18.75%)，母親の学歴 40 人(10%)，誕生時点での婚姻の有無 12 人(3%)であり，たとえば言語能力を他の変数で予測するための分析として完全ケース分析を行うとすると，サンプルサイズは 172 人と 43% にまで減少してしまう。

さらに完全データでは婚姻有が多いこと，収入の平均が高いこと，高学歴が多いことなどが確認できることから，係数にバイアスが生じる可能性がある。

ここで単純に完全ケース分析を行った場合の結果と，第4章で詳説する多重代入(連鎖式による多重代入)を行った場合の結果を表1.2に記載した。完全ケース分析で有意なのは白人のダミー変数だけであるが，多重代入ではさまざまな変数が知能に有意に関連していることがわかる*15。

またこの表からは，完全ケース分析のほうが推定値の標準誤差が大きくなっていることが見てとれる。このように完全ケース分析では，サンプルサイズが小さくなるため，推定の効率が極端に落ちる。ただし，特に連鎖式による多重代入についても問題点はあり，これについては4.7節で説明する。　□

完全ケース分析ではなく，代入法ではどうだろうか。これに関しては，すでに取り上げた内容からも，欠測値に観測値の平均値を代入することや，ほかの変数で説明変数を回帰した予測値を代入することなどは問題であると理解できると思う。以下に，平均値代入や回帰代入を行った場合の問題点を示す例を紹介する。

例1.4(医学データの例：ACTG193A 試験)

図1.4に，例1.2の ACTG193A 試験における，それぞれの群の32週時点における目的変数の平均値代入と回帰代入(追跡開始時点の CD4 細胞数の対数値を説明変数とした回帰モデルによる)の結果を示した。我々が知りたいのは，「すべての対象者について，治療が継続され，完全なデータが測定されたときの治療効果の推定値」であるが，前述の通り，いずれの代入値も，その分布を正しく反映したものとは考えにくい。当然ながら，得られる群間差の推定値や検定の結果にも，妥当性が保証されるとは考えにくいだろう。　□

他にも，説明変数がカテゴリカル変数の場合にしばしば行われる方法と

*15　ただし，結果は教育投資と子供の数など内生性に注意して議論を行う必要がある。

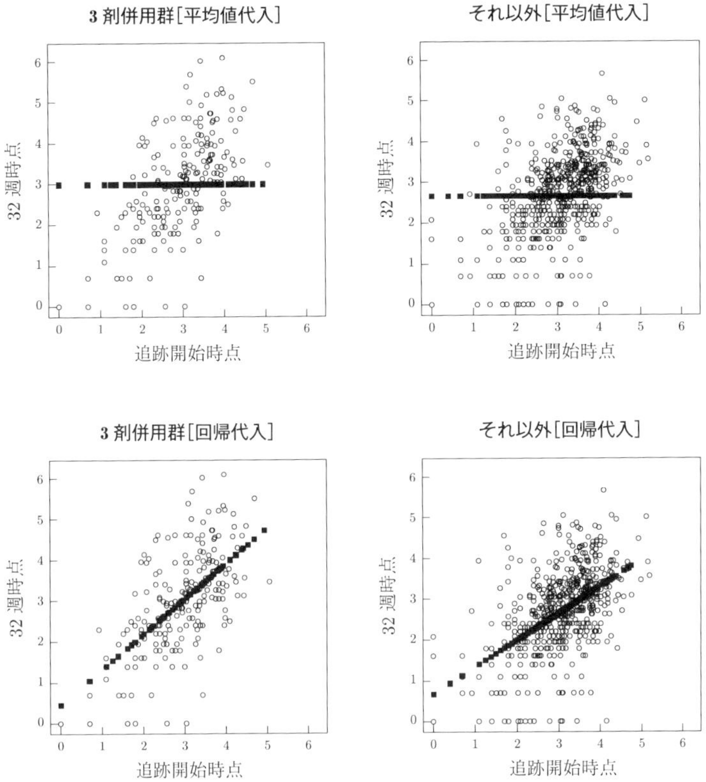

図 1.4　ACTG193A 試験の 32 週時点の目的変数における平均値代入と回帰代入の結果

して「欠測カテゴリー」を導入する方法(つまり欠測ダミーを用意する)がある。しかしこの方法は一般に，推定値に大きなバイアスを生むことがあることが知られている。図 1.5 は Greenland and Finkle (1995) によるシミュレーション研究から作図したものであるが，欠測カテゴリーを導入することによる推定値のバイアスがいかに大きいかを示している。

このように，非常によく利用される線形回帰分析モデルやロジスティック回帰分析モデルにおいても，欠測の扱いを誤ると大きなバイアスが生じたり，推定の効率が著しく落ちたりする。回帰分析においてどのような欠測データ解析が適切かについては第 5 章を，そして特にパネル調査(縦断調査)の場合については第 6 章を参照されたい。

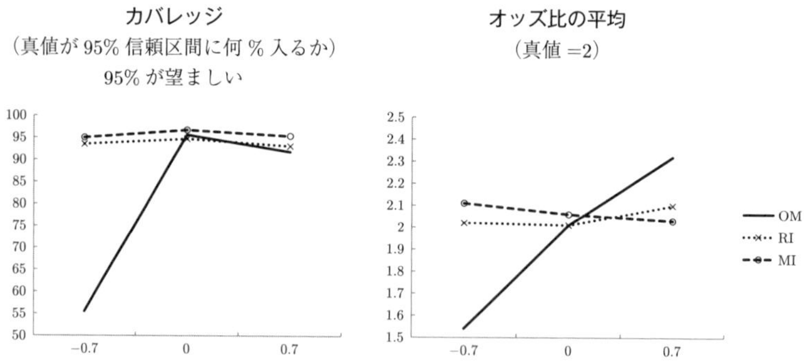

図 1.5　説明変数の欠測を欠測ダミーでごまかした例。OM は欠測ダミー値を使った場合，RI は回帰代入，MI は多重代入。横軸は説明変数間の相関。ランダムな欠測(第 2 章参照)を仮定。詳細は Greenland and Finkle(1995) を参照

1.2　用語の定義と欠測の分類

不完全データ(incomplete data)とは，データが計画通りに得られず，文字通り変数の値が不完全な形で得られたデータのことであり，非常に幅広い概念である。たとえば，調査で年収の数値を書かせるのは回答者に負担を与えるので，事前にカテゴリー区分を用意して選ばせるなど，本来連続変数として得られる値を何らかの事情で離散化して測定せざるを得ない場合(**連続変数の離散化**)や，たとえ数値で書かせるにしても 1 万円以下は四捨五入させるといった**ラウンディング**(rounding)なども広義の不完全データである。また，観測値がある範囲内であれば値がそのまま得られるが，それ以上またはそれ以下であると「それ以上」あるいは「それ以下」というデータしか得られない**打ち切り**(censoring)も不完全データの一種である。たとえば小売業で，自社の顧客が二度と来なくなった(離反した)かどうかを理解するために購買データを利用して解析を行おうとしても，現時点以降にまた来店する可能性はあり，この場合，顧客の生存時間(離反までの時間)は(右側)打ち切りされているといえる(打ち切りについては第 5 章で詳しく説明する)。打ち切りと異なり，ある範囲内では値が得られるが，それ以上またはそれ以下の値をもつユニットがどれくらい

の数存在するのかもわからないというのが**切断**(truncation)である。たとえば宇宙から飛来する素粒子の計測であれば，検出限界以下のエネルギーの粒子についてはそもそも飛来したかどうかわからない。また社会科学でも，いじめやハラスメントの有無など，回答者の言葉の定義に大きく影響される項目であれば，ある閾値以下のものについては「なし」と回答されるが，実際には定義によっては「ある」とみなして集計時に数が加算されるべき事象だったかもしれない。

このように不完全データというとさまざまなものを含むが，本書で扱うのはその中でも特に欠測データ(missing data)と呼ばれるものである[*16]。これは，本来値が計測されているはずの変数について，値が得られず不明であるという場合である。

一般に欠測データに対する有用な分類法として「欠測パターン」「欠測データメカニズム」[*17]「解析方法」の3つがある。まず前者2つを説明する。

欠測パターンの分類

「全ての値が観測されていた場合」に対応する完全データは通常，エクセルの表のようにユニット×変数からなるデータ[*18]である。この完全データからどのように値が欠測しているかを形式的に分類するのが欠測パターンの分類である(図1.6に，それぞれのパターンの形状を模式的に記載している)。

1. **一般の欠測パターン** 複数の変数について欠測がある一般のパターン。**項目レベルの欠測**(item nonresponse)が起きている場合である。
2. **単調欠測(monotone missingness)パターン** パネル調査での脱落などで生じる。適切に変数のソーティングを行い変数番号をつけると，あるユニットの $j(=1,\cdots,J-1)$ 番目の変数 y_j はそのユニットの y_{j+1}

*16 ただし，打ち切りデータや切断データは欠測データ解析と非常に関連が深く，同じモデリングによって解析が可能な場合もある(第5章を参照)。
*17 欠測メカニズムとも呼ぶが，本書ではこの用語で統一する。
*18 この形式を二相データと呼ぶ。企業×時点×変数や，被験者×刺激×項目などの三相データなども本来は存在しうるが，本書では単純化のため以降では二相データを仮定する。

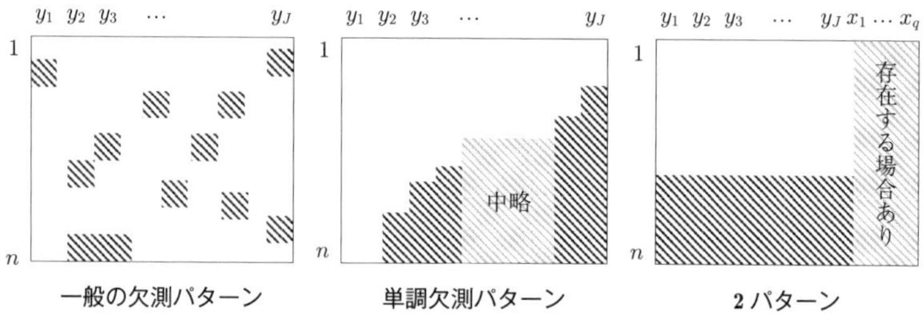

図 1.6 欠測パターンの分類。横軸は変数，縦軸はユニット

が観測される場合には必ず観測される，という場合であり，上記の1の特殊なパターンである。

3. 2パターン 欠測の生じうる変数群については，「欠測が起きているユニットでは全ての変数が欠測し，欠測が起きていないユニットでは全ての変数が観測されている」という2パターンのみ存在する場合のことで，欠測が生じうる変数が2つ以上の場合には非常に特殊なパターンである。これはたとえば調査票の未回収や調査拒否など，関心のある変数全てについて欠測している場合だが，実際には調査の地点や台帳上の情報(性別年齢)など，補助変数は得られている場合が代表的で，「特定の変数群は一括して欠測か観測かが決まっており，それ以外の変数群については全てのユニットに対して観測されている場合」と言い換えてもよい。これを**ユニットレベルの欠測**(unit nonresponse)と呼ぶこともある。

欠測データメカニズムの分類

やや形式的な欠測パターンの分類とは異なり，データの欠測がどのようなメカニズムで生じているかは非常に本質的であり，どのような解析法を用いれば欠測データから正しい統計的推測が可能なのか，あるいは不可能なのかを考えるために必要である。ただし欠測のメカニズム自体は「ある医学研究では来院しなくなることによってフォローアップができない」「社会調査では読み飛ばしなどで後半になるほど項目単位の欠測率が増える」「収入が少ない対象者は回答しない傾向がある」など事象ごとに異なるので，それらを抽象化し，統計的推測を行う際に有用な3区分に分類する。

完全にランダムな欠測(missing completely at random; MCAR) 欠測が完全にランダムに発生しており，モデリングの対象となる変数および関連する変数に依存しない場合のことである。たとえば調査対象者全員に質問紙調査を実施したあと，完全に無作為に半数を選んで実験を行う(そして全ての対象者が実験に協力し脱落がない)場合などである。

ランダムな欠測(missing at random; MAR) 欠測するかどうかの確率が観測値には依存するが，欠測値には依存しない場合のことである。たとえば，スクリーニング血液検査で一定の閾値以上の人は再検査を受けるが，それ以外の人は再検査を受けないという場合，全ての人について観測されているスクリーニング検査の値によって再検査データの欠測が決まるため，これはランダムな欠測であるといえる。

ランダムでない欠測(not missing at random; NMAR) 欠測するかどうかの確率が観測値だけでなく欠測値にも依存する場合のことである。

この欠測データメカニズムは欠測データ解析において非常に重要な概念であり，第2章でより厳密な定義を提示するが，まずは以下の例が直感的な理解に有用であろう。

例 1.5(2回の血圧測定の例(Schafer and Graham, 2002))

どのような生活習慣が血圧の変化に影響を与えるかを調べるために，1月と2月の2回，同一対象者の血圧測定を行う研究をするとしよう。本来は2月の(収縮期)血圧を1月の血圧，ならびに血圧以外のさまざまな要因で説明する回帰モデルに関心があるとして，まずは1月の血圧と2月の血圧の相関係数を計算したいとする。

ここで，1月に1000人に対して調査を行い，仮に全員2月に再度測定が可能であった場合の散布図を図1.7の左上①とする。一方，予算の都合で2月の測定を研究者がランダムに選んだ半数の500人のみに実施し，その全員を測定できた場合の散布図は右上②になる。研究者が半数をランダムに呼び出したのであれば，これは測定値に依存しない「完全にラ

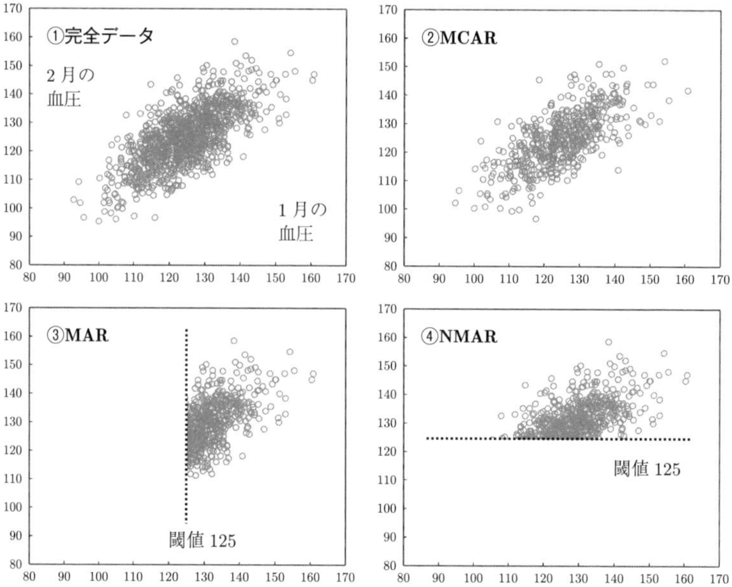

図 1.7　血圧データと 3 つの欠測データメカニズム

ンダムな欠測(MCAR)」である。一方，1000 人全員に 2 月の測定を依頼したが，1 月の血圧が 125 以上の人しか再測定に応じてくれない場合の散布図が左下③である。1 月の血圧は全対象者について得られているので，この場合「観測されている 1 月の血圧の値で 2 月の欠測確率が決まる」ランダムな欠測(MAR)*19である。一方，2 月の時点で血圧が 125 以上で何らかの自覚症状がある人のみが再測定に応じた場合，散布図は右下④であり，これは「2 月の血圧という欠測しうる変数によって欠測確率が決まる」ランダムでない欠測(NMAR)である。　□

*19　第 5 章例 5.1 でも説明するように，閾値を超えるかどうかで欠測するかどうかが確定的に決まる場合だけではなく，1 月の血圧だけで 2 月に再測定に来てくれる確率が決まる場合は MAR である。

1.3　欠測を扱うための2つのアプローチ：代入法とそれを回避する方法

前節で説明した欠測パターン，欠測データメカニズムに加え，解析のための統計モデルと推定したいパラメータが何かによって，どのような解析法を用いればバイアスのない推定結果を得ることができるかが決まる。

手法としては，以下のように分類することが可能である。

完全ケース分析　完全にランダムな欠測の場合には正しい推定結果を導くが，解析の目的によってはランダムな欠測やランダムでない欠測の場合にもバイアスのない結果を与える場合がある。ただし，完全ケース分析だけではなく，他に利用可能なデータを用いることで推定の精度を高めることができる場合がある。これについては第５章で説明する。

利用可能なケースによる分析　第２章で説明するが，基本的には多くの場合にバイアスのある推定結果を導く可能性がある。

尤度ベースの解析　観測データの尤度の最大化や，欠測データメカニズムのモデル化を含めた完全尤度の最大化，ベイズ推定などがある。第２章以降，関連する部分で適宜紹介する。

重み付き推定方程式　欠測確率を利用した重みをユニットにつけて推定を行う方法であり，第５章の回帰分析の枠組みにおいて説明する。

代入法　第４章で説明する単一代入法や多重代入法がこれにあたる。基本的には，単一代入法では推定の不確定性の大きさを表す推定量や予測値の標準誤差を過小評価するため，欠測値の値に代入値を与えるならば，多重代入法を利用するべきである。

これらは，解析ニーズとして大きくは２つのアプローチ，“代入法”と“代入を行わず欠測値を何らかの方法で無視する”という，全く発想の異なる二者に大別することができる。

まず非常に自然な発想として，欠測値に何らかの値を代入することで「あたかも欠測値がなかったかのような」**疑似完全データ**を作成する“代入法" がある。もし疑似完全データを利用できれば，応用研究者や実務家は，形式的には欠測値を考慮せずにその後の自身の関心に従った解析を行うことができ便利だからである。またマーケティングや政策・行政的な介入などの実務においては，欠測の影響を除去したパラメータの統計的推測だけが目的でなく，疑似完全データ上の個別欠測値の代入値を利用したいという関心もあり，この場合には精度のよい代入値が必要とされる。

まず数理的な説明として，第 2 章の議論をもとに，本書の第 4 章では，疑似完全データをあたかも完全データであるかのようにして解析する，統計学的に妥当な方法として開発された多重代入法を説明する。まず，多重代入は欠測値に 1 つ値を代入する単一代入を繰り返し行ったものと理解できるため，単一代入の代表的な方法についても説明し，単一代入や多重代入を行う際の条件や統計的性質を示す。単一代入や多重代入は，まずどのような代入法を利用するか，代入後の疑似完全データセットに対してどのような解析をするか，さらに多重代入の場合には複数の推定値をどのように統合するか，という 3 種類の設定が必要であり，適切な組み合わせを選ばないと正しい統計的推測が行えないため注意が必要である。6.3 節で紹介される LOCF 法も，経時測定データにおいて，途中で脱落したユニットの値を脱落が起きる直前の値で置き換えるという "単一代入法" の一種である。

他方のアプローチとして，欠測値に関連する部分を無視して解析を行う完全ケース分析や利用可能なケースによる分析，あるいは適切なモデリングによって代入を行わずに解析をするモデルベースの方法がある。これらの方法のうち，観測データの尤度最大化を第 2 章で，その具体的なアルゴリズムとして，欠測値の事後分布について期待値をとって尤度から消去する EM アルゴリズムを第 3 章で説明する。第 5 章では，回帰モデルの枠組みにおいて，第 2 章・第 3 章の尤度ベースの方法論とは異なる統計的理論として，推定方程式の考え方，特に欠測値があるときの重み付き推定方程式(IPW 推定)を用いた推定法について説明する。

また，実際の解析場面で最もよく利用される解析手法である回帰分析におけるモデルベースの解析の枠組みについて，目的変数が連続変数だけでなく離散変数の場合について，また目的変数の欠測だけではなく説明変数に欠測が生じる場合についての最尤法およびベイズ推定を，第5章で説明する。さらに第6章では，パネル調査やコホート研究などといった縦断研究での経時測定における脱落の問題を扱う。

また，モデルベースの方法の強みは「ランダムでない欠測における解析」が可能であるという点であり，「ランダムな欠測」を仮定した解析の妥当性を示すための感度分析にも利用できる。この点については第7章で説明する。

ただし，両者のアプローチは実はまったく別個のものではない。たとえば代入法でも，データ拡大アルゴリズムなどマルコフ連鎖モンテカルロ法(MCMC)によるものはモデリングを用いた欠測データ解析法として理解することが可能であり，特にMCMCでは欠測値を発生させることになるため，一種の多重代入と見なせる。これについては第4章や第5章で議論する。

1.4　欠測のガイドライン化と対応に向けて

ここまで示してきた通り，欠測データの取り扱いは，適切に行わなければ調査・実験の結果に大きなバイアスが生じ，最終的な結論が大きく歪められてしまう可能性さえある重要な問題である。しかし，つい最近までガイドラインの整備なども進められず，学術研究においても，その位置づけは十分に明確にされてはこなかった。応用研究や実務においても，完全ケース分析やLOCFをはじめとする不適切な解析方法が容認される傾向もあった。たとえば医学研究では，Wood et al. (2004)は，臨床医学領域の国際一流誌4誌(BMJ, Lancet, JAMA, New England Journal of Medicine)で2001年下半期に発表された臨床試験の論文をレビューしており，その多くで不適切な解析方法が採用されていたと報告している。具体的には例1.2のAIDSの臨床試験の事例のような経時測定を伴う試験で，単一時点の測定値を主要目的変数とした試験(26試験)では，ほとんどの試験(24試験)で完全ケース分析が行われていたとされている。

しかしながら近年，欧米では，科学的研究においてこれらの問題を適切に扱うために，特に医薬品開発の臨床試験において，欠測データの適切な取り扱いを定めたガイドラインの作成が行われている。中でも統計学全般に大きな影響を与えたのが，2010 年に全米学術研究会議から出版された「臨床試験における欠測の防止と欠測データの取り扱い」に関する調査報告書(Little et al., 2012; National Research Council, 2010)*20であり，Rodrick Little 教授を委員長とした調査委員会によって，最新の知見に基づく，欠測データの扱いに関する詳細な指針がまとめられている(付録 A.4 にその主要な推奨事項をまとめる)。

これらの動向を受けて，近年，学術誌や統計関連の学会では，医学分野に限らずさまざまな研究領域において，欠測データの取り扱いに関しての議論が活発に行われるようになっており，近い将来，他分野にも同様の議論が広まっていく可能性がある。実際に社会科学分野でも，たとえば，心理学分野ではこれまで，欠測の処理についてほとんど何も説明なく解析結果が報告されるのが通例であった。しかし，Schafer and Graham (2002)*21による欠測データ解析の重要性を示唆する論文が公表されてから，欧米一流誌では，欠測の割合や，観測値の得られている対象者と欠測値のある対象者の違いについての論文中での報告，ランダムな欠測を仮定した解析の結果が論文中で報告されるようになった。また経済学や社会学，政治学といった実証社会科学分野の学術誌では，解析したデータの公開が求められるようになってきているということもあり，欠測データを適切に扱った解析結果の提示や代入後の疑似完全データの公開なども求められつつあり，およそ実証研究が行われるほとんどの分野において，欠測データに関する処理への関心が高まっているといえる。

---

*20　http://www.nap.edu/catalog.php?record_id-12955

*21　Google Scholar によると，心理学分野を中心に 2015 年時点で 6000 件以上の引用がされている。

2 欠測データに対する最尤法

本章の目的は，最尤法を用いた欠測データ解析のための基礎的な知識を与えることである。完全データに対する最尤法と比較したとき，欠測データに対する最尤法では，(1)異なる尤度を使う，(2)欠測データの発生メカニズムを考える，という特徴がある。(1)の異なる尤度は2.1.2で導入される。欠測データでは1つ以上の値が観測されないので，全てのデータが観測されることが前提となっている通常の尤度を使うことができない。本章では，欠測すること自体を情報として取り込んだ尤度を使う。(2)の欠測データの発生メカニズムは，2.2節以降で導入される。2.2節では，欠測データの発生メカニズムについて複数のモデルがあることを紹介する。2.3節以降では，それらのモデルのうち最初に紹介する「選択モデル」にもとづいて欠測データの発生メカニズムの分類を行い，その分類の下での最尤推定量の性質を述べる。

2.1 完全データと欠測データに対する最尤法

本節では，最初に完全データに対する最尤法について述べる。その後，欠測データに対する最尤法を考える。

2.1.1 完全データを用いた最尤法

欠測値を含まない完全データの対数尤度を2変量の簡単な例から考えよう。$\boldsymbol{\theta}(s\times 1)$ を興味のあるパラメータベクトルとしよう。たとえば正規分布の場合には，平均や分散が $\boldsymbol{\theta}$ に相当する。いま，2つの確率変数 (y_1, y_2) の分布が密度関数もしくは確率関数 $f(y_1, y_2|\boldsymbol{\theta})$ をもち，この分布からサイズ n の互いに独立な標本 $(y_{11}, y_{12}), \cdots, (y_{n1}, y_{n2})$ を得たとする。

すると，$\boldsymbol{\theta}$ の尤度は

$$\prod_{i=1}^{n} f(y_{i1}, y_{i2}|\boldsymbol{\theta})$$

となる。この尤度を最大化する $\boldsymbol{\theta}$ を $\boldsymbol{\theta}$ の最尤推定値(確率変数と見なす場合には最尤推定量)という。最尤推定値をこの式から求めるのは難しいことが多いので，代わりに対数尤度

$$\sum_{i=1}^{n} \log f(y_{i1}, y_{i2}|\boldsymbol{\theta}) \tag{2.1}$$

を最大化して，最尤推定値を求める。これが通常の統計学の教科書にのっている状況である。これより $f(\cdot)$ のことを密度関数とのみ書くが，離散データを考える場合には確率関数と読み替えればよい*1。

多くの教科書(たとえば，ホーエル（1978))で与えられているように，最尤推定法を使うことにはさまざまな利点がある。なかでも，後の議論で必要になる最尤法の利点を2つ挙げておこう。サイズ n の完全データにもとづいて得られる $\boldsymbol{\theta}$ の最尤推定量を $\hat{\boldsymbol{\theta}}$ と表そう。第1の利点は，この最尤推定量 $\hat{\boldsymbol{\theta}}$ は，n が大きくなるにつれて真のパラメータ値 $\boldsymbol{\theta}_0$ に収束することである。このことを，最尤推定量 $\hat{\boldsymbol{\theta}}$ が $\boldsymbol{\theta}_0$ に対する**一致性**を持つという。第2の利点は，$\sqrt{n}(\hat{\boldsymbol{\theta}}-\boldsymbol{\theta}_0)$ の分布は，n が十分に大きければ，(多変量)正規分布で近似できるということである。このことを，$\hat{\boldsymbol{\theta}}$ は**漸近正規性**を持つという。この性質があるおかげで，検定を行ったり，信頼区間を構築することができるわけである。

次に，2つの変数の一方に欠測が発生する例1.5の状況を考えよう。このとき得られたデータは表2.1のようになる。表中の y_1 は1月の血圧，y_2 は2月の血圧である。表では，一般的な議論を行うために，サンプルサイズを n とし，y_2 が観測されているユニット数を m で表している。n=1000，m=500 としたものが例1.5における②に相当する。欠測値がデータに含まれていたとしても，我々のデータ解析の目的は，データの背後にある母集団を特徴づける $\boldsymbol{\theta}$(の一部)についての推定・推測を行うこ

*1　ただし Pr, g など，適宜別の記号も用いることがある。

表 2.1　例 1.5 の血圧の例における欠測データの例

番号	y_1	y_2
1	○	○
⋮	⋮	⋮
m	○	○
$m+1$	⋮	×
⋮	⋮	⋮
n	○	×

×：欠測値（色を付けて強調してある）
○：観測値（y_1=1 月の血圧，y_2=2 月の血圧）

とである。だが，推定・推測を行うために最尤法を用いようとしても，y_2 のデータの一部は欠測しているので，式(2.1)をそのまま用いることはできない。したがって，欠測データに対する尤度を構築する必要が生じる。

2.1.2　多変量欠測データの完全尤度

そこで，ここからは欠測データのための尤度を構築しよう。具体的には，J 変数ベクトル $\boldsymbol{y}=(y_1, \cdots, y_J)^t$ の分布が密度関数 $f(\boldsymbol{y}|\boldsymbol{\theta})$ を持つとし，この分布から，欠測値を含む独立なサンプルサイズ n のデータをとる。このデータを使って，$\boldsymbol{\theta}$ を最尤推定するのが我々の目的である。

欠測データを扱うための記号(1)

欠測データを扱うために，いくつかの記号を導入しよう。欠測データでは，y_j が観測されるか欠測するかのどちらか一方であるから，y_j に対して $r_j(j=1, \cdots, J)$ を

$$r_j = \begin{cases} 1 & (y_j \text{ が観測}), \\ 0 & (y_j \text{ が欠測}) \end{cases}$$

と定義する。このような r_j を y_j に対する**欠測指標**(missing-data indicator)という。欠測指標を用いることにより，「観測されること」「欠測すること」自体を情報として使うことができるようになる。$\boldsymbol{y}$ に対する欠測指標をまとめて，$\boldsymbol{r}=(r_1, \cdots, r_J)^t$ と書くことにする。$\boldsymbol{r}$ の各要素は 2 通り

表 **2.2**　一般の欠測データの例(3 変数の場合)

番号	y_1	y_2	y_3
1	○	○	○
⋮	⋮	⋮	⋮
n_1	○	⋮	⋮
n_1+1	×	⋮	⋮
⋮	⋮	⋮	⋮
n_2	×	○	⋮
n_2+1	○	×	⋮
⋮	⋮	⋮	⋮
n	○	×	○

×：欠測値　○：観測値
この場合，欠測パターンの数は 3 である。

の値をとるので，$\boldsymbol{r}$ がとりうる値は最大 2^J 通りある。この $\boldsymbol{r}$ のとる値を $\boldsymbol{r}^{(1)}$，…，$\boldsymbol{r}^{(K)}$ $(K \leqq 2^J)$ と書くことにする。ただし，$\boldsymbol{r}^{(1)}=(1,\cdots,1)^t$ と約束する。$\boldsymbol{r}=\boldsymbol{r}^{(k)}$ において $r_j=1$ となる y_j を集めたものを $\boldsymbol{y}^{(k)}$ と書き，$r_j=0$ となる y_j を集めたものを $\boldsymbol{y}^{(-k)}$ と書くことにする。欠測データでは，$\boldsymbol{r}=\boldsymbol{r}^{(k)}$ のとき，$\boldsymbol{y}^{(k)}$ は観測されるが，$\boldsymbol{y}^{(-k)}$ は観測されない。この記号を用いると $\boldsymbol{y}=(\boldsymbol{y}^{(k)t},\boldsymbol{y}^{(-k)t})^t$ と表現できる*2。同一の変数が観測されるユニットの集合(同一の $\boldsymbol{r}$ の値のユニットの集合)を**欠測パターン**ということがある*3。本書を通して，第 1 欠測パターンを $\boldsymbol{r}=\boldsymbol{r}^{(1)}$，つまり全変数が観測されているユニットの集合(完全ケース)であるとする*4。欠測パターンによっては，$\boldsymbol{y}^{(-k)}$ あるいは $\boldsymbol{y}^{(k)}$ が空集合 $\emptyset$ をとることもある。そのときにも便宜上 $f(\boldsymbol{y}^{(-k)}|\boldsymbol{y}^{(k)})$ のように書くことがあるが，その際には適切に解釈してほしい*5。なお，この表記については，$\boldsymbol{r}^{(k)}$ は

*2　$\boldsymbol{y}$ が，$\boldsymbol{y}^{(k)}$ の部分と $\boldsymbol{y}^{(-k)}$ の部分に分けられるということであり，左側に $\boldsymbol{y}^{(k)}$，右側に $\boldsymbol{y}^{(-k)}$ と整理された形になることを意味しているわけではない。

*3　第 1 章で定義した「欠測パターン」と同じ用語だが，異なる意味で使われていることに注意してほしい。第 1 章ではデータ全体の欠測の形を欠測パターンと呼んでいたが，ここではデータの一部である同一の欠測の仕方のユニットを欠測パターンと呼んでいる。

*4　これは，基本的に全変数が観測されるパターンが存在することを仮定しているためである。たとえば表 2.2 において，このパターンがないとすると，(y_1, y_2) の共分散が推定できなくなる。欠測データ解析の理論においては，このような仮定が(暗黙のうちに)おかれることがある(Tsiatis, 2006)。

*5　たとえば，$\boldsymbol{y}^{(-k)}=\emptyset$ のときには，$\int f(\boldsymbol{y}^{(k)},\boldsymbol{y}^{(-k)})d\boldsymbol{y}^{(-k)}$ は積分を行っていないものと考え，$f(\boldsymbol{y}^{(k)})$ と解釈する。

実現値である一方で，$\boldsymbol{y}^{(k)}$ や $\boldsymbol{y}^{(-k)}$ は変数として扱うことがあることに注意してほしい。

例 2.1（記号 $(\boldsymbol{y}^{(k)}, \boldsymbol{y}^{(-k)}, \boldsymbol{r}^{(k)})$ の例）

表 2.1 の欠測データ（例 1.5 ③のデータ）に対しては，

$$\boldsymbol{r}^{(1)} = (1,1)^t,\ \boldsymbol{y}^{(1)} = (y_1, y_2)^t,\ \boldsymbol{y}^{(-1)} = \emptyset,$$
$$\boldsymbol{r}^{(2)} = (1,0)^t,\ \boldsymbol{y}^{(2)} = y_1,\ \boldsymbol{y}^{(-2)} = y_2$$

となる。この欠測データの欠測パターンは 2 つある。1 つめの欠測パターン $\boldsymbol{r}^{(1)}=(1,1)$ では 1 月と 2 月の血圧が観測されており，2 つめの欠測パターン $\boldsymbol{r}^{(2)}=(1,0)$ では 1 月の血圧は観測されているが 2 月の血圧が欠測している。

表 2.2 のような欠測データは，欠測パターンが 3 つあり，

$$\boldsymbol{r}^{(1)} = (1,1,1)^t,\ \boldsymbol{y}^{(1)} = (y_1, y_2, y_3)^t,\ \boldsymbol{y}^{(-1)} = \emptyset,$$
$$\boldsymbol{r}^{(2)} = (0,1,1)^t,\ \boldsymbol{y}^{(2)} = (y_2, y_3)^t,\ \boldsymbol{y}^{(-2)} = y_1,$$
$$\boldsymbol{r}^{(3)} = (1,0,1)^t,\ \boldsymbol{y}^{(3)} = (y_1, y_3)^t,\ \boldsymbol{y}^{(-3)} = y_2$$

である。 □

欠測指標を含む確率分布

まず，欠測データを扱うための確率分布を考えよう。上で述べたように，$\boldsymbol{y}$ だけの分布を考えるのではなく，どの変数が欠測しているのかという情報を取り込むため，欠測指標 $\boldsymbol{r}$ と $\boldsymbol{y}$ の同時分布を考える。パラメータ $\boldsymbol{\delta}$ によって特徴づけられる $(\boldsymbol{y}^t, \boldsymbol{r}^t)^t$ の同時分布を $f(\boldsymbol{y}, \boldsymbol{r}|\boldsymbol{\delta})$ と書くことにする。この同時分布において，

$$f(\boldsymbol{y}|\boldsymbol{\theta}) = \sum_{j=1}^{J} \sum_{r_j=0}^{1} f(\boldsymbol{y}, \boldsymbol{r}|\boldsymbol{\delta}) \tag{2.2}$$

であることから，興味あるパラメータ $\boldsymbol{\theta}$ は $\boldsymbol{\delta}$ に含まれていることに注意する。したがって，$\boldsymbol{\delta}$ の中の $\boldsymbol{\theta}$ 以外のパラメータを $\boldsymbol{\psi}$ と書くと，$\boldsymbol{\delta}=$

$(\boldsymbol{\theta}^t, \boldsymbol{\psi}^t)^t$ と書くことができる。このパラメータ $\boldsymbol{\psi}$ は，我々が興味を持っていない推定を避けたいパラメータ(局外パラメータ)である。

常に欠測する，または観測される変数に対する欠測指標の導入

表 2.1 では，$r_1{=}1$ が常に成立する。このように欠測指標が常に一定の値をとるならば，その欠測指標を導入するか，しないかは状況による。$r_1{=}1$ が常に成立するということは，(パラメータを省略すると) $f(y_1, y_2, r_1{=}0, r_2){=}0$ を意味するので，$f(y_1, y_2, r_1{=}1, r_2){=}f(y_1, y_2, r_2)$ である。したがって，y_1 のように常に観測される変数については，欠測指標を導入しなくてもよいことがわかる。常に欠測する変数については，必要に応じて欠測値とみなし，欠測指標を導入する。たとえば，全く観測を試みられていない変数であっても，興味のある変数間の関係を説明する助けになるならば導入する必要がある。あるいは潜在変数のように，欠測値ではないが，欠測値と見なすことによって計算上さまざまな利点があれば，欠測指標を導入するのがよい。欠測値が全く発生しない場合には，常に $r_1{=}r_2{=}1$ という状況を想定していることになる。このときには，欠測指標の導入は新たな情報をもたらさない。実際，$f(y_1, y_2, r_1, r_2){=}0((r_1, r_2){\neq}(1,1))$ なので，$f(y_1, y_2, r_1{=}1, r_2{=}1){=}f(y_1, y_2)$ となって完全データの状況になる。このことから，欠測指標 $\boldsymbol{r}$ と $\boldsymbol{y}$ にもとづく尤度は，完全データの尤度の一般化になっていることがわかるであろう。

欠測データに対する「尤度」

次に，$\boldsymbol{\delta}$ あるいは $\boldsymbol{\theta}$ を最尤推定するために実現値 $(\boldsymbol{y}^{(k)t}, \boldsymbol{r}^{(k)t})^t$ に対する尤度を考えよう。欠測データを発生させた分布の密度関数 $f(\boldsymbol{y}, \boldsymbol{r}|\boldsymbol{\delta})$ に欠測データ $(\boldsymbol{y}^{(k)t}, \boldsymbol{r}^{(k)t})^t$ を代入しても，$\boldsymbol{\delta}$ の尤度として扱うことはできない。データに欠測値が含まれているからである。そこで，$\boldsymbol{y}^{(-k)}$(欠測値)の部分に何らかの処置が必要となる。$\boldsymbol{y}^{(-k)}$ をどう扱うかによって，複数の尤度が考えられる。第 1 の尤度は，$\boldsymbol{y}^{(-k)}$ を積分によって消去した

$$f(\boldsymbol{y}^{(k)}, \boldsymbol{r}^{(k)}|\boldsymbol{\delta}) = \int f(\boldsymbol{y}, \boldsymbol{r}^{(k)}|\boldsymbol{\delta})\boldsymbol{dy}^{(-k)},\ k = 1, \cdots, K \tag{2.3}$$

である。$\boldsymbol{y}^{(-k)}$ が離散値をとる場合，この積分は和で置き換える。この尤度を $\boldsymbol{\delta}$ の**完全尤度**(full likelihood)という。この完全尤度では，$\boldsymbol{r}$ の値によって $\boldsymbol{y}^{(k)}$ の次元が変わり，その形も変化する。したがって，式(2.2)のように，$\boldsymbol{r}$ について和をとっても $\boldsymbol{y}$ の周辺分布が出てくるわけではないことに注意が必要である。この完全尤度を $\boldsymbol{\delta}$(あるいは $\boldsymbol{\theta}$)に関して最大化することで最尤推定値を出すのが，現在の欠測データ解析の基本的な方法の 1 つである。本章ではこの完全尤度にもとづく最尤法を正当化する理論について述べる。第 2 の尤度は，$\boldsymbol{y}^{(-k)}$ に何らかの手段で値を代入した $f(\boldsymbol{y}^{(k)}, \boldsymbol{y}^{(-k)}, \boldsymbol{r}^{(k)}|\boldsymbol{\delta})$ である。このような方法は代入法と呼ばれている。代入法については，第 4 章で扱う。第 3 の尤度は，$\boldsymbol{y}^{(-k)}$ と $\boldsymbol{\delta}$ の関数と見なした $f(\boldsymbol{y}^{(k)}, \boldsymbol{y}^{(-k)}, \boldsymbol{r}^{(k)}|\boldsymbol{\delta})$ である。これは，$\boldsymbol{y}^{(-k)}$ と $\boldsymbol{\delta}$ の両方を $f(\boldsymbol{y}^{(k)}, \boldsymbol{y}^{(-k)}, \boldsymbol{r}^{(k)}|\boldsymbol{\delta})$ によって最尤推定しようとするものである。一般にこの方法はよい性質をもたないので，現在では使われていない(Little and Rubin, 1983)。

欠測データ解析における「尤度」という言葉について，若干の補足をしておこう。欠測データ解析においては，パラメータの推定は，$(\boldsymbol{y}^t, \boldsymbol{r}^t)^t$ を発生させる $f(\boldsymbol{y}, \boldsymbol{r}|\boldsymbol{\delta})$ の尤度ではなく，それをもとにした式(2.3)にもとづくことになる。この「尤度」は，正確な意味における尤度ではなくなっている。正確な意味の尤度とは，データを発生させる分布の確率密度関数を単にパラメータの関数と見たものだからである。しかし，それでも欠測データ解析においては，慣習的に式(2.3)のような「尤度」，あるいは後に出てくる式(2.3)の分解による尤度も尤度と呼び，それにもとづく $\boldsymbol{\delta}$ あるいは $\boldsymbol{\delta}$ の一部の推定法を最尤推定法と呼ぶ。

サンプルサイズ n の欠測データに対する対数完全尤度

次に，サンプルサイズ n の欠測データの完全尤度を構築しよう。一般性のある議論を行うために，式(2.3)による尤度を構築し，そこからサイズ n の標本に対する尤度を作ろう。まず必要な記号を定義する。

$$I^{(k)} = \begin{cases} 1 & (\text{第}\,k\,\text{欠測パターンのとき}), \\ 0 & (\text{第}\,k\,\text{欠測パターンでないとき}). \end{cases}$$

つまり，$\boldsymbol{r}=\boldsymbol{r}^{(k)}$ のとき $I^{(k)}=1$ であり，そうでなければ 0 である。特に，第 1 欠測パターンは全ての変数が観測されると約束したので，$I^{(1)}$ は完全ケースのとき 1，そうでなければ 0 となることに注意する。データを観測すると，必ず 1 つの欠測パターンが実現するので，

$$\sum_{k=1}^{K} I^{(k)} = 1$$

である。この指示関数 $I^{(k)}$ は $\boldsymbol{r}$ の関数である。たとえば，表 2.1 では，$I^{(1)}=r_1r_2$，$I^{(2)}=r_1(1-r_2)$ と表すことができる。第 1 欠測パターンのときは $\boldsymbol{r}^{(1)}=(1,1)$ なので，$I^{(1)}=1$，$I^{(2)}=0$ である。第 2 欠測パターンのときには，$\boldsymbol{r}^{(2)}=(1,0)$ なので，$I^{(1)}=0$，$I^{(2)}=1$ である。このように，確かに $I^{(1)}+I^{(2)}=1$ であり，$I^{(1)}$ と $I^{(2)}$ が $\boldsymbol{r}$ の関数になっていることがわかる。表 2.2 では，$I^{(1)}=r_1r_2$，$I^{(2)}=(1-r_1)r_2$，$I^{(3)}=r_1(1-r_2)$ と表すことができるので，このときも確かに $I^{(1)}+I^{(2)}+I^{(3)}=1$ であり，$I^{(k)}\,(k=1,2,3)$ は $\boldsymbol{r}$ の関数である。この記号を用いると完全尤度は，

$$\prod_{k=1}^{K} f(\boldsymbol{y}^{(k)}, \boldsymbol{r}^{(k)}|\boldsymbol{\delta})^{I^{(k)}}$$

と表せる。第 i 番目の標本を $({\boldsymbol{y}_i}^t, {\boldsymbol{r}_i}^t)^t$ と表すことにすると，サイズ n のデータにもとづく対数尤度は

$$\sum_{i=1}^{n} \sum_{k=1}^{K} I_i^{(k)} \log f(\boldsymbol{y}_i^{(k)}, \boldsymbol{r}_i^{(k)}|\boldsymbol{\delta}) \tag{2.4}$$

と表すことができる。これがサンプルサイズ n の欠測データに対する対数完全尤度である。

参考のために，サンプルサイズ n の完全データが得られた場合の対数尤度を示しておこう。全ての変数が常に観測される場合は，欠測指標は常に 1 となる。このとき，式(2.3)において常に $k=1$ となり，$\boldsymbol{r}^{(1)}=(1,\cdots,1)^t$，$\boldsymbol{y}^{(1)}=\boldsymbol{y}$ である。したがって，$f(\boldsymbol{r}^{(1)}, \boldsymbol{y})=1$ となり，(完全)尤度は $f(\boldsymbol{y}|\boldsymbol{\theta})$ となる。サイズ n のデータに対する対数尤度は，

$$\sum_{i=1}^{n} \log f(\boldsymbol{y}_i|\boldsymbol{\theta})$$

である。このことから，式(2.4)が完全データの尤度の一般化になっていることがわかる。

例 2.2(表 2.1 の場合)

表 2.1 の血圧の欠測データを考えよう。サイズ n の欠測データの尤度関数は，式(2.4)において $K=2$ としたものになるので，

$$\sum_{i=1}^{n} \sum_{k=1}^{2} I_i^{(k)} \log f(\boldsymbol{y}_i^{(k)}, \boldsymbol{r}_i^{(k)}|\boldsymbol{\delta}) \tag{2.5}$$

となる。

ここに，表 2.1 のような標本値を代入しよう。最初の番号 1 から番号 m までは (y_1, y_2) が観測されているので $(r_1, r_2)=(1,1)$ となり，番号 $(m+1)$ から番号 n までは y_1 のみ観測されているので $(r_1, r_2)=(1,0)$ となる。したがって，標本値を代入した対数尤度は

$$\sum_{i=1}^{m} \log f(\boldsymbol{y}_i^{(1)}, \boldsymbol{r}_i^{(1)}|\boldsymbol{\delta})+\sum_{i=m+1}^{n} \log f(\boldsymbol{y}_i^{(2)}, \boldsymbol{r}_i^{(2)}|\boldsymbol{\delta}) \tag{2.6}$$

と書ける。 □

例 2.3(表 2.2 の場合)

表 2.2 のような欠測データにもとづいて完全尤度を作ろう。欠測指標として，y_1 と y_2 に対してそれぞれ r_1 と r_2 を導入する。サイズ n の欠測値を含む標本の尤度関数は，式(2.4)において $K=3$ としたものになるので，

$$\sum_{i=1}^{n} \sum_{k=1}^{3} I_i^{(k)} \log f(\boldsymbol{y}_i^{(k)}, \boldsymbol{r}_i^{(k)}|\boldsymbol{\delta})$$

である。

ここに表 2.2 のような標本値を代入しよう。最初の番号 1 から番号 n_1 までは $\boldsymbol{y}^{(1)}=(y_1, y_2, y_3)^t$ が観測されているので $\boldsymbol{r}^{(1)}=(r_1, r_2)^t=(1,1)^t$ となり，番号 (n_1+1) から番号 n_2 までは $\boldsymbol{y}^{(2)}=(y_2, y_3)^t$ が観測されているので $\boldsymbol{r}^{(2)}=(r_1, r_2)^t=(0,1)^t$ となり，番号 (n_2+1) から番号 n までは

$\boldsymbol{y}^{(3)}=(y_1, y_3)^t$ が観測されているので $\boldsymbol{r}^{(3)}=(r_1, r_2)^t=(1,0)^t$ である。したがって，標本値を代入した対数尤度は，$n_0=0$，$n_3=n$ とすると，

$$\sum_{k=1}^{3} \sum_{i=n_{k-1}+1}^{n_k} \log f(\boldsymbol{y}_i^{(k)}, \boldsymbol{r}_i^{(k)}|\boldsymbol{\delta})$$

となる。 □

欠測データを扱うための記号(2)

ここで，関連する記号を導入しておこう。$\boldsymbol{y}_{\mathrm{com}}$ と書いて，仮想的な完全データベクトルを表す。これはしばしば，単に $\boldsymbol{y}$ と表される。$\boldsymbol{y}_{\mathrm{obs}}$ で $\boldsymbol{y}$ のうち観測されている部分を，$\boldsymbol{y}_{\mathrm{mis}}$ で $\boldsymbol{y}$ のうち欠測している部分を表す。上で定義した記号では，$\boldsymbol{r}=\boldsymbol{r}^{(k)}$ であるとき，$\boldsymbol{y}_{\mathrm{obs}}=\boldsymbol{y}^{(k)}$，$\boldsymbol{y}_{\mathrm{mis}}=\boldsymbol{y}^{(-k)}$ である。さらに，$Y_{\mathrm{com}}=(\boldsymbol{y}_1, \cdots, \boldsymbol{y}_n)^t$ によって仮想的な完全データ行列を，Y_{obs} によって Y_{com} の観測されている部分を表すことにする。Y_{obs} は一般的な長方形の行列ではなく，観測されているデータを象徴的に表す記号である。同様に，Y_{mis} は Y_{com} の欠測している部分を表す。R を Y_{com} と同一のサイズの行列とし，R の各要素は Y_{com} の各要素に対応する欠測指標から成るものとする。具体的には，表 2.1 では，

$$R = \begin{pmatrix} 1 & 1 \\ \vdots & \vdots \\ 1 & 1 \\ 1 & 0 \\ \vdots & \vdots \\ 1 & 0 \end{pmatrix}$$

となる。R は上から m 行の $(1,1)$ と，$(n-m)$ 行の $(1,0)$ からなる行列である。これらの記号を用い，対数完全尤度を簡略に

$$\log f(Y_{\mathrm{obs}}, R|\boldsymbol{\delta})$$

と書くことがある。なお，この対数尤度を表す記号は，$(\boldsymbol{y}^t, \boldsymbol{r}^t)^t$ を確率

変数として見るときにも，実現値として見るときにも，共通して使われる(例 2.2 であれば，式(2.5)を示すときにも，式(2.6)を示すときにも，この記号が用いられる)。文脈によって，確率変数，実現値のどちらで使われているかを判断しなければならない。

ここからは，観測値に対応する変数を $\boldsymbol{y}_{\mathrm{obs}}$ とし，欠測値に対応する変数を $\boldsymbol{y}_{\mathrm{mis}}$，欠測指標を $\boldsymbol{r}$ と書く。上の式(2.3)は，この記号を用いると，

$$f(\boldsymbol{y}_{\mathrm{obs}}, \boldsymbol{r}|\boldsymbol{\delta}) = \int f(\boldsymbol{y}, \boldsymbol{r}|\boldsymbol{\delta})\boldsymbol{d}\boldsymbol{y}_{\mathrm{mis}}$$

と書くことができる。この慣習的な記号を使う理由は，欠測の文献ではほぼ標準的に使用されていること，また感覚的に理解しやすいことが期待されるからである。ただし，感覚的な反面，さまざまな誤解を招きうるものであることに注意してほしい。$\boldsymbol{y}_{\mathrm{obs}}$ という記号は，$\boldsymbol{y}$ のどの要素が観測されうるかを示しているので，$\boldsymbol{r}$ の情報も持っている。つまり，$\boldsymbol{y}_{\mathrm{obs}}$ とは，$\boldsymbol{y}$ の要素だけの関数ではなく，$(\boldsymbol{y}^t, \boldsymbol{r}^t)^t$ の関数である。したがって，関数 o を用いて，$\boldsymbol{y}_{\mathrm{obs}}=o(\boldsymbol{y}, \boldsymbol{r})$ と書ける(Seaman et al., 2013)。$\boldsymbol{y}_{\mathrm{obs}}$ が記号としてよくない点は(そして便利な点は)，複数の意味で使われることである。$\boldsymbol{y}_{\mathrm{obs}}$ がどのようなものを示しているのかは，文脈から判断しなくてはならない。たとえば，表 2.1 のようなデータを生み出す分布に対して，$E(\boldsymbol{y}_{\mathrm{obs}})$ を計算することを考えてみよう。$\boldsymbol{y}_{\mathrm{obs}}$ を $(\boldsymbol{y}^t, \boldsymbol{r}^t)^t$ の関数として見ると，$E(\boldsymbol{y}_{\mathrm{obs}})$ は，

$$\begin{aligned}&\int (y_1, y_2) f(y_1, y_2, r_1 = 1, r_2 = 1) dy_1 dy_2\\ &+\int y_1 f(y_1, y_2, r_1 = 1, r_2 = 0) dy_1 dy_2\end{aligned}$$

となって，異なる次元の足し算という定義できないものを指すことになってしまう。ただし，ここでは密度関数のパラメータはスペースの関係から省略している。このような不具合があるにもかかわらず，しばしば欠測データ解析では，$E(\boldsymbol{y}_{\mathrm{obs}})$ のような記法が用いられる。この記法の意味は，読者が適切に解釈しなければならない。たとえば，読者が文脈から「今考えているのは $\boldsymbol{r}=(r_1, r_2)^t=(1, 1)^t$ のときだから

$$E(\boldsymbol{y}_{\rm obs}) = \int o(\boldsymbol{y}, \boldsymbol{r} = (1,1)) f(\boldsymbol{y}|\boldsymbol{\theta}) \boldsymbol{dy} = E((y_1, y_2))$$

である」というように解釈する。この解釈，特に最初の等号は，文脈に大きく依存している。別の解釈としては，$E(\boldsymbol{y}_{\rm obs})$ を $E(\boldsymbol{y}_{\rm obs}|\boldsymbol{r})$ とすることもできよう。このように，$\boldsymbol{y}_{\rm obs}$ という記号は複数の解釈が可能になる曖昧な記号である点に注意が必要である。$\boldsymbol{y}_{\rm mis}$ にも同様の問題がある。以降，慣習にしたがって $(\boldsymbol{y}_{\rm obs}^t, \boldsymbol{y}_{\rm mis}^t, \boldsymbol{r}^t)^t$ を使うが，特に注意が必要な場合には $(\boldsymbol{y}^{(k)t}, \boldsymbol{y}^{(-k)t}, \boldsymbol{r}^{(k)t})^t$ などの記号を用いた表現を与えることとする。

ここまでのまとめと問題

ここまでを簡単にまとめよう。我々の目的は，$\boldsymbol{\theta}$ を最尤法により推定することであった。ところが，データに欠測値が含まれているため，通常の方法を用いては推定ができないのであった。そこで，欠測指標 $\boldsymbol{r}$ とデータ $\boldsymbol{y}$ の同時分布を導入し，対数完全尤度を書くことを可能にした。あとは，完全データの場合と同じように，導出された対数完全尤度を $\boldsymbol{\delta}$ に含まれる興味のあるパラメータ $\boldsymbol{\theta}$ に関して最大化すればよいことがわかる。

問題は，$\boldsymbol{\theta}$ 以外のパラメータの推定を避けることができるのか，そして，$\boldsymbol{\theta}$ の最尤推定量が望ましい性質を持っているかどうか，である。前者については，すでに述べたように，局外パラメータ $\boldsymbol{\psi}$ の推定はできるだけ避けることが望ましい。$\boldsymbol{\psi}$ の推定を避けられたとしても，避けられないとしても，$\boldsymbol{\theta}$ の最尤推定量を得ることができる。後者については，本節の冒頭で述べたように，完全データにもとづく最尤推定量の 2 つの重要な性質として，(i)真のパラメータ値に対する一致性，(ii)漸近正規性，があった。欠測データを用いた最尤推定量も，完全データと同様にこれら 2 つの性質を持つであろうか。次節では，この疑問を考えるための準備をおこなうこととしよう。

2.2　欠測データ分析のためのモデル

本節では，$(\boldsymbol{y}^t, \boldsymbol{r}^t)^t$ の同時分布を分解するための 3 つの代表的なモデルを紹介する。3つのモデルの違いは，欠測値の発生メカニズムに関する想定にある。それゆえ，1つのモデルから別のモデルに変換することはできないことに注意されたい。

2.2.1 選択モデル

選択モデル(selection model)では，$(\boldsymbol{y}^t, \boldsymbol{r}^t)^t$ の同時分布を

$$f(\boldsymbol{y}, \boldsymbol{r}|\boldsymbol{\theta}, \boldsymbol{\psi}) = f(\boldsymbol{y}|\boldsymbol{\theta})f(\boldsymbol{r}|\boldsymbol{y}; \boldsymbol{\theta}, \boldsymbol{\psi})$$

とする。ただし，$\boldsymbol{\theta}$ は $\boldsymbol{y}$ の分布を特徴づけるパラメータであり，$\boldsymbol{\psi}(r\times 1)$ は $f(\boldsymbol{r}|\boldsymbol{y}; \boldsymbol{\theta}, \boldsymbol{\psi})$ を特徴づける $\boldsymbol{\theta}$ 以外のパラメータである。通常，我々は $\boldsymbol{\theta}$ に興味があり，$\boldsymbol{\psi}$ は局外パラメータである。この選択モデルは，2.4 節で出てくる MAR などの定義に使用されている非常に基本的なモデルである。右辺の $f(\boldsymbol{r}|\boldsymbol{y}; \boldsymbol{\theta}, \boldsymbol{\psi})$ を**欠測データメカニズム**(missing-data mechanism)と呼ぶ。この欠測データメカニズムは，$\boldsymbol{y}$ が与えられたもとで各要素が選択され観測または欠測する確率を表しているため，選択モデルの名前が与えられている。

この選択モデルにもとづく完全尤度は，第 k 欠測パターンの場合には，

$$\begin{aligned} f(\boldsymbol{y}^{(k)}, \boldsymbol{r}^{(k)}|\boldsymbol{\theta}, \boldsymbol{\psi}) &= \int f(\boldsymbol{y}, \boldsymbol{r}|\boldsymbol{\delta})\boldsymbol{dy}^{(-k)} \\ &= \int f(\boldsymbol{y}|\boldsymbol{\theta})f(\boldsymbol{r}^{(k)}|\boldsymbol{y}; \boldsymbol{\theta}, \boldsymbol{\psi})\boldsymbol{dy}^{(-k)} \end{aligned}$$

となる。$\boldsymbol{y}$ には $\boldsymbol{y}^{(-k)}$ が含まれるため，積分を行うには欠測データメカニズムの同定が必要となる。2.4 節で紹介する「ランダムな欠測」は，欠測データメカニズムの同定を避けるための条件であるともいえる。

例 2.4(2 時点の血圧測定の例(Schafer and Graham, 2002))

表 2.1(例 1.5) で選択モデルを考えよう。2 変数 (y_1, y_2) に対して欠測指標 (r_1, r_2) を考える(例 2.1 も参照のこと)。このとき，(y_1, y_2, r_1, r_2) の同時分布は，

$$f(y_1, y_2, r_1, r_2|\boldsymbol{\theta}, \boldsymbol{\psi}) = f(y_1, y_2|\boldsymbol{\theta})f(r_1, r_2|y_1, y_2; \boldsymbol{\theta}, \boldsymbol{\psi})$$

と表現される。欠測データメカニズム $f(r_1, r_2|y_1, y_2; \boldsymbol{\theta}, \boldsymbol{\psi})$ は，1 月と 2 月の血圧に応じて (y_1, y_2) が欠測するかどうか（(r_1, r_2) の値）が決まっていると解釈することができるだろう。我々は通常，(y_1, y_2) の分布を特徴づけるパラメータ $\boldsymbol{\theta}$ に興味がある。$\boldsymbol{\theta}$ を推定するために，$f(y_1, y_2|\boldsymbol{\theta})$ をモデリングする。たとえば，以下の例 2.8 のように $f(y_1, y_2|\boldsymbol{\theta})$ を正規分布としてモデリングすることができる。この欠測データには，$(r_1, r_2)=(1, 1)$ となる第 1 欠測パターンと $(r_1, r_2)=(1, 0)$ となる第 2 欠測パターンがある。第 1 欠測パターンに対して完全尤度は

$$
\begin{aligned}
&f(y_1, y_2, r_1 = 1, r_2 = 1|\boldsymbol{\theta}, \boldsymbol{\psi}) \\
&= f(y_1, y_2|\boldsymbol{\theta}) f(r_1 = 1, r_2 = 1|y_1, y_2; \boldsymbol{\theta}, \boldsymbol{\psi}).
\end{aligned}
$$

第 2 欠測パターンに対して完全尤度は

$$
\begin{aligned}
&f(y_1, r_1 = 1, r_2 = 0|\boldsymbol{\theta}, \boldsymbol{\psi}) \\
&= \int f(y_1, y_2|\boldsymbol{\theta}) f(r_1 = 1, r_2 = 0|y_1, y_2; \boldsymbol{\theta}, \boldsymbol{\psi}) dy_2
\end{aligned}
$$

となる。この式が示すように，選択モデルでは，欠測データメカニズムに対して何らかの仮定がない限り積分を行うことができない。たとえば，例 1.5 にあるように，1 月の血圧のみによって 2 月の血圧が欠測する確率が決まるとすると，欠測データメカニズムをモデリングすることなく，第 2 欠測パターンでの積分を行うことができるであろう。 □

ここでは変数として $\boldsymbol{y}$ のみを用いているが，実際には共変量 $(\boldsymbol{x}^t, \boldsymbol{w}^t)^t$ を考える必要が生じることが多い。ただし，これらの共変量は欠測しないものと仮定し，$\boldsymbol{x}$ は $\boldsymbol{y}$ に欠測が生じるかどうかには関係しないが $\boldsymbol{y}$ を説明する変数であり，$\boldsymbol{w}$ は $\boldsymbol{y}$ に欠測が生じるかどうかを説明する変数である。このとき，選択モデルは

$$
f(\boldsymbol{y}, \boldsymbol{r}|\boldsymbol{x}, \boldsymbol{w}; \boldsymbol{\theta}, \boldsymbol{\psi}) = f(\boldsymbol{y}|\boldsymbol{x}; \boldsymbol{\theta}) f(\boldsymbol{r}|\boldsymbol{y}, \boldsymbol{w}; \boldsymbol{\theta}, \boldsymbol{\psi})
$$

である。

2.2.2　パターン混合モデル

パターン混合モデル(pattern mixture model)では，$(\boldsymbol{y}^t, \boldsymbol{r}^t)^t$ の同時分布を

$$f(\boldsymbol{y}, \boldsymbol{r}|\boldsymbol{\theta}, \boldsymbol{\psi}) = f(\boldsymbol{r}|\boldsymbol{\psi})f(\boldsymbol{y}|\boldsymbol{r};\boldsymbol{\theta})$$

とする。ここで，パラメータは選択モデルの場合とはその意味するところが異なり，$\boldsymbol{\theta}$ は欠測指標 $\boldsymbol{r}$ で条件付けた $\boldsymbol{y}$ の分布を特徴付けるパラメータであり，$\boldsymbol{\psi}$ は各欠測パターンの生起確率を表すパラメータである。この分解の右辺は，欠測パターンの生起確率である $f(\boldsymbol{r}|\boldsymbol{\psi})$ と，その欠測パターンを条件付けた $\boldsymbol{y}$ の条件付き分布 $f(\boldsymbol{y}|\boldsymbol{r};\boldsymbol{\theta})$ となっている。このモデルでは，異なる $\boldsymbol{r}$ の値に対して，異なるモデルを $f(\boldsymbol{y}|\boldsymbol{r};\boldsymbol{\theta})$ に想定することができる。我々は $f(\boldsymbol{y}|\boldsymbol{\theta}, \boldsymbol{\psi})$ に興味があるため，$\boldsymbol{r}$ を消去した

$$f(\boldsymbol{y}|\boldsymbol{\theta}, \boldsymbol{\psi}) = \sum_{\boldsymbol{r}} f(\boldsymbol{r}|\boldsymbol{\psi})f(\boldsymbol{y}|\boldsymbol{r};\boldsymbol{\theta})$$

を利用して $\boldsymbol{y}$ の分布のパラメータを求める。このモデルは，欠測パターンごとに $f(\boldsymbol{r}|\boldsymbol{\psi})$ を重みとした $f(\boldsymbol{y}|\boldsymbol{r};\boldsymbol{\theta})$ の混合分布であるため，パターン混合の名前が与えられている。

実際の欠測データに対しては，欠測値を積分して消した尤度を用いる。つまり，第 k 欠測パターンにおいては，$\boldsymbol{y}^{(-k)}$ が欠測するので，$f(\boldsymbol{y}|\boldsymbol{r}^{(k)};\boldsymbol{\theta})$ ではなく，

$$f(\boldsymbol{y}^{(k)}|\boldsymbol{r}^{(k)};\boldsymbol{\theta}) = \int f(\boldsymbol{y}|\boldsymbol{r}^{(k)};\boldsymbol{\theta})d\boldsymbol{y}^{(-k)}$$

を尤度として利用する。それゆえ，$f(\boldsymbol{y}|\boldsymbol{\theta}, \boldsymbol{\psi})$ には欠測値が含まれることがあり，推定できないパラメータが存在してしまうことがある。そのようなパラメータは，パラメータをアドホックに決めたり，他の推定可能なパラメータと等しいと置いて推定される。

このパターン混合モデルは，欠測が欠測値に依存して生じる場合(NMAR，後述)に感度分析を行うために，しばしば使われる。感度分析については，第 7 章で述べるため，ここでは簡単な例を与えるにとどめよう。

例 2.5(2 時点の血圧測定の例(Schafer and Graham, 2002))

例 2.4 と同じ状況で，パターン混合モデルを考えよう。第 1 欠測パターンにおいては，$(r_1, r_2)=(1,1)$ なので

$$\begin{aligned} &f(y_1, y_2, r_1=1, r_2=1|\boldsymbol{\theta}, \boldsymbol{\psi}) \\ &= f(r_1=1, r_2=1|\boldsymbol{\psi}) f(y_1, y_2|r_1=1, r_2=1; \boldsymbol{\theta}) \end{aligned}$$

となり，第 2 欠測パターンにおいては，$(r_1, r_2)=(1,0)$ なので

$$\begin{aligned} &f(y_1, y_2, r_1=1, r_2=0|\boldsymbol{\theta}, \boldsymbol{\psi}) \\ &= f(r_1=1, r_2=0|\boldsymbol{\psi}) f(y_1, y_2|r_1=1, r_2=0; \boldsymbol{\theta}) \end{aligned}$$

となる。このモデルにおいては，$f(r_1{=}1, r_2{=}1|\boldsymbol{\psi})$ は第 1 欠測パターンの生起確率なので，m/n で推定できる(表 2.1 を参照のこと)。$f(r_1{=}1, r_2{=}0|\boldsymbol{\psi})$ についても $(n-m)/n$ で推定できる。パターン混合モデルの特徴は，各欠測パターンに対して異なるモデルを考えることができることである。たとえば，1 月と 2 月の血圧が観測されているデータの尤度 $f(y_1, y_2|r_1{=}1, r_2{=}1; \boldsymbol{\theta})$ に対しては正規分布でモデル化することができる。1 月の血圧は観測されているが，2 月の血圧が欠測しているデータの尤度 $f(y_1, y_2|r_1{=}1, r_2{=}0; \boldsymbol{\theta})$ に対しては，平均や分散が異なる正規分布や，あるいは全く別の分布でモデル化することができる。ただし，どのような分布を想定したとしても，第 2 欠測パターンにおける y_2 は欠測しているので，積分して消去することになる。

最後に，このモデルの利点と問題点を具体的に述べておこう。利点は，欠測データを生じさせたメカニズムについてモデリングせずに済むことである。例 2.4 とは異なり，欠測データメカニズムに対する(明示的な)仮定がなくとも尤度を作ることができる。一方，問題点は欠測値について尤度を積分するために，推定できないパラメータが生じることである。第 2 欠測パターンにおいては y_2 は欠測するので，y_2 に関するパラメータ(たとえば y_2 の期待値)については対応する観測データが存在しない。したがって，y_2 に関するパラメータは推定不可能である。この例については第 7 章で再度触れる。 □

なお，共変量があるときのパターン混合モデルは

$$f(\boldsymbol{y}, \boldsymbol{r}|\boldsymbol{\theta}, \boldsymbol{\psi}) = f(\boldsymbol{r}|\boldsymbol{w}; \boldsymbol{\psi})f(\boldsymbol{y}|\boldsymbol{x}, \boldsymbol{r}; \boldsymbol{\theta})$$

である。ここで，$\boldsymbol{x}$ は $\boldsymbol{r}$ を条件付けたもとでの $\boldsymbol{y}$ の共変量であり，$\boldsymbol{w}$ は $\boldsymbol{r}$ の共変量である。

2.2.3 共有パラメータモデル

共有パラメータモデル(shared-parameter model)は上記 2 つのモデルとは異なり，変量効果 $\boldsymbol{b}$ を含めるモデルである。この変量効果を含めた $(\boldsymbol{b}^t, \boldsymbol{y}^t, \boldsymbol{r}^t)^t$ の同時分布の分解を考える。共有パラメータモデルでは，$\boldsymbol{b}$ (と共変量)を条件付けることで $\boldsymbol{r}$ と $\boldsymbol{y}$ が独立になると考える：

$$f(\boldsymbol{y}, \boldsymbol{r}, \boldsymbol{b}|\boldsymbol{\theta}, \boldsymbol{\psi}, \boldsymbol{\eta}) = f(\boldsymbol{y}|\boldsymbol{b}; \boldsymbol{\theta})f(\boldsymbol{r}|\boldsymbol{b}; \boldsymbol{\psi})f(\boldsymbol{b}|\boldsymbol{\eta}).$$

ここで，パラメータの意味は選択モデル，共有パラメータモデルの場合と異なり，$\boldsymbol{\theta}$，$\boldsymbol{\psi}$，$\boldsymbol{\eta}$ はそれぞれ，$\boldsymbol{b}$ を条件付けたもとでの $\boldsymbol{y}$ の分布を特徴付けるパラメータ，$\boldsymbol{b}$ を条件付けたもとでの $\boldsymbol{r}$ の分布を特徴付けるパラメータ，$\boldsymbol{b}$ の分布を特徴付けるパラメータである。このモデルは，経時データにおける欠測データの解析に用いられることが多い。なお，我々は $f(\boldsymbol{y}, \boldsymbol{r}|\boldsymbol{\theta}, \boldsymbol{\psi}, \boldsymbol{\eta})$ に興味があり，$\boldsymbol{b}$ は観測できないので，

$$\int f(\boldsymbol{y}, \boldsymbol{r}, \boldsymbol{b}|\boldsymbol{\theta}, \boldsymbol{\psi}, \boldsymbol{\eta})d\boldsymbol{b}$$

として $\boldsymbol{b}$ を消す必要がある。

共変量があるときの共有パラメータモデルは，

$$f(\boldsymbol{y}, \boldsymbol{r}, \boldsymbol{b}|\boldsymbol{x}, \boldsymbol{w}, \boldsymbol{z}; \boldsymbol{\theta}, \boldsymbol{\psi}) = f(\boldsymbol{y}|\boldsymbol{b}, \boldsymbol{x}; \boldsymbol{\theta})f(\boldsymbol{r}|\boldsymbol{b}, \boldsymbol{w}; \boldsymbol{\psi})f(\boldsymbol{b}|\boldsymbol{z}; \boldsymbol{\eta})$$

である。ここで，$\boldsymbol{x}$(と $\boldsymbol{b}$)は $\boldsymbol{y}$ の共変量，$\boldsymbol{w}$(と $\boldsymbol{b}$)は $\boldsymbol{r}$ の共変量，$\boldsymbol{z}$ は $\boldsymbol{b}$ の共変量である。

2.3 欠測データメカニズムの分類

本節では，選択モデルにおける欠測データメカニズム $f(\boldsymbol{r}|\boldsymbol{y};\boldsymbol{\theta},\boldsymbol{\psi})$ を分類するための2つの視点を導入し，次節以降の準備とする。次節以降では，この分類のもとでの最尤推定量の性質を述べる。

欠測データメカニズムを分類するための第1の視点は，欠測データメカニズムが依存する変数という視点である(1.2節も参照)。この視点からは，欠測データメカニズムはMAR，MCAR，NMARに分類される。つまり，あるデータにおいて，

・欠測するかどうかが，観測値にのみ依存するとき，MAR

・欠測するかどうかが，何にも依存しないとき，MCAR

・欠測するかどうかが，(観測値と)欠測値に依存するとき，NMAR

とするのである。欠測データが得られたときには，これらのうちどのメカニズムによって，その欠測データが生じたのかを検討しなければならない。

欠測データメカニズムを分類するための第2の視点は，欠測データメカニズムが依存するパラメータという視点である。この視点からは，

・欠測データメカニズムが $\boldsymbol{\theta}$ と $\boldsymbol{\psi}$ に依存する場合，

・欠測データメカニズムが $\boldsymbol{\psi}$ にのみ依存する場合，

という2つに分けることができる。後者の場合を特に「$\boldsymbol{\theta}$ と $\boldsymbol{\psi}$ のパラメータ空間が分離している」ということがある(詳しくは2.4.3)。これらのパラメータに関する条件は，非常に特殊な場合を除いてデータからは検証不可能である。

以下の節は，以上の2つの視点の組み合わせの下での最尤推定量の性質(一致性と漸近正規性)を紹介する。対応する節は，表2.3のようにまとめることができる。たとえば，MARかつ欠測データメカニズムが $\boldsymbol{\theta}$ と $\boldsymbol{\psi}$ に依存している場合は，2.4.1と2.4.2で扱うことを意味している。他の組み合わせについても同様である。以下の節では，それぞれの場合についてどのような尤度を使うのか，またその尤度から得られる最尤推定量が

表 2.3　欠測データメカニズムを分類する 2 つの視点と対応する節(× は節としては扱わないことを示している)

		変数への依存関係		
		MAR	MCAR	NMAR
パラメータへの依存関係	$\boldsymbol{\theta}, \boldsymbol{\psi}$	2.4.1 2.4.2	×	2.6
	$\boldsymbol{\psi}$	2.4.3 2.4.4	2.5	

どのような性質を持っているのかについて注意してほしい。

2.4　ランダムな欠測(MAR)

本節では，$f(Y_{\text{obs}}, R|\boldsymbol{\delta})$ $(\boldsymbol{\delta}=(\boldsymbol{\theta}^t, \boldsymbol{\psi}^t)^t)$ から求められる $\boldsymbol{\theta}$ の最尤推定量がどのような性質を持つのかを調べる。

2.4.1　MAR の定義

まず基本的な条件であるランダムな欠測(MAR)を導入する。

定義 2.1(ランダムな欠測)　データが**ランダムな欠測**(missing at random; **MAR**)であるとは，全ての $\boldsymbol{y}_{\text{mis}}$ に対して欠測データメカニズムが

$$f(\boldsymbol{r}|\boldsymbol{y}; \boldsymbol{\theta}, \boldsymbol{\psi}) = f(\boldsymbol{r}|\boldsymbol{y}_{\text{obs}}; \boldsymbol{\theta}, \boldsymbol{\psi})$$

となることである*6。 □

共変量 $\boldsymbol{w}$ があるときの MAR は，欠測データメカニズムが全ての $\boldsymbol{y}_{\text{mis}}$ に対して，

*6　この定義は，Little and Rubin (2002)で与えられているものである。MAR の定義はもともと Rubin (1976)によって与えられた。Seaman et al. (2013)は，複数の研究者が Rubin (1976)のものよりも強い条件の “MAR” を使っていることを指摘している。具体的には，Rubin (1976)の MAR とは，実際に観測されている $\boldsymbol{r}$ に対してのみ欠測データメカニズムが $\boldsymbol{y}_{\text{obs}}$ に依存していることである。一方，強い条件の “MAR” とは，全ての(観測されていない)$\boldsymbol{r}$ に対しても，$\boldsymbol{y}_{\text{obs}}$ に依存することを要請するものである。以下の定理 2.2 においては，本来の Rubin (1976)の MAR ではなく，強い条件の “MAR” 性を仮定している。

$$f(\boldsymbol{r}|\boldsymbol{y}, \boldsymbol{w}; \boldsymbol{\theta}, \boldsymbol{\psi}) = f(\boldsymbol{r}|\boldsymbol{y}_{\rm obs}, \boldsymbol{w}; \boldsymbol{\theta}, \boldsymbol{\psi})$$

と表される。このとき，$\boldsymbol{w}$ は常に観測されることを仮定している。

欠測がこのようなメカニズムで生じていることを表現する方法は複数ある。1つの表現は，「欠測データメカニズムはMARである」とするものである。他にも，「欠測データはMARである」あるいは「データはMARである」とすることもある。単に「欠測はMARである」ともいえる。こういった用語の使い方には確固たるルールはないようである(たとえば，Little and Rubin (2002)なども参照のこと)。

MARの意味

欠測がMARによって生じているとは，ある変数が欠測する確率は，他の観測されている変数の値にのみ依存するということである。注意しなければならないのは，観測される変数の値に依存しなければならないということではなく，依存するならば観測される値のみであるということである。つまり，ある変数が欠測する確率は，他の観測されている変数の値のみから決められており，その他のいかなる欠測している変数の値にも全く依存しないということである。したがって，MARとは，「欠測するかどうかは，どの欠測値にも依存しない」欠測データメカニズムであるともいえる。たとえば，表2.2において欠測がMARだとしても，y_1 が欠測するかどうかは y_2 と y_3 の両方の観測値に依存しなければならないということではなく，y_2 にのみ依存するかもしれないし，y_3 にのみ依存するかもしれないし，どの変数にも依存しなくてもよい。MARであるというためには，y_1 が欠測するかどうかは，y_1 の値と y_1 以外の観測されていない変数の値に依存してはいけないということである。

例 2.6(医学データの例)

例1.2の設定を単純化した状況を考えよう。HIVに感染している患者が，追跡開始時点でCD4細胞数 y_1 の値が低く，治療効果が低いとされる薬剤の組み合わせの群に割り付けられた場合，その実験から脱落する確率が上がるであろう。次回の測定までに実験から脱落した場合には，2回目の測定時点での CD4 細胞数 y_2 の値が欠測することになる。この欠測は追跡開始時の CD4 細胞数 y_1 の値や割付値 z にのみ依存しているものとすると，y_1 や z は常に観測されているので，(y_1, y_2, z) のデータは MAR である。

このことを数式を用いて表そう。r_2 を y_2 の欠測指標とすると，欠測データメカニズムは

$$f(r_2 = 0|y_1, y_2, z) = f(r_2 = 0|y_1, z)$$

と表現できる。これは

$$f(r_2 = 1|y_1, y_2, z) = f(r_2 = 1|y_1, z)$$

とも表現できる。 □

MAR の変数の部分集合は MAR であるとは限らない

MAR の定義では明示的に書かれてはいないが，MAR が一定の変数の集合 $(y_1, \cdots, y_J)$ に対して定義されていることに注意が必要である。$(y_1, \cdots, y_J)$ という変数を持つデータが MAR だったとしても，その一部の変数のみからなるデータも MAR になるとは限らない。MAR は，欠測の原因となる観測変数が分析に含まれている，ということも意味しているので，欠測の原因となる変数を分析に含めないと MAR とはなり得ない。たとえば，表 2.2 において y_1 と y_2 が欠測するかどうかが y_3 にのみ依存しているとする。このとき (y_1, y_2, y_3) のデータで考えると明らかに MAR である。しかし，(y_1, y_2) のデータに対しては，欠測の原因である y_3 が含まれていないため MAR ではない。同様に，例 2.6 においては，(y_1, y_2, z) のデータは MAR であるが，(y_1, y_2) や (y_2, z) のデータは MAR ではない。このことから，考慮する変数が変われば，欠測データメカニズムは再度考え直す必要があることがわかる。

例 2.7(一部の変数のデータが MAR でない例(Enders (2010)を改変))

十代の若者の「自己効力感」と「性行動」の間の関係を解き明かすことを目的とした調査を行った。性行動については，敏感な話題であるため15歳よりも上の者を対象に調査することにした。したがって，15歳以下の者については変数「性行動」は欠測する。この変数「性行動」が観測されるかどうかは，観測される変数「年齢」の値に依存しているので，「自己効力感」，「性行動」，「年齢」を変数に持つ欠測データは，MARである。本来の目的が「自己効力感」と「性行動」の関係にあるからといって，この2つの変数だけから成るデータを分析の対象にすると，このデータはMARではなくなる。欠測の原因となっている変数「年齢」がデータに含まれていなかったからである。

このことを数式で表現しよう。「性行動」(を得点化したもの)を y_1 で表し，「性行動」の欠測指標を r で表現する。「自己効力感」を y_2，「年齢」を y_3 とし，これらは常に観測されるものとする。全ての変数 (y_1, y_2, y_3) を考えると，r は y_3 にのみ依存するので，欠測データメカニズムは，パラメータを省略して，

$$f(r|y_1, y_2, y_3) = f(r|y_3)$$

と表現できる。一方，年齢を省いた (y_1, y_2) で考えると，欠測データメカニズムは

$$f(r=0|y_1, y_2) = \frac{\int f(r=0|y_1, y_2, y_3) f(y_1, y_2, y_3) dy_3}{f(y_1, y_2)} = \int f(r=0|y_3) f(y_3|y_1, y_2) dy_3$$

となり，欠測している変数 y_1 の値に依存することになる。 □

MARと変数間の独立性

もう1つ注意すべきことは，MARは $\boldsymbol{r} \perp\!\!\!\perp \boldsymbol{y}_{\mathrm{mis}}|\boldsymbol{y}_{\mathrm{obs}}$ と同値ではないということである($\perp\!\!\!\perp$ は統計的独立性を表し，$|$ の右側は条件を表す。詳しくは宮川 (1997)を参照のこと)。これらが同値であるとする説明はさまざまな本で確認できる(たとえば Molenberghs and Kenward, 2007, p. 32)。たしかにMARの定義は，$\boldsymbol{r} \perp\!\!\!\perp \boldsymbol{y}_{\mathrm{mis}}|\boldsymbol{y}_{\mathrm{obs}}$ と記号の上では同値であるよう

に見える。しかし，MAR はこのような独立性によって表されるものではない。MAR では，欠測パターンが異なれば(つまり，$\boldsymbol{r}$ の値が異なれば)，$\boldsymbol{y}_{\text{obs}}$ の要素自体も変化するからである。例えば，表 2.2 においては，

$$\boldsymbol{r}=(1,1,1)^t \text{ のとき } \boldsymbol{y}_{\text{obs}}=(y_1,y_2,y_3)^t,\ \boldsymbol{y}_{\text{mis}}=\emptyset,$$
$$\boldsymbol{r}=(0,1,1)^t \text{ のとき } \boldsymbol{y}_{\text{obs}}=(y_2,y_3)^t,\ \boldsymbol{y}_{\text{mis}}=y_1,$$
$$\boldsymbol{r}=(1,0,1)^t \text{ のとき } \boldsymbol{y}_{\text{obs}}=(y_1,y_3)^t,\ \boldsymbol{y}_{\text{mis}}=y_2$$

となっていることがわかる。これは明らかに $\boldsymbol{r}\perp\!\!\!\perp\boldsymbol{y}_{\text{mis}}|\boldsymbol{y}_{\text{obs}}$ ではない。一般的に，$\boldsymbol{y}_{\text{obs}}$ あるいは $\boldsymbol{y}_{\text{mis}}$ のような記号を用いると，これらの要素が $\boldsymbol{r}$ の値によって決まるので，$(\boldsymbol{y}^t_{\text{obs}},\boldsymbol{y}^t_{\text{mis}},\boldsymbol{r}^t)^t$ の間の独立性によって，MAR を表現することはできない。

これらの記号を用いない場合には，MAR は変数間の独立性で表現できることがある。たとえば，表 2.1 において，y_1 は欠測しないことがわかっているものとする(y_2 のみが欠測するので，欠測指標は r_2 だけを利用する)。MAR ならば，$f(r_2{=}0|y_1,y_2){=}f(r_2{=}0|y_1)$ である。このとき，$f(r_2{=}1|y_1,y_2){=}1{-}f(r_2{=}0|y_1,y_2){=}1{-}f(r_2{=}0|y_1){=}f(r_2{=}1|y_1)$ となる。これは，$r_2\perp\!\!\!\perp y_2|y_1$ となることを意味している。逆に，$r_2\perp\!\!\!\perp y_2|y_1$ のとき，$f(r_2{=}1|y_1,y_2){=}f(r_2{=}1|y_1)$ かつ $f(r_2{=}0|y_1,y_2){=}f(r_2{=}0|y_1)$ が成立する。y_2 が欠測するかどうかが，常に観測される y_1 の値に依存しているので，これは MAR を意味している。したがって，表 2.1 の場合，MAR と $r_2\perp\!\!\!\perp y_2|y_1$ は同値である。MAR についての注意事項については，Seaman et al. (2013) も参照のこと。

MAR のときの完全尤度の分解

MAR のときに，$f(\boldsymbol{y}_{\text{obs}},\boldsymbol{r}|\boldsymbol{\theta},\boldsymbol{\psi})$ がどのように分解できるか探ろう。MAR の定義から，

$$\begin{aligned} f(\boldsymbol{y}_{\text{obs}},\boldsymbol{r}|\boldsymbol{\theta},\boldsymbol{\psi}) &= \int f(\boldsymbol{y}|\boldsymbol{\theta})f(\boldsymbol{r}|\boldsymbol{y}_{\text{obs}};\boldsymbol{\theta},\boldsymbol{\psi})\boldsymbol{d}\boldsymbol{y}_{\text{mis}} \\ &= f(\boldsymbol{y}_{\text{obs}}|\boldsymbol{\theta})f(\boldsymbol{r}|\boldsymbol{y}_{\text{obs}};\boldsymbol{\theta},\boldsymbol{\psi}) \end{aligned}$$

と導出できる。左辺の $f(\boldsymbol{y}_{\text{obs}},\boldsymbol{r}|\boldsymbol{\theta},\boldsymbol{\psi})$ は，右辺では，興味のあるパラメ

ータだけを含むモデル分布 $f(\boldsymbol{y}_{\mathrm{obs}}|\boldsymbol{\theta})$ と，興味のないパラメータ $\boldsymbol{\psi}$ を含む欠測データメカニズム $f(\boldsymbol{r}|\boldsymbol{y}_{\mathrm{obs}};\boldsymbol{\theta},\boldsymbol{\psi})$ とに分解されている。したがって対数完全尤度は，

$$\log f(\boldsymbol{y}_{\mathrm{obs}},\boldsymbol{r}|\boldsymbol{\theta},\boldsymbol{\psi}) = \log f(\boldsymbol{y}_{\mathrm{obs}}|\boldsymbol{\theta}) + \log f(\boldsymbol{r}|\boldsymbol{y}_{\mathrm{obs}};\boldsymbol{\theta},\boldsymbol{\psi})$$

である。サイズ n のデータがあると，

$$\log f(Y_{\mathrm{obs}},R|\boldsymbol{\theta},\boldsymbol{\psi}) = \log f(Y_{\mathrm{obs}}|\boldsymbol{\theta}) + \log f(R|Y_{\mathrm{obs}};\boldsymbol{\theta},\boldsymbol{\psi}) \tag{2.7}$$

と表現できる。これを式(2.4)の記法を用いて表すと

$$\begin{aligned}\sum_{i=1}^{n}\sum_{k=1}^{K} I_i^{(k)} \log f(\boldsymbol{y}_i^{(k)},\boldsymbol{r}_i^{(k)}|\boldsymbol{\delta}) = &\sum_{i=1}^{n}\sum_{k=1}^{K} I_i^{(k)} \log f(\boldsymbol{y}_i^{(k)}|\boldsymbol{\theta}) \\ &+\sum_{i=1}^{n}\sum_{k=1}^{K} I_i^{(k)} \log f(\boldsymbol{r}_i^{(k)}|\boldsymbol{y}_i^{(k)};\boldsymbol{\theta},\boldsymbol{\psi})\end{aligned} \tag{2.8}$$

となる。式(2.7)と式(2.8)の各項が対応していることを確認してほしい。興味のあるパラメータ $\boldsymbol{\theta}$ の推定のためには左辺の尤度を用いるのが，利用可能なデータ全てを用いているという意味において自然である。そのためには右辺第 2 項の $\boldsymbol{\psi}$ を含む欠測データメカニズムをモデリングしなければならない。しかし，このモデリングは現実的に難しい上に，そもそも $\boldsymbol{\psi}$ は興味のないパラメータであるため，このモデリングは可能ならば避けたい。そこで，次善の策として，右辺の第 1 項のみを用いて $\boldsymbol{\theta}$ を推定するということが考えられるだろう。問題は，$\boldsymbol{\theta}$ の情報を少なからず含んでいるかもしれない第 2 項 $\log f(R|Y_{\mathrm{obs}};\boldsymbol{\theta},\boldsymbol{\psi})$ を用いず，第 1 項のみを用いた $\boldsymbol{\theta}$ の最尤推定が正当化できるのかどうかである。

2.4.2　MAR 下の最尤推定量の性質

MAR のとき，$\log f(Y_{\mathrm{obs}}|\boldsymbol{\theta})$ を用いて得られる最尤推定量も完全データにもとづく最尤推定量と同じような性質を持つのだろうか。実は，MAR にもとづいた最尤推定量にも，同じ性質があることを示すことができ

る[*7,8]。

定理 2.2(MAR 下での最尤推定量の性質)　サンプルサイズ n の欠測データが MAR のとき，$\log f(Y_{\rm obs}|\boldsymbol{\theta})$ にもとづく $\boldsymbol{\theta}$ の最尤推定量を $\hat{\boldsymbol{\theta}}$ とする。このとき，(i) $\hat{\boldsymbol{\theta}}$ は真のパラメータ値 $\boldsymbol{\theta}_0$ に対する一致性を持ち，(ii) サンプルサイズ n が十分に大きいとき，$\sqrt{n}(\hat{\boldsymbol{\theta}}-\boldsymbol{\theta}_0)$ の分布は正規分布 $N(\mathbf{0}, \Sigma_{\rm MAR}^{-1})$ で近似できる。ただし，

$$\Sigma_{\rm MAR} = -\sum_{\boldsymbol{r}} \int \frac{\partial^2 \log f(\boldsymbol{y}_{\rm obs}|\boldsymbol{\theta}_0)}{\partial\boldsymbol{\theta}\partial\boldsymbol{\theta}^t} f(\boldsymbol{y}, \boldsymbol{r}|\boldsymbol{\theta}_0, \boldsymbol{\psi}_0)\boldsymbol{dy}$$

であり，$\boldsymbol{\psi}_0$ は $\boldsymbol{\psi}$ の真値である。　□

［証明］　付録 A.3 によると，一致性を示すには，

$$E\left(\frac{\partial \log f(Y_{\rm obs}|\boldsymbol{\theta}_0)}{\partial\boldsymbol{\theta}}\right) = \mathbf{0}$$

を示せばよい。$Y_{\rm obs}$ は独立な同一分布に従う欠測データなので，任意のユニットに対する対数尤度の微分の期待値がゼロベクトル：

$$E\left(\sum_{k=1}^{K} I^{(k)} \frac{\partial \log f(\boldsymbol{y}^{(k)}|\boldsymbol{\theta}_0)}{\partial\boldsymbol{\theta}}\right) = \mathbf{0} \tag{2.9}$$

であることを示せばよい。ただし，ここでの期待値は $(\boldsymbol{y}^t, \boldsymbol{r}^t)^t$ についてとっていることに注意する必要がある。

いま $\sum_{k=1}^{K} I^{(k)}=1$ であるから，

$$\begin{aligned} E\left(\frac{\partial \log f(\boldsymbol{y}|\boldsymbol{\theta}_0)}{\partial\boldsymbol{\theta}}\right) &= E\left(\sum_{k=1}^{K} I^{(k)} \frac{\partial \log f(\boldsymbol{y}^{(k)}|\boldsymbol{\theta}_0)}{\partial\boldsymbol{\theta}}\right) \\ &\quad + E\left(\sum_{k=1}^{K} I^{(k)} \frac{\partial \log f(\boldsymbol{y}^{(-k)}|\boldsymbol{y}^{(k)};\boldsymbol{\theta}_0)}{\partial\boldsymbol{\theta}}\right). \end{aligned} \tag{2.10}$$

右辺第 2 項については，MAR の仮定から

---

*7　欠測データに対する大標本理論には，大きく分けて 2 つある。表 2.1 を用いて説明する。1 つは，サンプルサイズ n が増えるにしたがって m/n が $\Pr(r_2{=}1)$ に近づくと考える理論である。ここで，r_2 は y_2 の欠測指標である。もう 1 つは，m/n が 0 などの $\Pr(r_2{=}1)$ 以外のところに近づいていくと考える理論である。本章では，前者の仮定の下で議論を進める。

*8　欠測データの漸近理論については，Kim and Shao(2014)，Tsiatis(2006)が詳しい。なお本章での定理については Takai and Kano(2013)，狩野(2014)も参考にされたい。

$$\sum_{k=1}^{K}\int_{\boldsymbol{y}^{(k)}} f(\boldsymbol{r}^{(k)}|\boldsymbol{y}^{(k)};\boldsymbol{\theta}_0,\boldsymbol{\psi}_0)$$
$$\times\left\{\int_{\boldsymbol{y}^{(-k)}}\frac{\partial\log f(\boldsymbol{y}^{(-k)}|\boldsymbol{y}^{(k)};\boldsymbol{\theta}_0)}{\partial\boldsymbol{\theta}}f(\boldsymbol{y}^{(-k)}|\boldsymbol{y}^{(k)};\boldsymbol{\theta}_0)\boldsymbol{dy}^{(-k)}\right\}$$
$$\times f(\boldsymbol{y}^{(k)}|\boldsymbol{\theta}_0)\boldsymbol{dy}^{(k)}$$

と書くことができる。ただし，ここでの積分の添字はその文字についての積分をとることを示している。対数尤度の性質から，$\{\cdot\}$ の中身は $\mathbf{0}$，したがって第 2 項は $\mathbf{0}$ となる。式(2.10)の左辺は $\boldsymbol{\theta}_0$ の定義から $\mathbf{0}$ であるので，式(2.9)が成立する。

共分散行列については，MAR の仮定を用いることで，付録の式(A.11)の $A(\boldsymbol{\theta}_0)$ と $B(\boldsymbol{\theta}_0)$ について，$A(\boldsymbol{\theta}_0)=B(\boldsymbol{\theta}_0)=\Sigma_{\mathrm{MAR}}$ が成り立つことがわかる。 ■

この定理によって，MAR のときに欠測データメカニズム $\log f(R|Y_{\mathrm{obs}};\boldsymbol{\theta},\boldsymbol{\psi})$ を用いることなく，観測されたデータだけにもとづく対数尤度 $\log f(Y_{\mathrm{obs}}|\boldsymbol{\theta})$ を用いて最尤推定することが正当化された。このような $f(Y_{\mathrm{obs}}|\boldsymbol{\theta})$ を**直接尤度**(direct likelihood)，**観測(データの)尤度**(observed (data) likelihood)あるいは**完全情報尤度**(full information likelihood)という。この尤度を用いて推定する方法を**直接尤度法**，**観測(データの)尤度法**，あるいは**完全情報最尤法**(full information maximum likelihood method; FIML 法)という。

例 2.8(2 時点の血圧測定の例(Schafer and Graham, 2002))

例 1.5 において y_1=1 月の血圧，y_2=2 月の血圧として，$\boldsymbol{y}=(y_1,y_2)^t$ が平均値 $\boldsymbol{\mu}=(\mu_1,\mu_2)^t$，共分散行列 $\Sigma=\begin{pmatrix}\sigma_{11} & \sigma_{12}\\ \sigma_{21} & \sigma_{22}\end{pmatrix}$ の正規分布にしたがうとする。$\boldsymbol{\mu}$ と Σ(の相異なる要素)をまとめて $\boldsymbol{\theta}$ と書くことにしよう。1 月と 2 月の血圧を測定し，表 2.1 のサイズ n の欠測データをとったとする。このとき，$\boldsymbol{\theta}$ の最尤推定量とその漸近的な性質を見てみよう。

直接尤度は，例 2.2 において，式 (2.5) から欠測データメカニズムの項を除いた尤度として得られる：

$$\sum_{i=1}^{n} \sum_{k=1}^{2} I_i^{(k)} \log f(\boldsymbol{y}_i^{(k)}|\boldsymbol{\theta}).$$

多くの場合，欠測データにもとづく尤度から最尤推定量(値)は明示的には得られない。例外は，表 2.1 にあるような単調欠測の場合である(Anderson, 1957)。$I_i^{(1)}+I_i^{(2)}=1$ であることから

$$\sum_{i=1}^{n} I_i^{(1)} \log f(y_{2i}|y_{1i};\beta_1,\beta_2,\sigma_{11.2})+\sum_{i=1}^{n} \log f(y_{1i}|\mu_1,\sigma_{11})$$

と変形できる。ここでは，パラメータをもともとの $(\mu_1,\mu_2,\sigma_{11},\sigma_{22},\sigma_{12})$ から新たな $(\beta_2,\beta_1,\sigma_{11.2},\mu_1,\sigma_{11.2})$ に変換している。ただし，

$$\beta_2 = \frac{\sigma_{12}}{\sigma_{22}},\ \beta_1 = \mu_1-\beta_2\mu_2,\ \sigma_{11.2} = \sigma_{11}-\sigma_{12}(\sigma_{22})^{-1}\sigma_{21}$$

である。最尤推定量の不変性(野田・宮岡, 1992)から，$(\beta_2,\beta_1,\sigma_{11.2},\mu_1,\sigma_{11.2})$ の最尤推定量を逆に変換したものが $\boldsymbol{\theta}$ の最尤推定量となる。

実際に最尤推定量を求めてみよう。パラメータに^を付けて最尤推定量であることを表すと，簡単な計算から，

$$\hat{\beta}_2 = \frac{s_{12}}{s_{22}},\ \hat{\beta}_1 = \overline{y}_1-\beta_2\overline{y}_2,\ \hat{\sigma}_{11.2} = s_{11}-s_{12}(s_{22})^{-1}s_{21},$$
$$\hat{\mu}_1 = \frac{1}{n}\sum_{i=1}^{n} y_{1i},\ \hat{\sigma}_{11} = \frac{1}{n}\sum_{i=1}^{n}(y_{1i}-\hat{\mu}_1)^2$$

であることがわかる。ただし，

$$\overline{y}_j = \frac{1}{\sum_{i=1}^{n} I_i^{(1)}} \sum_{i'=1}^{n} I_{i'}^{(1)} y_{ji'},\ j = 1,2,$$
$$s_{jj'} = \frac{1}{\sum_{i=1}^{n} I_i^{(1)}} \sum_{i'=1}^{n} I_{i'}^{(1)} (y_{ji'}-\overline{y}_j)(y_{j'i'}-\overline{y}_{j'}),\ j,\ j' = 1,2$$

である。$\overline{y}_1$ と $\overline{y}_2$ は (y_1,y_2) の両方が観測されているデータにもとづく平均値であり，(s_{11},s_{12},s_{22}) も同様に (y_1,y_2) の両方が観測されているデータにもとづく y_1 の分散，(y_1,y_2) の共分散，y_2 の分散である。これらの推定量は，定理 2.2 によると真のパラメータ値への一致性を持っている。なお，これらの推定量の一致性と漸近正規性については，定理 2.2 を使わずに大数の法則と，中心極限定理を用いて確かめることもできる。□

Σ_{MAR} の計算

漸近共分散行列の逆行列 Σ_{MAR} の計算では，$\boldsymbol{y}_{\mathrm{obs}}$ が $\boldsymbol{r}$ の関数であるから，$f(\boldsymbol{y},\boldsymbol{r}|\boldsymbol{\theta}_0,\boldsymbol{\psi}_0)$ について積分計算を行う必要がある。より正確に書くと，被積分関数は

$$\sum_{k=1}^{K} I^{(k)} \frac{\partial^2 \log f(\boldsymbol{y}^{(k)}|\boldsymbol{\theta}_0)}{\partial\boldsymbol{\theta}\partial\boldsymbol{\theta}^t}$$

であるので，

$$\Sigma_{\mathrm{MAR}} = -\sum_{k=1}^{K}\int \frac{\partial^2 \log f(\boldsymbol{y}^{(k)}|\boldsymbol{\theta}_0)}{\partial\boldsymbol{\theta}\partial\boldsymbol{\theta}^t} f(\boldsymbol{y}^{(k)},\boldsymbol{r}^{(k)}|\boldsymbol{\theta}_0,\boldsymbol{\psi}_0)\boldsymbol{dy}^{(k)}$$

とも表現できる。表 2.1 のように y_2 のみが MAR で欠測する場合には

$$\begin{aligned}\Sigma_{\mathrm{MAR}} = &-\int \frac{\partial^2 \log f(y_1,y_2|\boldsymbol{\theta}_0)}{\partial\boldsymbol{\theta}\partial\boldsymbol{\theta}^t} f(y_1,y_2,r_1=1,r_2=1|\boldsymbol{\theta}_0,\boldsymbol{\psi}_0)dy_1dy_2\\ &-\int \frac{\partial^2 \log f(y_1|\boldsymbol{\theta}_0)}{\partial\boldsymbol{\theta}\partial\boldsymbol{\theta}^t} f(y_1,r_1=1,r_2=0|\boldsymbol{\theta}_0,\boldsymbol{\psi}_0)dy_1\end{aligned}$$

となる。

Σ_{MAR} の推定方法

2 つの方法で，Σ_{MAR} の推定を行うことを考えよう。1 つは，

$$-\frac{1}{n}\frac{\partial^2 \log f(Y_{\mathrm{obs}}|\hat{\boldsymbol{\theta}})}{\partial\boldsymbol{\theta}\partial\boldsymbol{\theta}^t} \tag{2.11}$$

を用いる方法である。もう 1 つは，Σ_{MAR} の積分を計算してパラメータを推定値で置き換える方法である。完全データでもどちらがよいかという議論が行われているが，欠測データに対してはそもそも現実問題として後者を計算するには欠測データメカニズムの同定が必要であり，計算するのはかなり難しいことが多い(たとえば，Kenward and Molenberghs (1998))。したがって，Σ_{MAR} の推定には前者の式が用いられる。

定理 2.2 の意味

定理 2.2 が述べているのは，MAR の場合には，欠測データメカニズムを無視して，$\log f(Y_{\mathrm{obs}}|\boldsymbol{\theta})$ だけで $\boldsymbol{\theta}$ の一致推定ができるということであ

る。これは，MAR であることさえ正しければ，想定している欠測データメカニズムが誤っていても，一致性の観点からは気にする必要がないということも意味している。表 2.2 を用いて，このことを説明しよう。真の欠測データメカニズムによって，ある定数 c に対して $y_3>c$ のとき y_1 が欠測し，それ以外のとき y_1 が観測されるものとしよう。もちろん実際には欠測データメカニズムは未知なので，解析者はある定数 d に対して $y_3>d(\neq c)$ のとき y_1 が欠測し，それ以外のとき y_1 が観測されるのだと考えていたとする。真の欠測データメカニズムと想定されている欠測データメカニズムは異なるが，どちらも MAR である。したがって，$\boldsymbol{y}$ に関するモデルさえ正しければ $\log f(Y_{\mathrm{obs}}|\boldsymbol{\theta})$ だけを用いて一致推定ができてしまう。なお定理の逆の命題(「一致推定できる欠測データメカニズムは MAR である」)は成立しない。狩野 (2014)は MAR よりも広い条件下で，最尤推定量が真のパラメータ値に対する一致性を持つことを示している。

一方，MAR であることは正しくても，想定している欠測データメカニズムが異なれば，漸近分布の分散は定理 2.2 とは異なった結果になる。Σ_{MAR} を計算する際に，間違った欠測データメカニズムを用いることになるからである。しかし，実際の分析においては想定している欠測データメカニズムが MAR であることさえ正しければよい。分散は Σ_{MAR} を用いるのではなく，式(2.11)を用いて推定することが多いため，欠測データメカニズムの誤った想定が影響を及ぼさないためである。

2.4.3　無視可能な欠測

次に，MAR よりも数学的に若干強い条件である無視可能な欠測という概念を導入しよう。まず，無視可能な欠測を定義し，次項でその下での最尤推定量の性質について述べる。

定義 2.3(無視可能な欠測)　データが MAR，かつ $\boldsymbol{\theta}$ のパラメータ空間と $\boldsymbol{\psi}$ のパラメータ空間が**分離**(distinctness)しているとき，欠測データメカニズムが尤度に関して**無視可能**(ignorable)であるという*9。　□

---

*9　無視できるのは欠測データメカニズムであるが，慣習的に「欠測が無視可能」などともいわれる。また，無視可能であることを無視可能性ということもある。

「無視可能」のときの完全尤度の分解

パラメータ空間が分離しているとは，$\boldsymbol{\theta}$ と $\boldsymbol{\psi}$ が関数として関係がなく，欠測データメカニズムが $\boldsymbol{\psi}$ にのみ依存するということである。無視可能な欠測データメカニズムは，

$$f(\boldsymbol{r}|\boldsymbol{y};\boldsymbol{\theta},\boldsymbol{\psi}) = f(\boldsymbol{r}|\boldsymbol{y}_{\mathrm{obs}};\boldsymbol{\psi})$$

と書け，$\boldsymbol{\theta}$ についての情報を持っていない。

このことから，無視可能な欠測データメカニズムに対しては，

$$\begin{aligned} f(\boldsymbol{y}_{\mathrm{obs}},\boldsymbol{r}|\boldsymbol{\theta},\boldsymbol{\psi}) &= \int f(\boldsymbol{y}|\boldsymbol{\theta})f(\boldsymbol{r}|\boldsymbol{y}_{\mathrm{obs}};\boldsymbol{\psi})\boldsymbol{d}\boldsymbol{y}_{\mathrm{mis}} \\ &= f(\boldsymbol{y}_{\mathrm{obs}}|\boldsymbol{\theta})f(\boldsymbol{r}|\boldsymbol{y}_{\mathrm{obs}};\boldsymbol{\psi}) \end{aligned}$$

とできる。よって，観測データと欠測指標行列 (Y_{obs},R) に対して

$$\log f(Y_{\mathrm{obs}},R|\boldsymbol{\theta},\boldsymbol{\psi}) = \log f(Y_{\mathrm{obs}}|\boldsymbol{\theta})+\log f(R|Y_{\mathrm{obs}};\boldsymbol{\psi})$$

とできる。右辺の欠測データメカニズムには $\boldsymbol{\theta}$ がないので，左辺の $\log f(Y_{\mathrm{obs}},R|\boldsymbol{\theta},\boldsymbol{\psi})$ による $\boldsymbol{\theta}$ の最尤推定値と，右辺の $\log f(Y_{\mathrm{obs}}|\boldsymbol{\theta})$ のみを用いた $\boldsymbol{\theta}$ の最尤推定値が一致する。このことは，MAR かつパラメータ空間が分離できる場合には，$\boldsymbol{\theta}$ の推定には欠測データメカニズムが無視できることを示している。それゆえ，この状況を「欠測データメカニズムが無視可能である」という。

無視(不)可能性と MAR の関係

無視可能でない欠測データメカニズムを**無視不可能**(non-ignorable)な欠測データメカニズムという。つまり，MAR でないか，もしくはパラメータ空間が分離可能でない場合には，無視不可能な欠測データメカニズムと呼ぶ。欠測データメカニズムが「無視不可能」であれば，MAR ではないと解釈されることが多い。しかし，理論的には無視不可能というのは，MAR であるが，パラメータ空間が分離できない場合も指していることに注意せねばならない。このとき，$\log f(Y_{\mathrm{obs}},R|\boldsymbol{\theta},\boldsymbol{\psi})$ と $\log f(Y_{\mathrm{obs}}|\boldsymbol{\theta})$ の $\boldsymbol{\theta}$ の最尤推定値は一致しないが，どちらも推定量としては一致性を持

つ(前者の対数尤度にもとづく $\boldsymbol{\theta}$ の最尤推定量の一致性については後述する定理 2.6 を参照のこと)。

例 2.9(無視不可能な MAR)

表 2.1 のようなデータが得られる血圧の例 1.5 において，興味あるパラメータは $\theta = E(y_1)$ であるとする。2 月の血圧 (y_2) が欠測する確率が,

$$f(r_2 = 0 | y_1; \theta, \psi) = \frac{\exp(\theta + \psi y_1)}{1 + \exp(\theta + \psi y_1)}$$

で表されるとしよう。このとき，欠測データメカニズムは常に観測される変数 1 月の血圧 (y_1) にのみ依存し，2 月の血圧 (y_2) 自身の欠測値には依存していないので，欠測は MAR である。しかし，欠測データメカニズムには 1 月の血圧の平均値 θ が含まれているので，欠測データメカニズムは無視可能ではない。 □

このように，MAR と無視可能性の関係は複雑である。理論的には，$f(\boldsymbol{y}|\boldsymbol{\theta})$ が完備分布族(野田・宮岡, 1992)ならば，MAR と無視可能性は同値であることが知られている(Lu and Copas, 2004; Seaman et al., 2013)。現実的には，$f(\boldsymbol{y}|\boldsymbol{\theta})$ が完備分布族かどうかを判断しなくとも，多くの場合に MAR と無視可能性を同値と考えることに大きな問題はなさそうである。どちらの場合も，推定には $\log f(Y_{\mathrm{obs}}|\boldsymbol{\theta})$ を用い，以下に示すように最尤推定量の一致性，漸近正規性という性質も共有しているからである。したがって，MAR と無視可能性の違いが結果に重要な影響を与えるとは考えにくい。このような理由から，本書ではこれ以降，MAR の場合にはパラメータ空間が分離される性質も成立すると仮定する，つまり MAR と無視可能性を同値であると仮定する(たとえば，Allison (2001) も参照のこと)。

2.4.4 無視可能な欠測下の最尤推定量の性質

欠測データメカニズムが無視可能であるとき，$\log f(Y_{\mathrm{obs}}|\boldsymbol{\theta})$ の最大化によって得られる $\boldsymbol{\theta}$ の最尤推定量の性質について簡単に述べておこう。

無視可能であるときはMARであるから，MAR下で成立する最尤推定量の性質は，そのまま無視可能な場合にも成立する。定理2.2により，最尤推定量が真のパラメータ値に対する一致性を有することがわかる。同様に，漸近正規性も成立することがわかる。$\sqrt{n}(\hat{\boldsymbol{\theta}}-\boldsymbol{\theta}_0)$ の漸近分布を $N(\mathbf{0}, \Sigma_{\mathrm{ign}}^{-1})$ と書くと，

$$\Sigma_{\mathrm{ign}} = -\sum_{\boldsymbol{r}} \int \frac{\partial^2 \log f(\boldsymbol{y}_{\mathrm{obs}}|\boldsymbol{\theta}_0)}{\partial\boldsymbol{\theta}\partial\boldsymbol{\theta}^t} f(\boldsymbol{y}, \boldsymbol{r}|\boldsymbol{\theta}_0, \boldsymbol{\psi}_0)\boldsymbol{dy}$$

である。これは，MARの場合と見かけ上同じ共分散行列を持つことを意味している。MARの場合との重要な違いは，$\boldsymbol{\theta}$ の情報を全て使っているのかどうかにある。パラメータ空間が分離できないMARのときには，$\boldsymbol{\theta}$ の情報は $\log f(Y_{\mathrm{obs}}|\boldsymbol{\theta})$ にだけでなく，欠測データメカニズムにも含まれているので，欠測データメカニズムを含めた $\log f(Y_{\mathrm{obs}}, R|\boldsymbol{\theta}, \boldsymbol{\psi})$ を使うことによって $\boldsymbol{\theta}$ の推定をより正確に(つまり，漸近共分散を $\Sigma_{\mathrm{MAR}}^{-1}$ より小さく)できる。一方，無視可能である場合には，$\boldsymbol{\theta}$ の情報は $\log f(Y_{\mathrm{obs}}|\boldsymbol{\theta})$ に全て含まれているので，欠測データメカニズムを用いたとしても $\Sigma_{\mathrm{ign}}^{-1}$ をこれ以上小さくすることはできない。

2.5　完全にランダムな欠測(MCAR)

MARであるとは，欠測が欠測している値に依存せず，依存するとしたら観測された値のみにである，ということであった。それゆえ，極端な場合として，欠測がどの変数にも依存しないという場合がありうる。それを特に，データがMCARであるという。以下では，MCARの定義と，その下での最尤推定量の性質を述べる。そして，MCAR下でのリストワイズ削除する方法とペアワイズ削除する方法の問題点について述べる。

2.5.1　MCARの定義

MCARの定義は次で与えられる。

定義 2.4(完全にランダムな欠測)　データが**完全にランダムな欠測**(missing completely at random; **MCAR**)であるとは，全ての $\boldsymbol{y}$ に対して

$$f(\boldsymbol{r}|\boldsymbol{y};\boldsymbol{\psi}) = f(\boldsymbol{r}|\boldsymbol{\psi})$$

となることである*10。 □

共変量 $\boldsymbol{w}$ があるときの MCAR は，欠測データメカニズムが全ての $\boldsymbol{y}$ に対して

$$f(\boldsymbol{r}|\boldsymbol{y},\boldsymbol{w};\boldsymbol{\psi}) = f(\boldsymbol{r}|\boldsymbol{w};\boldsymbol{\psi})$$

と表される。ただし，共変量 $\boldsymbol{w}$ は常に観測されることを仮定しており，確率変数でなく定数であると考えている。もし $\boldsymbol{w}$ を確率変数として考えるならば，これは MAR の欠測データメカニズムである。以降，共変量のないときを考える。

MCAR の意味

MCAR とは，$\boldsymbol{y}$ と $\boldsymbol{r}$ が統計的に独立であるということである。つまり，$\boldsymbol{y}$ の要素が欠測するかどうかは，観測されている値にも欠測した値にも依存しない。イメージとしては，$\boldsymbol{y}$ の値とは全く関係なくサイコロを振ったりして乱数を作り，特定の値が出たときに欠測するかどうかが決められていると考えればよいであろう。なお，1 変量の場合の MAR とは，そもそも他に依存する変数が存在しないので，MCAR となる。

MCAR はかなり強い仮定である。現実的には，他の変数に依存して欠測することが多いため，MCAR が妥当であると考えられる事象は極めて少ない。MCAR の例は，測定する機械の故障や，偶発的に発生した事象によってデータが欠測する場合などに限られている。

例 2.10(発信機の位置の欠測(Hui et al., 2009))

ショッピングカートに発信機を付けてスーパーマーケット内での顧客の経路データを収集したが，データの一部に欠測値が含まれていた。この欠

*10　この定義も MAR の場合と同じく，Little and Rubin (2002)のものである。一致性や漸近正規性などの性質は，全ての $\boldsymbol{r}$ と $\boldsymbol{y}$ に対して $f(\boldsymbol{r}|\boldsymbol{y};\boldsymbol{\psi})=f(\boldsymbol{r}|\boldsymbol{\psi})$ となるという条件の下で導かれる。

測値が発生したのは，単に位置情報の受信の失敗や送信する発信機の技術上の不具合のためである。このような技術上の不具合は，店内の位置に関係せず発生していると考えられる。したがって，このような欠測データは完全にランダムに発生しているといえるので，データは MCAR である。

このことを数式を用いて表そう。スーパーマーケット内での座標を (y_1, y_2) と書き，欠測指標を (r_1, r_2) とする。このときパラメータを省略した欠測データメカニズムは，位置座標 (y_1, y_2) の値に関係なく，

$$f(r_1, r_2|y_1, y_2) = f(r_1, r_2)$$

と書くことができる。 □

MCAR は欠測値が発生する変数がランダムに選ばれるという意味ではない

MCAR とは，欠測が完全にランダムに生じるということであるが，どの変数が欠測するのかがランダムであるという意味ではない。たとえば質問紙調査において，見逃しやすい位置に質問項目があったとしよう。この項目に気づかなかった人は答えないが，気づいた人は答えてくれるとする。気づくか気づかないかが，個人の特性によらず単なる偶然によって決まるとすると，MCAR による欠測である。このとき，どの変数が欠測するかはランダムではないが，ある人がその質問項目に対して答えるかどうかは完全にランダムである。

MCAR の下ではどの欠測パターンにおいても $\boldsymbol{y}$ の分布は同じ

MCAR では，$\boldsymbol{y}$ の分布はどの欠測パターンでも同じである。各欠測パターンにおける $\boldsymbol{y}$ の分布は $\boldsymbol{r}$ に依存していないからである。たとえば，表 2.1 の欠測が MCAR で生じているとしよう。r_2=1 のときの (y_1, y_2) の分布をパラメータを省略して $f(y_1, y_2|r_2$=$1)$ と表すと，MCAR の定義から

$$f(y_1, y_2|r_2 = 1) = \frac{f(r_2 = 1)f(y_1, y_2)}{f(r_2 = 1)} = f(y_1, y_2)$$

となる。これは，MCAR のときには，r_2=1 という条件の分布からとられた (y_1, y_2) のデータは，何の条件もない (y_1, y_2) の分布からのデータとみなすことができることを意味している。r_2=0 のときの分布も同様に，$f(y_1, y_2|r_2{=}0){=}f(y_1, y_2)$ となる。実際には r_2=0 のとき y_2 は観測されないので，

$$f(y_1|r_2 = 0) = \int f(y_1, y_2|r_2 = 0)dy_2 = f(y_1)$$

となる。これは，MCAR のときには，r_2=0 となる欠測パターンからの y_1 のデータは，y_1 の周辺分布からのデータとみなすことができることを意味している。

変数がもっと多いときにも同様に考えることができる。MCAR であれば，任意の第 k 欠測パターンにおいて，

$$f(\boldsymbol{y}|\boldsymbol{r}^{(k)}) = \frac{f(\boldsymbol{r}^{(k)}|\boldsymbol{y})f(\boldsymbol{y})}{f(\boldsymbol{r}^{(k)})} = \frac{f(\boldsymbol{r}^{(k)})f(\boldsymbol{y})}{f(\boldsymbol{r}^{(k)})} = f(\boldsymbol{y})$$

となる。これは，どの欠測パターンからのデータであっても，$\boldsymbol{y}$ の分布からのデータであるとみなすことができることを意味している。最左辺と最右辺が等しいという $f(\boldsymbol{y}|\boldsymbol{r}^{(k)}){=}f(\boldsymbol{y})$ を，パターン混合モデルによる MCAR の定義とすることもできる。

MCAR のときの完全尤度の分解

MCAR のときに，$f(\boldsymbol{y}_{\mathrm{obs}}, \boldsymbol{r}|\boldsymbol{\theta}, \boldsymbol{\psi})$ をどのように分解できるか探ろう。欠測データメカニズムが MCAR であれば，

$$\begin{aligned} f(\boldsymbol{y}_{\mathrm{obs}}, \boldsymbol{r}|\boldsymbol{\theta}, \boldsymbol{\psi}) &= \int f(\boldsymbol{y}|\boldsymbol{\theta})f(\boldsymbol{r}|\boldsymbol{\psi})\boldsymbol{dy}_{\mathrm{mis}} \\ &= f(\boldsymbol{y}_{\mathrm{obs}}|\boldsymbol{\theta})f(\boldsymbol{r}|\boldsymbol{\psi}) \end{aligned}$$

とできる。サンプルサイズ n の対数完全尤度は，

$$\log f(Y_{\mathrm{obs}}, R|\boldsymbol{\theta}, \boldsymbol{\psi}) = \log f(Y_{\mathrm{obs}}|\boldsymbol{\theta}) + \log f(R|\boldsymbol{\psi})$$

と書くことができる。MAR の場合と同様に，$\boldsymbol{\theta}$ の推定は第 1 項のみを用いて行えばよい。

2.5.2 MCAR 下の最尤推定量の性質

MCAR は MAR の特殊な状況に過ぎないので，MCAR の仮定の下では，MAR の場合と同様に $\log f(Y_{\mathrm{obs}}|\boldsymbol{\theta})$ にもとづく最尤推定量は一致性を持ち，漸近正規性も持つ。漸近分布の分散の逆行列を Σ_{MCAR} と表すことにすると，Σ_{MCAR} は Σ_{MAR} よりも少し簡略に書けて，

$$\Sigma_{\mathrm{MCAR}} = -\sum_{\boldsymbol{r}} f(\boldsymbol{r}|\boldsymbol{\psi}_0) \int \frac{\partial^2 \log f(\boldsymbol{y}_{\mathrm{obs}}|\boldsymbol{\theta}_0)}{\partial\boldsymbol{\theta}\partial\boldsymbol{\theta}^t} f(\boldsymbol{y}|\boldsymbol{\theta}_0)\boldsymbol{dy}$$

となる。ここでも，$\boldsymbol{y}_{\mathrm{obs}}$ が $\boldsymbol{r}$ の関数であることに注意する。この Σ_{MCAR} が意味しているのは，MCAR のときには，各欠測パターンにおけるフィッシャー情報行列に各欠測パターンの生起確率の重みを付け，欠測指標に関して和をとったものが全体のフィッシャー情報行列になることである。

MCAR と MAR のデータの使い方の違い

MCAR の場合と MAR の場合の大きな違いは，MCAR の場合には観測データ Y_{obs} の使い方が比較的自由な点である。MAR の場合には，一致性と漸近正規性のある $\boldsymbol{\theta}$ の最尤推定量を構成するために，全観測データを使った直接尤度 $\log f(Y_{\mathrm{obs}}|\boldsymbol{\theta})$ を使う。しかし，MCAR の場合には，全ての観測データを用いなくても，1 つ以上の欠測パターンを用いる限り，最尤推定量は一致性を持ち，漸近正規性も持つ。たとえば，表 2.2 で考えてみよう。この表では，3 つの欠測パターンがある。第 1 に (y_1, y_2, y_3) の全てが観測されているパターン，第 2 に (y_2, y_3) が観測されているパターン，第 3 に (y_1, y_3) が観測されているパターンである。このとき y_2 に関する最尤推定値を計算するには，第 3 の欠測パターンは y_2 が観測されていないため用いることはできないが，第 1 の欠測パターンだけを用いることもできるし，第 2 の欠測パターンだけを用いることもできる。あるいは，第 1 と第 2 の欠測パターンの両方を用いることもできる。ただし，その際の最尤推定量の漸近分散は上の $\Sigma_{\mathrm{MCAR}}^{-1}$ と同じではない。たとえば，第 1 と第 2 の欠測パターンを用いる場合には，漸近共分散は

$$-\sum_{r_1=0}^{1} f(r_1, r_2=1|\boldsymbol{\psi}_0) \int \frac{\partial^2 \log f(\boldsymbol{y}_{\mathrm{obs}}|\boldsymbol{\theta}_0)}{\partial\boldsymbol{\theta}\partial\boldsymbol{\theta}^t} f(\boldsymbol{y}|\boldsymbol{\theta}_0)\boldsymbol{dy}$$

の逆行列で与えられる。

2.5.3 「リストワイズ削除」「ペアワイズ削除」の問題点

MCAR に対する代表的な対処法は，リストワイズ削除(listwise deletion; LD 法)とペアワイズ削除(pairwise deletion; PD 法)である。これらはそれぞれ，完全ケース分析と利用可能なケースによる分析とも呼ばれるのであった(第 1 章を参照のこと)。前者は，1 つでも欠測値を含むユニットは削除し，全ての変数が観測されているユニットのみで分析する方法である。後者は，統計値ごとにできるだけ多くのユニットを用いる方法である。どちらの方法であっても，完全データにもとづくとき一致性を有する推定量を構成できる推定法を用い，各欠測パターンのデータを全て使っている限り，得られた推定量もまた一致性を持つ。

リストワイズ削除の問題点

LD 法とは，欠測を含むユニットを削除し，全変数が観測されているユニットだけを分析の対象とする方法である。たとえば，表 2.1 では $1\sim m$ 番目のユニットだけで分析する。表 2.2 では第 1 欠測パターンの全ユニットだけで分析する。LD 法の問題点は，著しくサンプルサイズが小さくなってしまうかもしれないことである。たとえば，5 変数の場合に，各変数が互いに独立に他のいかなる変数にも依存せず 0.9 の確率で観測され，0.1 の確率で欠測するとしよう。このときデータは MCAR である。全変数が観測される確率は，$0.9^5 \approx 0.59$ となる。さらに 10 変数の場合には，使えるデータはもとの 3 割 5 分にまで落ち込んでしまう。

データが MCAR でない場合には，LD 法を用いた最尤推定量は一般には真のパラメータ値に対する一致性を持たない。重要な例外は，条件付き分布(回帰)の場合である。詳しくは第 5 章を参照してほしい。

ペアワイズ削除の問題点

一方，PD 法とは，統計値を計算するときに利用できる値を全て使う方法である。表 2.2 のデータから PD 法を用いて平均と分散，そして共分散を推定することを考えよう。PD 法では，y_1 の平均と分散を計算するときには，y_1 が観測されている欠測パターンのユニットは全て用いる。y_2 の平均と分散を計算するときも同様に，y_2 の観測されている欠測パターンのユニット全てを用いる。共分散のように 2 変数の間の関係を計算する場合には，PD 法の名のとおりペアごとに利用可能でないユニットを消去する。たとえば，(y_1, y_2) の共分散を計算する場合には y_1 と y_2 の両方が揃って観測されていないものは消去し，両方が観測されているもののみを用いて共分散を計算する。(y_2, y_3) の共分散の場合も，y_2 と y_3 の両方が観測されている欠測パターンのユニットのみを用いることになる。この例で示されているように，PD 法による推定値は LD 法より多くのユニットを使えることが多い。

PD 法の問題の 1 つとして，推定値の定義があいまいであることが挙げられる。PD 法を用いると文献に書かれていた場合，どのような方法で推定しているのかに注意すべきである。MCAR によって表 2.2 のデータが生じているものとし，y_2 を y_3 で説明する線形回帰モデルにおいて，回帰係数を計算することを考えよう。回帰係数は，(y_2, y_3) の共分散を y_3 の分散で除したものとなることが知られている。PD 法では，(y_2, y_3) の共分散は，y_2 と y_3 の両方が観測されているユニットを全て使って計算することができる。一方，y_3 の分散を計算するためには，y_3 の観測データの全てを用いることもできるし，y_2 が観測されている y_3 のみを用いることもできる。どちらの方法も PD 法であり，どちらの方法で計算した回帰係数も MCAR の下では一致性を持つ。

PD 法の問題点をさらに 2 点述べておこう。第 1 に，大きなサイズのデータを使っても精度が上がるとは限らないことである。y_2 を y_3 上へ線形回帰させたときの回帰係数に用いる y_3 の分散は，y_3 の全てを用いて計算することもできるが，y_2 が観測されている y_3 だけを用いることもできるのであった。前者の方が後者よりも多くのデータを使っているためよ

表 2.4　欠測を含むデータ

y_1	1	2	3	4	5	1	2	3	2	1
y_2	1	2	3	4	5	?	?	?	?	?

?は欠測値を表す。

り望ましいと考えるかもしれない。確かに，y_3 の分散の推定精度(分散の標準誤差)で考えると，前者は後者よりもよい(小さい)。しかし，回帰係数では y_3 の分散は分母に来るので，回帰係数の推定の精度として見ると，前者は後者よりも悪くなってしまう。このようにPD法では，サンプルサイズの増大が推定精度の向上につながるとはいえないことがある。PD法の第2の問題点は，場合によっては，相関係数が -1 から $+1$ の範囲に入らなくなってしまうことである。たとえば表2.4のデータで，PD法を用いて相関係数を計算するとしよう。そのためには，y_1 の分散が必要になる。y_1 の分散を y_1 全てを用いて計算し，(y_1, y_2) の共分散を両方の変数が観測されているデータから計算すると，相関係数は $\frac{2}{\sqrt{2}\sqrt{1.64}} \approx 1.1$ となる。明らかに相関係数がとるはずのない値である。一方，LD法であれば，相関係数は1となり適正な範囲におさまることになる。

2.6　ランダムでない欠測(NMAR)

これまで紹介してきたMARやMCARは，簡単に扱うことのできる欠測であった。一方，ここで紹介するランダムでない欠測は，簡単には扱うことはできない。しかし，現実的には非常に重要な欠測データメカニズムである。

2.6.1　NMARの定義

ここまで見てきたように，MARのときの最尤推定量は真のパラメータ値に対する一致性を有するのであった。しかし，実際にはMARが成立せず，一致性の保証のある推定量が得られないことが多い。このように欠測がMARでないとき，データはランダムでない欠測(NMAR)であるという。

定義 2.5(ランダムでない欠測)　データが**ランダムでない欠測**(not missing at random; **NMAR**)であるとは，欠測データメカニズム $f(\boldsymbol{r}|\boldsymbol{y};\boldsymbol{\theta},\boldsymbol{\psi})$ が欠測値に依存することである[*11]。 □

例 2.11(癌患者の生活の質(Enders, 2010))

癌患者の生活の質(quality of life; QOL)を調べる研究では，患者の癌の状態が悪くなることにより，QOL が下がると同時に研究に参加できなくなってしまう傾向がある。そのため，QOL が低い患者については QOL が欠測することがある。この欠測は，欠測するかどうかが欠測する値に依存しているので NMAR である。

これらのことを数式で表してみよう。QOL を y で表し，その欠測指標を r とする。簡単のために，QOL の値がある定数 c 以上の患者は $r{=}1$ となり，c 未満の場合 $r{=}0$ となることがあるとする。欠測データメカニズムは,

$$f(r=1|y)=I_{\{y\geqq c\}}+\pi(y)I_{\{y<c\}}$$

などと表すことができる。ただし，$I_{\{A\}}$ は A が真のとき 1，そうでないとき 0 となる指示関数であり，$\pi(y)$ は y の関数であり，$y{<}c$ のときの y の観測確率である。QOL が低くなればなるほど参加できなくなることを反映して，$\pi(y)$ は，y が小さくなるとき小さな値をとり，y が c に近いとき大きな値をとる。 □

NMAR と無視不可能な欠測

NMAR は，無視できない欠測または無視不可能な(non-ignorable)欠測とも呼ばれる(Allison, 2001)。無視可能な欠測のところで述べたが，本書では，MAR は無視可能と同一であると考えるので，MAR でない欠測データメカニズムである NMAR は無視不可能な欠測と同一視する。

---

*11　NMAR は，MNAR とも表記される。これは missing not at random の略記である。

NMAR のときの $\log f(Y_{\mathrm{obs}}|\boldsymbol{\theta})$ を用いた $\boldsymbol{\theta}$ の推定量の性質

欠測データが NMAR の場合には，$\log f(Y_{\mathrm{obs}}|\boldsymbol{\theta})$ にもとづく $\boldsymbol{\theta}$ の最尤推定量 $\hat{\boldsymbol{\theta}}$ は真のパラメータ値に対して一致性があることは保証されない。サンプルサイズを無限に大きくしたときの $\hat{\boldsymbol{\theta}}$ の収束先が $\boldsymbol{\theta}_0$ でないとき，最尤推定量 $\hat{\boldsymbol{\theta}}$ に**バイアス**(bias)があるという*12。ただし，$\boldsymbol{\theta}$ には通常複数の要素が含まれており，NMAR の場合に最尤推定量の全ての要素がバイアスを持つわけではない。第 5 章で説明するが，NMAR のメカニズムによっては回帰係数など一部のパラメータには一致性があることもある。

NMAR のときの完全尤度の分解

NMAR のときに，$f(\boldsymbol{y}_{\mathrm{obs}}, \boldsymbol{r}|\boldsymbol{\theta}, \boldsymbol{\psi})$ をどのように分解できるか探ろう。欠測データメカニズムが NMAR であれば，

$$f(\boldsymbol{y}_{\mathrm{obs}}, \boldsymbol{r}|\boldsymbol{\theta}, \boldsymbol{\psi}) = \int f(\boldsymbol{y}|\boldsymbol{\theta}) f(\boldsymbol{r}|\boldsymbol{y}; \boldsymbol{\theta}, \boldsymbol{\psi}) \boldsymbol{d}\boldsymbol{y}_{\mathrm{mis}}$$

となる。欠測データメカニズム $f(\boldsymbol{r}|\boldsymbol{y}; \boldsymbol{\theta}, \boldsymbol{\psi})$ が欠測データ $\boldsymbol{y}_{\mathrm{mis}}$(の一部)に依存しているため，この積分を計算するためには欠測データメカニズムを特定する必要がある。このことは，NMAR の場合に $\boldsymbol{\theta}$ の推定を行うためには，欠測データメカニズムが無視できないこと，言い換えると，欠測データメカニズムをモデリングしなければならないことを示している。

そもそも欠測データメカニズムのモデリングはかなり難しい。それは，観測されていないデータがどのように発生するのかを特定することだからである。仮に欠測データメカニズムを正しくモデリングすることができたとしても，一致性のある $\boldsymbol{\theta}$ の推定量が構築できる保証はない。欠測データメカニズムが正しくても，$f(\boldsymbol{y}_{\mathrm{obs}}, \boldsymbol{r}|\boldsymbol{\theta}, \boldsymbol{\psi})$ を得るための積分が計算できないかもしれない。現実的には，NMAR を回避するようにデータ収集の際に努力することが必要である。

---

*12　より一般的な「バイアス」の定義は，$E(\hat{\boldsymbol{\theta}})-\boldsymbol{\theta}_0$ であろう。こちらのバイアスを用いる場合には，$E(\hat{\boldsymbol{\theta}})-\boldsymbol{\theta}_0 \neq \boldsymbol{0}$ のとき，$\hat{\boldsymbol{\theta}}$ にバイアスがあるという。欠測データ解析においても，こちらが使われることがある。

2.6.2 NMAR 下の最尤推定量の性質

欠測データが NMAR によって発生している場合，欠測データメカニズムを正しくモデリングでき，そのパラメータ $\boldsymbol{\psi}$ が最尤推定できるならば，以下の結果が得られる。

定理 2.6（欠測データにもとづく最尤推定量の性質） サンプルサイズ n の欠測データがあるとき，$\log f(Y_{\mathrm{obs}}, R|\boldsymbol{\theta}, \boldsymbol{\psi})$ にもとづく $\boldsymbol{\theta}$ の最尤推定量を $\hat{\boldsymbol{\theta}}$ とする。このとき，(i) $\hat{\boldsymbol{\theta}}$ は真のパラメータ値 $\boldsymbol{\theta}_0$ に対する一致性を持ち，(ii) サンプルサイズ n が十分に大きいとき，$\sqrt{n}(\hat{\boldsymbol{\theta}}-\boldsymbol{\theta}_0)$ の分布は正規分布 $N(\mathbf{0}, \Sigma_{\mathrm{NMAR}}^{-1})$ で近似できる。ただし，$\Sigma_{\mathrm{NMAR}}=\Sigma_{\boldsymbol{\theta}\boldsymbol{\theta}}-\Sigma_{\boldsymbol{\theta}\boldsymbol{\psi}}\Sigma_{\boldsymbol{\psi}\boldsymbol{\psi}}^{-1}\Sigma_{\boldsymbol{\psi}\boldsymbol{\theta}}$ である。$\boldsymbol{\delta}_0=(\boldsymbol{\theta}_0^t, \boldsymbol{\psi}_0^t)^t$ でパラメータの真値を表すものとすると，Σ_{NMAR} を構成する各行列は，以下で与えられる。

$$\underset{(s\times s)}{\Sigma_{\boldsymbol{\theta}\boldsymbol{\theta}}} = -\sum_{\boldsymbol{r}}\int \frac{\partial^2 \log f(\boldsymbol{y}_{\mathrm{obs}}, \boldsymbol{r}|\boldsymbol{\delta}_0)}{\partial\boldsymbol{\theta}\partial\boldsymbol{\theta}^t} f(\boldsymbol{y}, \boldsymbol{r}|\boldsymbol{\delta}_0)d\boldsymbol{y},$$

$$\underset{(s\times r)}{\Sigma_{\boldsymbol{\theta}\boldsymbol{\psi}}} = -\sum_{\boldsymbol{r}}\int \frac{\partial^2 \log f(\boldsymbol{y}_{\mathrm{obs}}, \boldsymbol{r}|\boldsymbol{\delta}_0)}{\partial\boldsymbol{\theta}\partial\boldsymbol{\psi}^t} f(\boldsymbol{y}, \boldsymbol{r}|\boldsymbol{\delta}_0)d\boldsymbol{y},$$

$$\underset{(r\times s)}{\Sigma_{\boldsymbol{\psi}\boldsymbol{\theta}}} = \Sigma_{\boldsymbol{\theta}\boldsymbol{\psi}}^t,$$

$$\underset{(r\times r)}{\Sigma_{\boldsymbol{\psi}\boldsymbol{\psi}}} = -\sum_{\boldsymbol{r}}\int \frac{\partial^2 \log f(\boldsymbol{y}_{\mathrm{obs}}, \boldsymbol{r}|\boldsymbol{\delta}_0)}{\partial\boldsymbol{\psi}\partial\boldsymbol{\psi}^t} f(\boldsymbol{y}, \boldsymbol{r}|\boldsymbol{\delta}_0)d\boldsymbol{y}.$$

□

［証明］ $\boldsymbol{\delta}$ の最尤推定量を $\hat{\boldsymbol{\delta}}=(\hat{\boldsymbol{\theta}}^t, \hat{\boldsymbol{\psi}}^t)^t$ と書く。$\hat{\boldsymbol{\delta}}$ の一致性を示すことで，$\hat{\boldsymbol{\theta}}$ の一致性を示す。付録 A.3 によると，一致性を示すには

$$E\left(\frac{\partial \log f(Y_{\mathrm{obs}}, R|\boldsymbol{\theta}_0, \boldsymbol{\psi}_0)}{\partial\boldsymbol{\delta}}\right) = \mathbf{0}$$

を示せばよい。(Y_{obs}, R) は独立な同一分布に従う欠測データなので，任意のユニットに対する対数尤度の微分の期待値がゼロ：

$$E\left(\sum_{k=1}^{K} I^{(k)}\frac{\partial \log f(\boldsymbol{y}^{(k)}, \boldsymbol{r}^{(k)}|\boldsymbol{\theta}_0, \boldsymbol{\psi}_0)}{\partial\boldsymbol{\delta}}\right) = \mathbf{0} \qquad (2.12)$$

であることを示せばよい。ただし，ここでの期待値は $(\boldsymbol{y}^t, \boldsymbol{r}^t)^t$ について

とっている。$I^{(k)}$ が $\boldsymbol{r}$ の関数であることと被積分関数には $\boldsymbol{y}^{(-k)}$ が含まれていないことに注意すると，式(2.12)の左辺は，

$$\sum_{k=1}^{K}\int \frac{\partial \log f(\boldsymbol{y}^{(k)},\boldsymbol{r}^{(k)}|\boldsymbol{\theta}_0,\boldsymbol{\psi}_0)}{\partial \boldsymbol{\delta}} f(\boldsymbol{y}^{(k)},\boldsymbol{r}^{(k)}|\boldsymbol{\theta}_0,\boldsymbol{\psi}_0)d\boldsymbol{y}^{(k)}$$

となる。積分と微分の交換を仮定すると左辺は $\mathbf{0}$ である。したがって，式(2.12)が成り立つ。

漸近正規性については付録 A.3 からわかる。$\sqrt{n}(\hat{\boldsymbol{\theta}}-\boldsymbol{\theta}_0)$ の分散共分散行列については，$\sqrt{n}(\hat{\boldsymbol{\delta}}-\boldsymbol{\delta}_0)$ の分散共分散行列から，$\sqrt{n}(\hat{\boldsymbol{\theta}}-\boldsymbol{\theta}_0)$ に対応する部分を抜き出すことで得られる。付録の式(A.11)において

$$A(\boldsymbol{\delta}_0)=B(\boldsymbol{\delta}_0)=\begin{bmatrix}\Sigma_{\boldsymbol{\theta}\boldsymbol{\theta}} & \Sigma_{\boldsymbol{\theta}\boldsymbol{\psi}}\\ \Sigma_{\boldsymbol{\psi}\boldsymbol{\theta}} & \Sigma_{\boldsymbol{\psi}\boldsymbol{\psi}}\end{bmatrix}$$

となることから，$\sqrt{n}(\hat{\boldsymbol{\delta}}-\boldsymbol{\delta}_0)$ の分散共分散行列は $A(\boldsymbol{\delta}_0)^{-1}$ である。$\sqrt{n}(\hat{\boldsymbol{\theta}}-\boldsymbol{\theta}_0)$ に対応する部分が $\Sigma_{\mathrm{NMAR}}^{-1}$ である。■

MAR の場合との違いは，$\boldsymbol{\theta}$ の最尤推定値を計算するのに，$\log f(Y_{\mathrm{obs}}, R|\boldsymbol{\theta},\boldsymbol{\psi})$ を用いていることである。この定理は，MAR の場合にも成立し，$\log f(Y_{\mathrm{obs}}, R|\boldsymbol{\theta},\boldsymbol{\psi})$ による $\boldsymbol{\theta}$ の最尤推定量の漸近分散は，定理 2.2 で与えた $\Sigma_{\mathrm{MAR}}^{-1}$ よりも小さいか，もしくは等しくなる。

例 2.12(NMAR の例)

欠測データメカニズムを正しくモデリングすることにより，最尤推定量が真のパラメータ値に収束することを示そう。簡単のために，y はパラメータ λ の指数分布にしたがう確率変数とし，その密度関数を $f(y)=\lambda\exp(-\lambda y)$ と書く。y の欠測指標を r で表す。y の既知の欠測データメカニズムを，

$$\begin{cases} f(r=0|y)=I_{\{y\geqq c\}},\\ f(r=1|y)=I_{\{y<c\}}\end{cases}$$

とする。ただし，$I_{\{A\}}$ は A が真のとき 1，そうでないとき 0 となる指示関数である。y が欠測するか否かは y 自身の値に依存しているので，これ

はNMARである。

λの最尤推定量を求めよう。欠測値を含む互いに独立なデータ$(y_1, r_1=1), \cdots, (y_m, r_m=1), r_{m+1}=0, \cdots, r_n=0$が得られているとする。$\lambda$を含む部分の対数尤度関数は，

$$m\log\lambda - \lambda\sum_{i=1}^{m} y_i - (n-m)c\lambda$$

である。第3項は，欠測値に対応する尤度であり，$f(r=0)=\int f(r=0|y)f(y)dy=\exp(-c\lambda)$の対数尤度である。これを$\lambda$に関して微分して0とおくと$\lambda$の最尤推定量として，

$$\hat{\lambda} = \frac{m}{\sum_{i=1}^{m} y_i + (n-m)c}$$

を得る。

この最尤推定量は大数の法則などにより，

$$\frac{E(r)}{E(ry)+E(1-r)c}$$

に収束することがわかる。$E(r)=f(r=1)=\int f(r=1|y)f(y)dy=1-\exp(-c\lambda)$である。$y$は指数分布にしたがうので

$$\begin{aligned} E(ry) &= \int yf(y)f(r=1|y)dy \\ &= \frac{1-\exp(-c\lambda)}{\lambda} - c\exp(-c\lambda). \end{aligned}$$

これより，$\hat{\lambda}$の収束先は，

$$\frac{E(r)}{E(ry)+E(1-r)c} = \lambda$$

となる。これは最尤推定量が真の値に収束することを示している。 □

2.7　まとめ

本章では，欠測データのための尤度解析法の基礎を与えた。データが

表 2.5 欠測のタイプと無視可能性(上部)，および欠測のタイプと $\boldsymbol{\theta}$ の推定量の性質

	MAR	MCAR	NMAR
無視可能性	無視可能[a]	無視可能[a]	無視不可能
$\log f(Y_{\text{obs}}\vert\boldsymbol{\theta})$ による推定量 $\hat{\boldsymbol{\theta}}$	一致性，漸近正規性		×
$\log f(Y_{\text{obs}}, R\vert\boldsymbol{\theta}, \boldsymbol{\psi})$ による推定量 $\hat{\boldsymbol{\theta}}$	一致性[b]，漸近正規性[b]		

a. 欠測データメカニズムが $\boldsymbol{\theta}$ に依存しないとき。
b. 欠測データメカニズムが正しく特定されているとき。
× は一致推定できる保証がないことを示している。

欠測する場合には，データが欠測するかどうかを示す欠測指標を導入し，データと欠測指標の同時分布を考えた。この同時分布を分解する方法として，選択モデル，パターン混合モデル，共有パラメータモデルを与えた。選択モデルにもとづいて，MAR，MCAR，NMAR，無視可能，無視不可能を定義した。またその下での，最尤推定量の性質を述べた。

本章で紹介した結果をまとめたものを表 2.5 に与える。MCAR，MAR，または欠測データメカニズムが無視可能な場合には，$\log f(Y_{\text{obs}}|\boldsymbol{\theta})$ を用いた最尤推定量 $\hat{\boldsymbol{\theta}}$ には，真のパラメータ値 $\boldsymbol{\theta}_0$ に対する一致性があり，$\sqrt{n}(\hat{\boldsymbol{\theta}}-\boldsymbol{\theta}_0)$ の分布は正規分布で近似できた。このとき欠測データメカニズムをモデリングする必要はないが，モデリングしたとしても(モデルが正しい限り)$\boldsymbol{\theta}$ は一致推定できる。MAR と無視可能な欠測の違いは，パラメータ空間の分離可能性であり，これは漸近分散の大きさに表れた。NMAR あるいは欠測データメカニズムが無視不可能な場合には，一般には $\log f(Y_{\text{obs}}|\boldsymbol{\theta})$ だけでは一致性のある $\boldsymbol{\theta}$ の推定量を構築できず，局外パラメータ $\boldsymbol{\psi}$ を含んでいる欠測データメカニズムをモデリングしなければならない。現実的には，欠測データメカニズムのモデリングは困難であることが多いので，NMAR による欠測を避ける努力が求められる。

3
EMアルゴリズム

前章において，欠測値があるときの最尤推定量の性質を見た。実際に最尤推定法を使う際には，最尤推定値を計算することが必要となる。本章では，最尤推定値を計算するための手法であるEMアルゴリズムの基本的な概念とその特徴について述べる。なお，本章では特に断らない限り，欠測データはランダムな欠測(MAR)によって生じていることを仮定する。

3.1 尤度の計算

まず完全データの場合を考えよう。データの発生過程に確率分布を想定する場合，最尤推定法によって興味あるパラメータを推定することが多い。完全データを Y_{com} と書き，完全データにもとづく尤度を $f(Y_{\mathrm{com}}|\boldsymbol{\theta})$ とすると，最尤推定値は $f(Y_{\mathrm{com}}|\boldsymbol{\theta})$ を最大にする $\boldsymbol{\theta}$ である。この推定値は，尤度方程式

$$\frac{\partial \log f(Y_{\mathrm{com}}|\boldsymbol{\theta})}{\partial \boldsymbol{\theta}} = \mathbf{0} \tag{3.1}$$

を解くことによって得られる。この方程式を満たす解が複数ある場合には，そのうちの尤度を最大にするものが最尤推定値として採用される。正規分布などの代表的な分布であれば，最尤推定値は，簡単な計算によって明示的にかつ一意に得られる。もし尤度方程式を明示的に解くことができなければ，ニュートンラフソン法(岩崎, 2004)などの方法を使うことが多い。こういった方法では，対数尤度の1階微分や2階微分が必要となるが，完全データの対数尤度は計算しやすいことが多いので，計算は容易である。

3.2　EMアルゴリズムを利用する状況

一方，欠測値を含むデータをもとにして最尤推定値を導出するのには大変手間を要することが多い。欠測がある際には，式(3.1)ではなく，観測されているデータをもとにした尤度方程式

$$\frac{\partial \log f(Y_{\mathrm{obs}}|\boldsymbol{\theta})}{\partial \boldsymbol{\theta}} = \mathbf{0}$$

を解くことによって，最尤推定値が得られる。この尤度方程式は，正規分布の場合でさえも，次の例で示すように，非常に導出しにくく，最尤推定値の計算に手間がかかる。

例 3.1(正規分布)

例 1.5 における①の完全データに対して，変数を $\boldsymbol{y}=(y_1, y_2)^t$ とし，平均 $\boldsymbol{\mu}=(\mu_1, \mu_2)^t$，共分散行列 $\Sigma=\begin{pmatrix} \sigma_{11} & \sigma_{12} \\ \sigma_{21} & \sigma_{22} \end{pmatrix}$ を持つ 2 変量の正規分布を考える。この分布から独立に得られたサイズ n のデータを用いて，$\boldsymbol{\mu}$ と Σ に対する最尤推定値 $\hat{\boldsymbol{\mu}}$ と $\hat{\Sigma}$ を得ることが目的である。

サイズ n の完全データ $\boldsymbol{y}_i=(y_{i1}, y_{i2})^t$ $(i=1, \cdots, n)$ が得られたとする。対数尤度は，

$$\begin{aligned} &-\frac{n}{2}\log(2\pi)-\frac{n}{2}\log|\Sigma|-\frac{1}{2}\sum_{i=1}^{n}(\boldsymbol{y}_i-\boldsymbol{\mu})^t\Sigma^{-1}(\boldsymbol{y}_i-\boldsymbol{\mu}) \\ &\quad = -\frac{n}{2}\log(2\pi)-\frac{n}{2}\log|\Sigma|-\frac{1}{2}\mathrm{tr}(\Sigma^{-1}M) \end{aligned}$$

と 2 つの表現で書けることが知られている。ここでは，$M=\sum_{i=1}^{n}(\boldsymbol{y}_i-\boldsymbol{\mu})(\boldsymbol{y}_i-\boldsymbol{\mu})^t$ とおき，行列のトレースの性質を用いた。第 1 の表現による対数尤度を $\boldsymbol{\mu}$ に関して微分してゼロとおくことにより $\hat{\boldsymbol{\mu}}$ を得ることができ，第 2 の表現による対数尤度を Σ に関して微分してゼロとおくことにより $\hat{\Sigma}$ を得ることができる(ベクトルや行列の微分については，Magnus and Neudecker (1999)を参照のこと)。最尤推定値はそれぞれ以下のようになる。

表 **3.1**　例 1.5 の血圧の例における欠測データの例

番号	y_1	y_2
1	○	○
⋮	⋮	⋮
m	○	○
$m+1$	⋮	×
⋮	⋮	⋮
n	○	×

×：欠測値(色を付けて強調してある)
○：観測値(y_1=1 月の血圧，y_2=2 月の血圧)

$$\hat{\boldsymbol{\mu}}=\begin{pmatrix}\hat{\mu}_1\\ \hat{\mu}_2\end{pmatrix}=\frac{1}{n}\sum_{i=1}^{n}\begin{pmatrix}y_{i1}\\ y_{i2}\end{pmatrix},$$

$$\hat{\Sigma}=\frac{1}{n}\sum_{i=1}^{n}\begin{pmatrix}(y_{i1}-\hat{\mu}_1)^2 & (y_{i1}-\hat{\mu}_1)(y_{i2}-\hat{\mu}_2)\\ (y_{i2}-\hat{\mu}_2)(y_{i1}-\hat{\mu}_1) & (y_{i2}-\hat{\mu}_2)^2\end{pmatrix}.$$

次に，例 1.5 の③で与えたランダムな欠測の場合を考えよう。このとき得られるデータは表 3.1 のようになる。データの要素を $\boldsymbol{y}_1=(y_{11},y_{12})^t$, $\cdots$, $\boldsymbol{y}_m=(y_{m1},y_{m2})^t, y_{m+1,1},\cdots,y_{n1}$ と書くことにする。最尤推定値を求めるために対数尤度を書くと，

$$\sum_{i=1}^{m}\log f(\boldsymbol{y}_i|\boldsymbol{\mu},\Sigma)+\sum_{i=m+1}^{n}\log f(y_{i1}|\mu_1,\sigma_{11})$$

となる。ただし，$f(y_{i1}|\mu_1,\sigma_{11})=\int f(y_{i1},y_{i2}|\boldsymbol{\mu},\Sigma)dy_{i2}$ である。より具体的には，対数尤度は

$$-\frac{m}{2}\log(2\pi)-\frac{m}{2}\log|\Sigma|-\frac{1}{2}\sum_{i=1}^{m}(\boldsymbol{y}_i-\boldsymbol{\mu})^t\Sigma^{-1}(\boldsymbol{y}_i-\boldsymbol{\mu})$$
$$-\frac{n-m}{2}\log(2\pi)-\frac{n-m}{2}\log\sigma_{11}-\frac{1}{2}\sum_{i=m+1}^{n}\frac{(y_{i1}-\mu_1)^2}{\sigma_{11}}$$

である。ここから $\boldsymbol{\mu}$ と Σ の最尤推定値を求めることは，完全データの場合に比べて難しくなっていることがわかるだろう。たとえば，σ_{11} の最尤推定値を求める場合に，σ_{11} で微分しなければならないのは，第 2 項の $\log|\Sigma|$，第 3 項の逆行列，第 5 項の $\log\sigma_{11}$，第 6 項の分母にある σ_{11} である。微分した式をゼロとおいて，σ_{11} について解くのは容易で

はない*1。他のパラメータについても，最尤推定値を導出することは簡単ではないことが了解されるであろう。□

このように，欠測値がデータに含まれている場合には，欠測パターンが複数あり，そのパターンそれぞれが異なる尤度関数を持つことになる。異なる欠測パターンの尤度関数が共通のパラメータを持つため，複数の尤度関数を共通のパラメータで微分しなければならない。微分した対数尤度をゼロとおきパラメータに関して解こうとしても，明示的な形で最尤推定値を得られることは少ないため，ニュートンラフソン法などの数値解析法が必要となる。ニュートンラフソン法のように2階微分を必要とする方法を用いれば，最尤推定値を求める計算のための負担は非常に大きくなってしまう。

このような問題に対して，本章で紹介する EM アルゴリズムは非常に有用である。EM アルゴリズムを使うと，欠測を含むデータにもとづく尤度関数の最大化が簡単になる場合が多く，その実装も容易に行うことができる。

3.3　EM アルゴリズムの定式化

EM アルゴリズムの目的は，$\log f(Y_{\mathrm{obs}}|\boldsymbol{\theta})$ を最大化する最尤推定値 $\boldsymbol{\theta}$ を求めることである。ここでの $\boldsymbol{\theta}$ とは，例 3.1 であれば $\boldsymbol{\mu}$ と Σ のことである。例 3.1 で見たように，$\log f(Y_{\mathrm{obs}}|\boldsymbol{\theta})$ を $\boldsymbol{\theta}$ に関して最大化することは難しいので，EM アルゴリズムでは $\log f(Y_{\mathrm{obs}}|\boldsymbol{\theta})$ を最大化するのではなく，より計算の簡単な代理関数を作って，その代理関数を用いた反復計算を行って，最尤推定値を求める。

反復計算の考え方

EM アルゴリズムの**反復計算**とは，$\boldsymbol{\theta}$ の推定値を少しずつ改善していく

*1　第 2 章で見たように，実はこの場合は明示的に最尤推定値を求めることができる。しかし，一般には容易ではない。

方法である。$\boldsymbol{\theta}$ の適当な推定値を $\boldsymbol{\theta}^{(0)}$ と書くことにしよう。この $\boldsymbol{\theta}^{(0)}$ の与え方は多くある。たとえば，全く適当に与えることもできようし，LD 法などを用いて与えることもできよう。いずれにしても，こうして与えた $\boldsymbol{\theta}^{(0)}$ は $\log f(Y_{\text{obs}}|\boldsymbol{\theta})$ を最大化する最尤推定値ではないであろう*2。そこで，$\boldsymbol{\theta}^{(0)}$ をもとにして，より大きな尤度を与える $\boldsymbol{\theta}^{(1)}$ を探し出す。こうして得られた $\boldsymbol{\theta}^{(1)}$ もやはり $\log f(Y_{\text{obs}}|\boldsymbol{\theta})$ を最大化する最尤推定値ではないであろう。しかし，$\log f(Y_{\text{obs}}|\boldsymbol{\theta}^{(0)})<\log f(Y_{\text{obs}}|\boldsymbol{\theta}^{(1)})$ になっているという意味では，$\boldsymbol{\theta}^{(0)}$ よりも $\boldsymbol{\theta}^{(1)}$ の方が優れた推定値であると考えられる。以降同様にして，より大きな尤度を与える $\boldsymbol{\theta}$ を求めて $\boldsymbol{\theta}^{(2)}, \boldsymbol{\theta}^{(3)}, \cdots$ と推定値を改善していけば，いずれ最尤推定値にたどり着くことが期待されよう。これが反復計算の考え方である。

EM アルゴリズムにおける反復計算

EM アルゴリズムで $\boldsymbol{\theta}^{(0)}$ から $\boldsymbol{\theta}^{(1)}$ へと更新するための代理関数を定義しよう。$\log f(Y_{\text{obs}}|\boldsymbol{\theta})$ の代理関数は

$$Q(\boldsymbol{\theta}|\boldsymbol{\theta}^{(0)}) = \int \log f(Y_{\text{obs}}, Y_{\text{mis}}|\boldsymbol{\theta}) f(Y_{\text{mis}}|Y_{\text{obs}}; \boldsymbol{\theta}^{(0)}) dY_{\text{mis}} \tag{3.2}$$

と定義される。この関数を **$\boldsymbol{Q}$ 関数**と呼ぶ。なぜ代理関数がこの形なのかについては次節で述べる。この右辺を書き換えると，$E\left(\log f(Y_{\text{obs}}, Y_{\text{mis}}|\boldsymbol{\theta})\middle| Y_{\text{obs}}; \boldsymbol{\theta}^{(0)}\right)$ とできる。被積分関数は完全データを発生させると想定される分布の対数尤度関数であり，期待値は Y_{obs} で条件付けた Y_{mis} の分布についてとっている。ただし，期待値をとる分布のパラメータ値は真値の $\boldsymbol{\theta}_0$ ではなく任意の値 $\boldsymbol{\theta}^{(0)}$ であることに注意する。

Q 関数を用いて，推定値を更新しよう。通常用いられる関数の最大化の方法(微分や数値計算法)を用いて Q 関数を最大にするような $\boldsymbol{\theta}$ を見出し，それを $\boldsymbol{\theta}^{(1)}$ とおく。すると，EM アルゴリズムの理論(後述)により，

$$\log f(Y_{\text{obs}}|\boldsymbol{\theta}^{(0)}) < \log f(Y_{\text{obs}}|\boldsymbol{\theta}^{(1)})$$

---

*2　$\dfrac{\partial \log f(Y_{\text{obs}}|\boldsymbol{\theta}^{(0)})}{\partial \boldsymbol{\theta}} \neq \mathbf{0}$ は仮定する。

となることが示される。これは，$\boldsymbol{\theta}^{(0)}$ よりも $\boldsymbol{\theta}^{(1)}$ の方が，尤度の観点からはよりよい推定値であることを意味している。以降，同様にして $\boldsymbol{\theta}$ の推定値を更新していくことができよう。$\boldsymbol{\theta}^{(1)}$ を $\boldsymbol{\theta}^{(2)}$ へと更新するには，

$$Q(\boldsymbol{\theta}|\boldsymbol{\theta}^{(1)}) = \int \log f(Y_{\text{obs}}, Y_{\text{mis}}|\boldsymbol{\theta}) f(Y_{\text{mis}}|Y_{\text{obs}}, \boldsymbol{\theta}^{(1)}) dY_{\text{mis}}$$

を $\boldsymbol{\theta}$ に関して最大化し，そのときの $\boldsymbol{\theta}$ を $\boldsymbol{\theta}^{(2)}$ とすれば，やはり

$$\log f(Y_{\text{obs}}|\boldsymbol{\theta}^{(1)}) < \log f(Y_{\text{obs}}|\boldsymbol{\theta}^{(2)})$$

となり，より尤度が高くなる。これを繰り返し $\boldsymbol{\theta}$ の推定値を

$$\boldsymbol{\theta}^{(0)} \to \boldsymbol{\theta}^{(1)} \to \boldsymbol{\theta}^{(2)} \to \cdots \to \boldsymbol{\theta}^{(\ell)}$$

というように更新していくと，

$$\log f(Y_{\text{obs}}|\boldsymbol{\theta}^{(0)}) < \log f(Y_{\text{obs}}|\boldsymbol{\theta}^{(1)}) < \cdots < \log f(Y_{\text{obs}}|\boldsymbol{\theta}^{(\ell)})$$

となる。

ここまで見てきたように，EM アルゴリズムの計算の手順は 2 つのステップに分けることができる。第 1 のステップでは，Q 関数を計算する。つまり，疑似的な完全データの対数尤度の条件付き期待値(Expectation)を計算する。第 2 のステップでは，第 1 のステップで計算した期待値をパラメータ $\boldsymbol{\theta}$ に関して最大化(Maximization)する。EM アルゴリズムでは，第 1 のステップを **E-step** (Expectation-step)，第 2 のステップを **M-step** (Maximization-step) と呼ぶ。このように E-step と M-step からなるので，この反復計算の方法を **EM アルゴリズム**と呼ぶ。

EM アルゴリズムの各ステップの意味

EM アルゴリズムの E-step と M-step の意味を，表 3.2 に示した 3 つの 2 値変数 (y_1, y_2, y_3) だけからなる欠測データで考えてみよう。?マークの部分には 0 か 1 が入るが，実際の値はわからない。EM アルゴリズムの E-step は表 3.2 から表 3.3 のように増大させたデータを仮想的に作り，仮想データの生起確率を重みとして期待値を計算している(Horton and

表 3.2 欠測のある原データ

番号	y_1	y_2	y_3
1	1	0	1
2	0	1	1
3	0	1	?
4	0	?	?

表 3.3 EM アルゴリズム中での復元データ

番号	y_1	y_2	y_3	重み
1	1	0	1	1
2	0	1	1	1
3-1	0	1	0	$w_{31}^{(\ell)}$
3-2	0	1	1	$w_{32}^{(\ell)}$
4-1	0	0	0	$w_{41}^{(\ell)}$
4-2	0	0	1	$w_{42}^{(\ell)}$
4-3	0	1	0	$w_{43}^{(\ell)}$
4-4	0	1	1	$w_{44}^{(\ell)}$

Kleinman, 2007)。M-step は E-step で計算された期待値をもとに仮想的な完全データを作り，最尤推定値を計算している。

番号 i のユニットを $\boldsymbol{y}_i$ と表し，パラメータの現在の値が $\boldsymbol{\theta}^{(\ell)}$ であるとしよう。EM アルゴリズムを用いて $E\left(\sum_{i=1}^{4}\boldsymbol{y}_i \middle| Y_{\mathrm{obs}};\boldsymbol{\theta}^{(\ell)}\right)$ を計算するとしよう。$\boldsymbol{y}_1$ と $\boldsymbol{y}_2$ は両方とも観測されているので，

$$E\left(\sum_{i=1}^{4}\boldsymbol{y}_i \middle| Y_{\mathrm{obs}};\boldsymbol{\theta}^{(\ell)}\right)=\boldsymbol{y}_1+\boldsymbol{y}_2+E\left(\boldsymbol{y}_3 \middle| Y_{\mathrm{obs}};\boldsymbol{\theta}^{(\ell)}\right)+E\left(\boldsymbol{y}_4 \middle| Y_{\mathrm{obs}};\boldsymbol{\theta}^{(\ell)}\right).$$

EM アルゴリズムは，$\boldsymbol{y}_3$ の条件付き期待値について，

$$E\left(\boldsymbol{y}_3 \middle| Y_{\mathrm{obs}};\boldsymbol{\theta}^{(\ell)}\right)=w_{31}^{(\ell)}\begin{pmatrix}0\\1\\0\end{pmatrix}+w_{32}^{(\ell)}\begin{pmatrix}0\\1\\1\end{pmatrix}$$

という計算をする。ただし，

$$w_{31}^{(\ell)}=f(y_3=0|y_1=0,y_2=1;\boldsymbol{\theta}^{(\ell)}),$$
$$w_{32}^{(\ell)}=f(y_3=1|y_1=0,y_2=1;\boldsymbol{\theta}^{(\ell)})$$

である。この式は，観測データが $(y_1,y_2,y_3)=(0,1,?)$ となる可能性のあるデータ $(y_1,y_2,y_3)=(0,1,0)$ と $(y_1,y_2,y_3)=(0,1,1)$ を仮想的に作り，観測値（$(y_1,y_2)=(0,1)$）が与えられた条件のもとで，その生起確率を重みとして期待値の計算を行っている。ただしこれらの確率は，真のパラメータの下ではなく暫定的な推定値である $\boldsymbol{\theta}^{(\ell)}$ の下で計算されたものであるこ

とに注意が必要である。

$\boldsymbol{y}_4$ についても同様に，

$$E\left(\boldsymbol{y}_4 \middle| Y_{\mathrm{obs}}; \boldsymbol{\theta}^{(\ell)}\right) = w_{41}^{(\ell)} \begin{pmatrix} 0 \\ 0 \\ 0 \end{pmatrix} + w_{42}^{(\ell)} \begin{pmatrix} 0 \\ 0 \\ 1 \end{pmatrix} + w_{43}^{(\ell)} \begin{pmatrix} 0 \\ 1 \\ 0 \end{pmatrix} + w_{44}^{(\ell)} \begin{pmatrix} 0 \\ 1 \\ 1 \end{pmatrix}$$

と計算する。ただし，

$$\begin{aligned} w_{41}^{(\ell)} &= f(y_2 = 0, y_3 = 0 | y_1 = 0; \boldsymbol{\theta}^{(\ell)}), \\ w_{42}^{(\ell)} &= f(y_2 = 0, y_3 = 1 | y_1 = 0; \boldsymbol{\theta}^{(\ell)}), \\ w_{43}^{(\ell)} &= f(y_2 = 1, y_3 = 0 | y_1 = 0; \boldsymbol{\theta}^{(\ell)}), \\ w_{44}^{(\ell)} &= f(y_2 = 1, y_3 = 1 | y_1 = 0; \boldsymbol{\theta}^{(\ell)}) \end{aligned}$$

である。ここでも右辺のベクトルは，y_1 のみが実際に観測された 0 に固定され，観測されていない (y_2, y_3) の値は全てのとりうる値をわたっている。重みは，その値をとる確率であり，暫定的な推定値 $\boldsymbol{\theta}^{(\ell)}$ にもとづいて計算されている。

表 3.3 は，以上のことを表している。表 3.2 における番号 3 から仮想的に作ったデータを表 3.3 では番号 3-1 と番号 3-2 と表しており，表 3.2 における番号 4 から仮想的に作ったデータを表 3.3 では番号 4-1，番号 4-2，番号 4-3，番号 4-4 と表している。右端の列では，それぞれの生起確率を重みとして与えている。

以上のように，EM アルゴリズムの E-step では，観測された値を条件付けたもとでの欠測値の期待値を計算し，さらにその期待値を欠測値の代わりとして(期待値を欠測値に代入して)，計算している。この計算の仕方は 2 次モーメントなどであっても同様である。

続いて，EM アルゴリズムの M-step の意味を考えてみよう。E-step では欠測値にその期待値を代入した。その結果，Q 関数を計算するのに利用した完全データの尤度関数は，欠測値を含まない形になっている[*3]。その尤度関数を，通常の完全データの尤度関数から最尤推定するのと全く同じように，パラメータについて最大化する。すると，そのパラメータの最尤推定値を得ることができる。これが M-step で行っていることである。

ただし，以上の E-step，M-step ともに暫定的な推定値 $\boldsymbol{\theta}^{(\ell)}$ にもとづいていた。そこで，M-step で新たに得られたパラメータを $\boldsymbol{\theta}^{(\ell+1)}$ として更新する。以降同様に，パラメータの更新を続けていくというのが EM アルゴリズムである。

EM アルゴリズムの計算をいつ止めるか

EM アルゴリズムを運用するときには，E-step と M-step を繰り返すだけではなく，いつ反復計算を止めるのかを，つまり**収束基準**を決めておかねばならない。理論的には，更新ができなくなったときに反復計算を止めればよい。例えば，$\log f(Y_{\mathrm{obs}}|\boldsymbol{\theta}^{(\ell-1)})=\log f(Y_{\mathrm{obs}}|\boldsymbol{\theta}^{(\ell)})$ となるときである。しかし，コンピュータによる反復計算では，このような等号が厳密に成立することは稀である。そこで，実用上は等号が近似的に成立するときに反復計算を止める。そのための基準が，収束基準である。収束基準としてよく利用されるのは，対数尤度 $\log f(Y_{\mathrm{obs}}|\boldsymbol{\theta})$（もしくは $f(Y_{\mathrm{obs}}|\boldsymbol{\theta})$）の値，$Q$ 関数の値，最尤推定値そのものである。EM アルゴリズムは $\log f(Y_{\mathrm{obs}}|\boldsymbol{\theta})$ を最大化するのであるから，$\log f(Y_{\mathrm{obs}}|\boldsymbol{\theta})$ にもとづく基準は自然であろう。たとえば，E-step，M-step を $(\ell+1)$ 回繰り返したときには $\log f(Y_{\mathrm{obs}}|\boldsymbol{\theta}^{(\ell+1)})$ と $\log f(Y_{\mathrm{obs}}|\boldsymbol{\theta}^{(\ell)})$ の差にもとづく量が一定の値よりも小さくなるとき，計算を終了するというものである。Q 関数にもとづくときには，$Q(\boldsymbol{\theta}^{(\ell)}|\boldsymbol{\theta}^{(\ell)})$ から $Q(\boldsymbol{\theta}^{(\ell+1)}|\boldsymbol{\theta}^{(\ell)})$ への増加量が一定の値を下回るときには計算を終了する。最尤推定値にもとづく基準は，他の基準よりも計算が簡単であるという特徴があり，しばしば利用されている。たとえば，E-step と M-step を $(\ell+1)$ 回繰り返したとき，$\boldsymbol{\theta}^{(\ell)}$ と $\boldsymbol{\theta}^{(\ell+1)}$ のユークリッド距離や，$\boldsymbol{\theta}^{(\ell)}$ と $\boldsymbol{\theta}^{(\ell+1)}$ の各要素の差の絶対値の最大値が，事前

---

*3　例えば次数 1 の変数だけから成る対数尤度であれば，$\boldsymbol{y}_3^*=E(\boldsymbol{y}_3|Y_{\mathrm{obs}};\boldsymbol{\theta}^{(\ell)})$，$\boldsymbol{y}_4^*=E(\boldsymbol{y}_4|Y_{\mathrm{obs}};\boldsymbol{\theta}^{(\ell)})$ として，（仮想的）データ $\boldsymbol{y}_1,\boldsymbol{y}_2,\boldsymbol{y}_3^*,\boldsymbol{y}_4^*$ に対する対数尤度になっている。2 次モーメント以降でも同様に考えればよい。

に決めた値よりも小さい場合には，計算を終了するというものが考えられる。

EM アルゴリズムのまとめ

以上をまとめると，EM アルゴリズムとは，最尤推定値を求めるために次の E-step と M-step を事前に定めた収束基準を満たすまで繰り返す計算方法であるということになる。いま，EM アルゴリズムによる第 ℓ 番目の推定値を $\boldsymbol{\theta}^{(\ell)}$ とすると，E-step と M-step を経て $\boldsymbol{\theta}^{(\ell+1)}$ は次のように計算される。

E-step: $Q(\boldsymbol{\theta}|\boldsymbol{\theta}^{(\ell)})$ を計算する。
M-step: $Q(\boldsymbol{\theta}|\boldsymbol{\theta}^{(\ell)})$ を最大にする $\boldsymbol{\theta}$ を $\boldsymbol{\theta}^{(\ell+1)}$ とする。

収束基準が満たされていなければ，E-step の $\boldsymbol{\theta}^{(\ell)}$ のところを $\boldsymbol{\theta}^{(\ell+1)}$ で置き換えて，E-step，M-step と続けていけばよい。収束基準が満たされれば，$\boldsymbol{\theta}^{(\ell+1)}$ を最尤推定値として採用して，計算を終了する。

3.4 EM アルゴリズムの導出

ここでは，Q 関数を導出し，その Q 関数による推定値の性質について述べる。最後に，不偏推定関数の観点からの Q 関数の導出について説明する。

Q 関数の導出

例 3.1 でみたように，$\log f(Y_{\text{obs}}|\boldsymbol{\theta})$ の最大化は計算しにくいことがあった。そのため，$\log f(Y_{\text{obs}}|\boldsymbol{\theta})$ を変形し，より $\boldsymbol{\theta}$ の推定値を得やすいようにする必要がある。$\log f(Y_{\text{obs}}|\boldsymbol{\theta})$ の定義から，

$$\log f(Y_{\text{obs}}|\boldsymbol{\theta}) = \log f(Y_{\text{com}}|\boldsymbol{\theta}) - \log f(Y_{\text{mis}}|Y_{\text{obs}};\boldsymbol{\theta})$$

と書くことができる。ただし，Y_{mis} は Y_{com} のうち欠測した部分を指す。左辺の最大化が，右辺の最大化に等しいことは明らかである。しかし，右

辺には，Y_{mis} が含まれており，左辺の代わりに右辺を最大化することはできない。そこで，パラメータ空間内の適当な値として推定値 $\boldsymbol{\theta}^{(\ell)}$ が得られているとして，両辺を $f(Y_{\mathrm{mis}}|Y_{\mathrm{obs}};\boldsymbol{\theta}^{(\ell)})$ に関して期待値をとる：

$$E\left(\log f(Y_{\mathrm{obs}}|\boldsymbol{\theta})\middle|Y_{\mathrm{obs}};\boldsymbol{\theta}^{(\ell)}\right) = E\left(\log f(Y_{\mathrm{com}}|\boldsymbol{\theta})\middle|Y_{\mathrm{obs}};\boldsymbol{\theta}^{(\ell)}\right) - E\left(\log f(Y_{\mathrm{mis}}|Y_{\mathrm{obs}};\boldsymbol{\theta})\middle|Y_{\mathrm{obs}};\boldsymbol{\theta}^{(\ell)}\right). \tag{3.3}$$

左辺の期待値[*4]は Y_{obs} を条件付けているので，結局 $\log f(Y_{\mathrm{obs}}|\boldsymbol{\theta})$ と等しくなる。したがって，右辺を $\boldsymbol{\theta}$ に関して最大化することが，本来の目的である $\log f(Y_{\mathrm{obs}}|\boldsymbol{\theta})$ を $\boldsymbol{\theta}$ に関して最大化することと同値であることがわかる。

右辺をもう少し調べるために，記号を準備しよう。右辺の第1項を書き下してみると，

$$E\left(\log f(Y_{\mathrm{com}}|\boldsymbol{\theta})\middle|Y_{\mathrm{obs}};\boldsymbol{\theta}^{(\ell)}\right) = \int \log f(Y_{\mathrm{com}}|\boldsymbol{\theta}) f(Y_{\mathrm{mis}}|Y_{\mathrm{obs}};\boldsymbol{\theta}^{(\ell)}) dY_{\mathrm{mis}}$$

である。つまり，パラメータ値が $\boldsymbol{\theta}^{(\ell)}$ で与えられる分布について，$\log f(Y_{\mathrm{com}}|\boldsymbol{\theta})$ の期待値をとっている。したがって，これは $\boldsymbol{\theta}$ と $\boldsymbol{\theta}^{(\ell)}$ の関数となっているので，

$$Q(\boldsymbol{\theta}|\boldsymbol{\theta}^{(\ell)}) = E\left(\log f(Y_{\mathrm{com}}|\boldsymbol{\theta})\middle|Y_{\mathrm{obs}};\boldsymbol{\theta}^{(\ell)}\right)$$

と書くことができる。同様に，式(3.3)の右辺の第2項についても，

$$H(\boldsymbol{\theta}|\boldsymbol{\theta}^{(\ell)}) = E\left(\log f(Y_{\mathrm{mis}}|Y_{\mathrm{obs}};\boldsymbol{\theta})\middle|Y_{\mathrm{obs}};\boldsymbol{\theta}^{(\ell)}\right)$$

と書いておくことにする。これを $\boldsymbol{H}$ **関数**という。すると，式(3.3)は

$$\log f(Y_{\mathrm{obs}}|\boldsymbol{\theta}) = Q(\boldsymbol{\theta}|\boldsymbol{\theta}^{(\ell)}) - H(\boldsymbol{\theta}|\boldsymbol{\theta}^{(\ell)})$$

と書ける。

---

*4　通常の期待値の記法では，パラメータを表示しない。たとえば，y_2 を条件付けたもとでの y_1 の期待値の場合は $E(y_1|y_2)$ と書く。一方，ここでは $f(Y_{\mathrm{mis}}|Y_{\mathrm{obs}};\boldsymbol{\theta}^{(\ell)})$ のパラメータ値が真でなく，$\boldsymbol{\theta}^{(\ell)}$ であることを強調して，$E(\cdot|Y_{\mathrm{obs}};\boldsymbol{\theta}^{(\ell)})$ と書いている。

Q 関数による推定値の性質

EM アルゴリズムでは，$\log f(Y_{\mathrm{obs}}|\boldsymbol{\theta})$ の代理関数として，右辺全体ではなく，右辺の第 1 項に登場する Q 関数のみを採用していたのであった。なぜそのようなことが可能なのか，その理由を説明しよう。$\log a \leqq a-1$ ($a>0$；等号成立は $a=1$ のとき) となることから，任意の $\boldsymbol{\theta}$ に対して

$$
\begin{aligned}
H(\boldsymbol{\theta}|\boldsymbol{\theta}^{(\ell)})-H(\boldsymbol{\theta}^{(\ell)}|\boldsymbol{\theta}^{(\ell)}) &= E\left(\log \frac{f(Y_{\mathrm{mis}}|Y_{\mathrm{obs}};\boldsymbol{\theta})}{f(Y_{\mathrm{mis}}|Y_{\mathrm{obs}};\boldsymbol{\theta}^{(\ell)})}\,\middle|\, Y_{\mathrm{obs}};\boldsymbol{\theta}^{(\ell)}\right) \\
&\leqq E\left(\frac{f(Y_{\mathrm{mis}}|Y_{\mathrm{obs}};\boldsymbol{\theta})}{f(Y_{\mathrm{mis}}|Y_{\mathrm{obs}};\boldsymbol{\theta}^{(\ell)})}-1\,\middle|\, Y_{\mathrm{obs}};\boldsymbol{\theta}^{(\ell)}\right) \\
&= 0
\end{aligned}
$$

である。よって，対数尤度の差は，

$$
\begin{aligned}
\log f(Y_{\mathrm{obs}}|\boldsymbol{\theta})-\log f(Y_{\mathrm{obs}}|\boldsymbol{\theta}^{(\ell)}) &= Q(\boldsymbol{\theta}|\boldsymbol{\theta}^{(\ell)})-Q(\boldsymbol{\theta}^{(\ell)}|\boldsymbol{\theta}^{(\ell)}) \\
&\quad -\left\{H(\boldsymbol{\theta}|\boldsymbol{\theta}^{(\ell)})-H(\boldsymbol{\theta}^{(\ell)}|\boldsymbol{\theta}^{(\ell)})\right\}
\end{aligned}
$$

であるから，$Q(\boldsymbol{\theta}|\boldsymbol{\theta}^{(\ell)})>Q(\boldsymbol{\theta}^{(\ell)}|\boldsymbol{\theta}^{(\ell)})$ を満たすような $\boldsymbol{\theta}$ を選び，$\boldsymbol{\theta}^{(\ell+1)}$ とすると，$\log f(Y_{\mathrm{obs}}|\boldsymbol{\theta}^{(\ell+1)})-\log f(Y_{\mathrm{obs}}|\boldsymbol{\theta}^{(\ell)})>0$ となり，尤度が増加していることがわかる。

この最後の式は $\boldsymbol{\theta}^{(\ell)}$ から $\boldsymbol{\theta}^{(\ell+1)}$ への更新の方法について重要なことを示している。それは，もし $Q(\boldsymbol{\theta}|\boldsymbol{\theta}^{(\ell)})$ が $\boldsymbol{\theta}$ に関して最大化できないとしても，$Q(\boldsymbol{\theta}^{(\ell)}|\boldsymbol{\theta}^{(\ell)})$ より少しでも大きくなるように $\boldsymbol{\theta}$ を選びさえすれば，尤度は単調に増加するということである。このように Q 関数の最大化を行わないタイプの EM アルゴリズムを**一般化 EM アルゴリズム** (generalized EM algorithm; GEM algorithm) という。

不偏推定関数の観点からの Q 関数の導出

第 2 章で示したように $\log f(Y_{\mathrm{obs}}|\boldsymbol{\theta})$ にもとづく最尤推定量は，ランダムな欠測によって欠測データが生じていると真値に収束するのであった。真値とは，

$$
E\left(\frac{\partial \log f(\boldsymbol{y}|\boldsymbol{\theta})}{\partial \boldsymbol{\theta}}\right) = \mathbf{0} \tag{3.4}
$$

を満たす $\boldsymbol{\theta}=\boldsymbol{\theta}_0$ である。推定関数の理論(付録 A.3 参照)によると，(3.4) 式に対応するサンプルバージョンをゼロとおき，$\boldsymbol{\theta}$ に関して解けば $\boldsymbol{\theta}_0$ の一致推定量が得られる。つまり，

$$\frac{\partial \log f(Y_{\mathrm{com}}|\boldsymbol{\theta})}{\partial \boldsymbol{\theta}} = \mathbf{0}$$

を $\boldsymbol{\theta}$ に関して解けば $\boldsymbol{\theta}_0$ の一致推定量が得られる。もちろん実際には，Y_{com} には欠測値 Y_{mis} が含まれているので，このようなタイプのサンプルバージョンを作ることはできない。仮に式(3.4)に対応し Y_{mis} の値を必要としないサンプルバージョンの推定方程式を作ることができれば，それを $\boldsymbol{\theta}$ に関して解くことで $\boldsymbol{\theta}_0$ の一致推定量を得ることができるであろう。

式(3.4)を少し変形すると，

$$E_{\boldsymbol{y}_{\mathrm{obs}}}\left[E_{\boldsymbol{y}_{\mathrm{mis}}|\boldsymbol{y}_{\mathrm{obs}}}\left(\left.\frac{\partial \log f(\boldsymbol{y}|\boldsymbol{\theta})}{\partial \boldsymbol{\theta}}\right|\boldsymbol{y}_{\mathrm{obs}};\boldsymbol{\theta}_0\right)\right] = \mathbf{0}$$

となる。ここで，E の添字はそれに関して期待値をとったことを意味する。内側の期待値では，$\boldsymbol{y}_{\mathrm{obs}}$ を条件付けたもとでの $\boldsymbol{y}_{\mathrm{mis}}$ の分布のパラメータ $\boldsymbol{\theta}_0$ を明示している。このとき内側の期待値は，$\boldsymbol{y}_{\mathrm{mis}}$ について積分をとっているので，$\boldsymbol{y}_{\mathrm{obs}}$ の関数となり，サンプルバージョンを作ることができて，

$$E_{Y_{\mathrm{mis}}|Y_{\mathrm{obs}}}\left(\left.\frac{\partial \log f(Y_{\mathrm{com}}|\boldsymbol{\theta})}{\partial \boldsymbol{\theta}}\right|Y_{\mathrm{obs}};\boldsymbol{\theta}_0\right) = \mathbf{0}$$

となる。これを $\boldsymbol{\theta}$ に関して解けばよいように思われる。しかし，ここにはパラメータの未知の真値 $\boldsymbol{\theta}_0$ が含まれているために，依然として解くことはできない。

そこで，次のように繰り返し計算で $\boldsymbol{\theta}$ を計算することを考える。未知のパラメータ値 $\boldsymbol{\theta}_0$ をとりあえず何らかの推定値 $\boldsymbol{\theta}^{(0)}$ で置き換え，条件付き期待値を計算する。次に，その条件付き期待値をゼロとおいたものを $\boldsymbol{\theta}$ に関して解き，その推定値を $\boldsymbol{\theta}^{(1)}$ とする。以降，同様にこの計算を繰り返して，推定値を更新していけばよい。この計算は，Q 関数を最大化している EM アルゴリズムと全く同じである。条件付き期待値をとるのは E-step に，$\boldsymbol{\theta}$ に関して方程式を解くのは M-step に対応している。

なお，以上のような考え方に立てば，尤度関数に対してだけでなく一般の推定関数に対しても同様にEM アルゴリズムが適用できると考えられる。尤度の場合と同じように，欠測値を条件付き期待値で置き換え，パラメータに関して最大化することを繰り返す計算によって推定関数のパラメータの推定を行うのである。Lashoff and Ryan (2004)では，この考え方にもとづく推定関数に対するEM アルゴリズムが与えられている。

3.5　EM アルゴリズムの性質

EM アルゴリズムはさまざまな好ましい性質を持っている。ここでは，そのうち重要なものを述べる。

3.5.1　対数尤度の単調増加性とアルゴリズムの収束

対数尤度の単調増加性

すでに見たように，EM アルゴリズムによる $\log f(Y_{\mathrm{obs}}|\boldsymbol{\theta}^{(\ell)})$ の列は単調増加である。つまり，

$$\log f(Y_{\mathrm{obs}}|\boldsymbol{\theta}^{(0)}) < \log f(Y_{\mathrm{obs}}|\boldsymbol{\theta}^{(1)}) < \cdots < \log f(Y_{\mathrm{obs}}|\boldsymbol{\theta}^{(\ell)})$$

というように尤度が増加していく。この性質によって，EM アルゴリズムのプログラムが正常に動いているかどうか確認できる。さらに $\log f(Y_{\mathrm{obs}}|\boldsymbol{\theta})$ が $\boldsymbol{\theta}$ に関して上に有界であれば，EM アルゴリズムが必ず収束することになる。

EM アルゴリズムの収束先

EM アルゴリズムが収束するといっても，収束した先が尤度を最大にする点であるとは限らない。EM アルゴリズムの目的は，欠測データにもとづく対数尤度 $\log f(Y_{\mathrm{obs}}|\boldsymbol{\theta})$ が最大となる $\boldsymbol{\theta}$ を求めることであった。これは，欠測データの尤度方程式

$$\frac{\partial \log f(Y_{\mathrm{obs}}|\boldsymbol{\theta})}{\partial \boldsymbol{\theta}} = \mathbf{0}$$

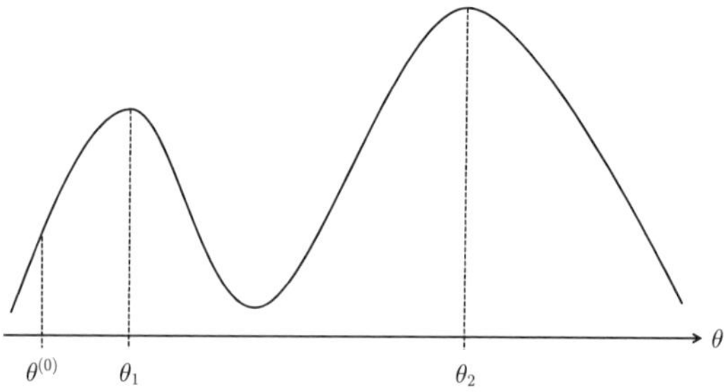

図 3.1　2 つ山のある尤度関数

を解くことを意味する。図 3.1 のように $\boldsymbol{\theta}$ の値を横軸とし，尤度の値を縦軸にしてグラフを描いた場合に，複数の山ができるとしよう。また $\boldsymbol{\theta}_2$ の尤度は，$\boldsymbol{\theta}_1$ の尤度よりも大きいとしよう。このとき，初期値を $\boldsymbol{\theta}_1$ の付近の $\boldsymbol{\theta}^{(0)}$ に与えると，あとは尤度が上昇していくだけなので，$\boldsymbol{\theta}_1$ に収束することになる。だが，そこは明らかに最大の尤度を与える場所ではない。このように EM アルゴリズムが収束しても，それは必ずしも最尤推定値とは限らない。

この図 3.1 のように複数の山があるとき，得られた収束先が最大の尤度を与える点かどうかは一般には判別することはできない。最尤推定値を得るためには，複数の初期値を与えて，それぞれの収束先の尤度を比較し，最も大きな尤度を与える点を最尤推定値として採用するという方略をとらねばならない。ただし，図 3.1 とは異なり，尤度が複数の山から成らず一山だけであることがわかっているのであれば，適当な条件の下で収束先は最尤推定値である(より詳しい条件については越智 (2008)を参照のこと)。

3.5.2　指数型分布と EM アルゴリズム

正規分布をはじめとして，統計学で使用される分布の大部分が**指数型分布族**に属する。分布族とは，いわば分布をその構成員とする家族，あるいは一族であり，その構成員となる分布は必ず一定の特徴を持っている。指数型分布族の特徴は，その族に属する分布が

$$f(\boldsymbol{y}|\boldsymbol{\theta}) = \exp\left\{\boldsymbol{\theta}^t \boldsymbol{t}(\boldsymbol{y}) - b(\boldsymbol{\theta}) + c(\boldsymbol{y})\right\}$$

と表現できることである。ここで，$\boldsymbol{t}(\boldsymbol{y})$ は $\boldsymbol{y}$ の関数であり，$b(\boldsymbol{\theta})$ と $c(\boldsymbol{y})$ はスカラーである。例 3.1 で用いた完全データの 2 変量正規分布は

$$\boldsymbol{\theta} = \begin{pmatrix} \Sigma^{-1}\boldsymbol{\mu} \\ -\frac{1}{2}vec(\Sigma^{-1}) \end{pmatrix}, \quad \boldsymbol{t}(\boldsymbol{y}) = \begin{pmatrix} \boldsymbol{y} \\ vec(\boldsymbol{y}\boldsymbol{y}^t) \end{pmatrix},$$

$$b(\boldsymbol{\theta}) = \frac{1}{2}\log|\Sigma| + \frac{1}{2}\boldsymbol{\mu}^t\Sigma^{-1}\boldsymbol{\mu}, \quad c(\boldsymbol{y}) = -\frac{1}{2}\log(2\pi),$$

となることから，指数型分布族に属することがわかる。ただし，行列 A $(J\times J)$ についての $vec(A)$ とは，A の第 1 列の下に第 2 列を置き，さらにその下に第 3 列を置き，というように第 J 列まで縦につなげた $J^2\times 1$ のベクトルである。正規分布の他にも，多項分布やカイ 2 乗分布などの統計学に頻出する分布が，指数型分布族に属する。

指数型分布族に対する EM アルゴリズム

指数型分布族に属する分布に対する EM アルゴリズムを導出する。$f(Y_{\text{com}}|\boldsymbol{\theta})$ が指数型分布族に属するとする。EM アルゴリズムの Q 関数は，$\boldsymbol{\theta}$ に関連しない項をとって，

$$Q(\boldsymbol{\theta}|\boldsymbol{\theta}^{(\ell)}) = \boldsymbol{\theta}^t E\left(\boldsymbol{t}(Y_{\text{com}})\middle|Y_{\text{obs}};\boldsymbol{\theta}^{(\ell)}\right) - b(\boldsymbol{\theta})$$

と定義される。ここで $b(\boldsymbol{\theta})$ は期待値の計算の必要がないので，E-step において計算が必要なのは期待値のみである。また，完全データを $\boldsymbol{y}_i\,(i=1,\cdots,n)$ として，

$$\boldsymbol{t}(Y_{\text{com}}) = \sum_{i=1}^{n}\boldsymbol{t}(\boldsymbol{y}_i)$$

と定義してある。指数型分布族の性質[*5]を用いると，M-step は

---

*5　$E\left(\dfrac{\partial\log f(\boldsymbol{y}|\boldsymbol{\theta})}{\partial\boldsymbol{\theta}}\right)=\boldsymbol{0}$ により，$E[\boldsymbol{t}(\boldsymbol{y})]=\dfrac{\partial b(\boldsymbol{\theta})}{\partial\boldsymbol{\theta}}$ となる。正規分布では，$\dfrac{\partial b(\boldsymbol{\theta})}{\partial\boldsymbol{\theta}}=\begin{pmatrix}\boldsymbol{\mu} \\ vec(\Sigma-\boldsymbol{\mu}\boldsymbol{\mu}^t)\end{pmatrix}$ である。

$$E(\boldsymbol{t}(Y_{\rm com})) = n\left(\begin{array}{c}\boldsymbol{\mu}\\ vec(\Sigma-\boldsymbol{\mu}\boldsymbol{\mu}^t)\end{array}\right) = E\left(\boldsymbol{t}(Y_{\rm com})\middle|Y_{\rm obs};\boldsymbol{\theta}^{(\ell)}\right)$$

とすることになる。ただし，左辺は，完全データの分布による期待値なので $\boldsymbol{\theta}$ によって表され，新たな推定値 $\boldsymbol{\theta}^{(\ell+1)}$ の関数として扱う。以上のことは，指数型分布族の場合には，EM アルゴリズムの計算は単純な更新式になることを示している。E-step では簡単な期待値の計算を行えばよく，M-step では完全データの $\boldsymbol{t}(Y_{\rm com})$ の期待値と，欠測値を期待値で置き換えた $\boldsymbol{t}(Y_{\rm com})$ の予測値をイコールで結べばよい，ということである。たとえば，正規分布の場合には，$(\boldsymbol{\mu}^{(\ell)},\Sigma^{(\ell)})$ から $(\boldsymbol{\mu}^{(\ell+1)},\Sigma^{(\ell+1)})$ への更新は，

$$n\boldsymbol{\mu}^{(\ell+1)} = E\left(\sum_{i=1}^{n}\boldsymbol{y}_i\middle|Y_{\rm obs};\boldsymbol{\mu}^{(\ell)},\Sigma^{(\ell)}\right),$$

$$n\left(\Sigma^{(\ell+1)}+\boldsymbol{\mu}^{(\ell+1)}\boldsymbol{\mu}^{(\ell+1)t}\right) = E\left(\sum_{i=1}^{n}\boldsymbol{y}_i\boldsymbol{y}_i^t\middle|Y_{\rm obs};\boldsymbol{\mu}^{(\ell)},\Sigma^{(\ell)}\right)$$

によって行うことができる。

3.6 EM アルゴリズムの実際

3.6.1 2 変量正規分布の場合の EM アルゴリズム

ここまでの知識を用いて，例 3.1 における欠測データにもとづく最尤推定値を求めるための EM アルゴリズムを導出しよう。正規分布に対する EM アルゴリズムはすでに前節の終わりで得られているが，ここでは再度，定義にのっとって導出する。正規分布のパラメータ $\boldsymbol{\mu}$ と Σ を $\boldsymbol{\theta}$ と表すことにしよう。第 ℓ 回目の EM アルゴリズムによる最尤推定値 $\boldsymbol{\theta}^{(\ell)}$ が得られているとして，$\boldsymbol{\theta}^{(\ell+1)}$ を導出しよう。

E-step の導出

まず E-step を導こう。E-step の計算の第一歩は，完全データの分布

$f(Y_{\text{com}}|\boldsymbol{\theta})$ を定義することである。もし欠測がなければどのようなデータが得られていたのかを考えよう。ここでは，欠測がなければ2変量正規分布のデータが得られたはずなので，

$$\log f(Y_{\text{com}}|\boldsymbol{\theta}) = \sum_{i=1}^{m} \log f(\boldsymbol{y}_i|\boldsymbol{\mu}, \Sigma) + \sum_{i=m+1}^{n} \log f(\boldsymbol{y}_i|\boldsymbol{\mu}, \Sigma)$$

である。この変数 $\boldsymbol{y}_i\,(i=1, \cdots, m)$ の中には欠測値は含まれていないが，$\boldsymbol{y}_i\,(i=m+1, \cdots, n)$ の要素の中には欠測値が含まれている。$\log f(Y_{\text{obs}}|\boldsymbol{\theta})$ の代理関数である Q 関数を計算するために，$f(Y_{\text{mis}}|Y_{\text{obs}}; \boldsymbol{\theta}^{(\ell)})$ について，$\log f(Y_{\text{com}}|\boldsymbol{\theta})$ の期待値をとると，

$$\begin{aligned}
Q(\boldsymbol{\theta}|\boldsymbol{\theta}^{(\ell)}) &= E\left(\log f(Y_{\text{com}}|\boldsymbol{\theta})\middle| Y_{\text{obs}}; \boldsymbol{\theta}^{(\ell)}\right) \\
&= \sum_{i=1}^{m} \log f(\boldsymbol{y}_i|\boldsymbol{\mu}, \Sigma) \\
&\quad + E\left(\sum_{i=m+1}^{n} \log f(\boldsymbol{y}_i|\boldsymbol{\mu}, \Sigma)\middle| Y_{\text{obs}}; \boldsymbol{\theta}^{(\ell)}\right).
\end{aligned}$$

第1項の $\boldsymbol{y}_i\,(i=1, \cdots, m)$ は観測値のみから成っているので，期待値の外に出すことができた。あとは，第2項を計算すればよい。密度関数の形を具体的に書くと，第2項は，

$$\begin{aligned}
&E\left(\sum_{i=m+1}^{n} \log f(\boldsymbol{y}_i|\boldsymbol{\mu}, \Sigma)\middle| Y_{\text{obs}}; \boldsymbol{\theta}^{(\ell)}\right) \\
&= -\frac{n-m}{2}\log(2\pi) - \frac{n-m}{2}\log|\Sigma| \\
&\quad - \frac{1}{2}\sum_{i=m+1}^{n} E\left((\boldsymbol{y}_i-\boldsymbol{\mu})^t \Sigma^{-1}(\boldsymbol{y}_i-\boldsymbol{\mu})\middle| Y_{\text{obs}}; \boldsymbol{\theta}^{(\ell)}\right)
\end{aligned}$$

となる。よって，Q 関数は

$$\begin{aligned}
Q(\boldsymbol{\theta}|\boldsymbol{\theta}^{(\ell)}) &= -\frac{n}{2}\log(2\pi) - \frac{n}{2}\log|\Sigma| \\
&\quad - \frac{1}{2}\sum_{i=1}^{m}(\boldsymbol{y}_i-\boldsymbol{\mu})^t \Sigma^{-1}(\boldsymbol{y}_i-\boldsymbol{\mu}) \\
&\quad - \frac{1}{2}\sum_{i=m+1}^{n} E\left((\boldsymbol{y}_i-\boldsymbol{\mu})^t \Sigma^{-1}(\boldsymbol{y}_i-\boldsymbol{\mu})\middle| Y_{\text{obs}}; \boldsymbol{\theta}^{(\ell)}\right) \qquad (3.5) \\
&= -\frac{n}{2}\log(2\pi) - \frac{n}{2}\log|\Sigma| - \frac{1}{2}\operatorname{tr}(\Sigma^{-1}S) \qquad (3.6)
\end{aligned}$$

となる。ただし，

$$S=\sum_{i=1}^{m}(\boldsymbol{y}_i-\boldsymbol{\mu})(\boldsymbol{y}_i-\boldsymbol{\mu})^t+\sum_{i=m+1}^{n}E\left((\boldsymbol{y}_i-\boldsymbol{\mu})(\boldsymbol{y}_i-\boldsymbol{\mu})^t\middle|Y_{\mathrm{obs}};\boldsymbol{\theta}^{(\ell)}\right).$$

これで E-step での期待値の計算が完了した。

M-step の導出

続いて M-step を導出しよう。$Q(\boldsymbol{\theta}|\boldsymbol{\theta}^{(\ell)})$ が最大になるときの平均と分散の値をそれぞれ $\boldsymbol{\mu}^{(\ell+1)}$ と $\Sigma^{(\ell+1)}$ と書くことにする。平均の場合は式(3.5)を微分してゼロとおき，$\boldsymbol{\mu}$ に関して解けばよい。分散の場合は，式(3.6)が例 3.1 の完全データの尤度において M を S に置き換えただけのものであることから，この場合も容易に $\Sigma^{(\ell+1)}$ を求めることができる。よって，

$$\boldsymbol{\mu}^{(\ell+1)}=\begin{pmatrix}\mu_1^{(\ell+1)}\\ \mu_2^{(\ell+1)}\end{pmatrix}=\frac{1}{n}\begin{pmatrix}\sum_{i=1}^{n}y_{i1}\\ \sum_{i=1}^{m}y_{i2}+\sum_{i=m+1}^{n}E\left(y_{i2}\middle|Y_{\mathrm{obs}};\boldsymbol{\theta}^{(\ell)}\right)\end{pmatrix},$$

$$\Sigma^{(\ell+1)}=\begin{pmatrix}\sigma_{11}^{(\ell+1)} & \sigma_{12}^{(\ell+1)}\\ \sigma_{21}^{(\ell+1)} & \sigma_{22}^{(\ell+1)}\end{pmatrix}.$$

ただし，

$$\begin{aligned}
\sigma_{11}^{(\ell+1)}&=\frac{1}{n}\sum_{i=1}^{n}(y_{i1}-\mu_1^{(\ell+1)})^2=\frac{1}{n}\sum_{i=1}^{n}y_{i1}^2-\left(\mu_1^{(\ell+1)}\right)^2,\\
\sigma_{12}^{(\ell+1)}&=\sigma_{21}^{(\ell+1)}\\
&=\frac{1}{n}\sum_{i=1}^{m}(y_{i1}-\mu_1^{(\ell+1)})(y_{i2}-\mu_2^{(\ell+1)})\\
&\qquad+\frac{1}{n}\sum_{i=m+1}^{n}(y_{i1}-\mu_1^{(\ell+1)})\left(E\left(y_{i2}|\,Y_{\mathrm{obs}};\boldsymbol{\theta}^{(\ell)}\right)-\mu_2^{(\ell+1)}\right)\\
&=\frac{1}{n}\left(\sum_{i=1}^{m}y_{i1}y_{i2}+\sum_{i=m+1}^{n}y_{i1}E\left(y_{i2}\middle|Y_{\mathrm{obs}};\boldsymbol{\theta}^{(\ell)}\right)\right)-\mu_1^{(\ell+1)}\mu_2^{(\ell+1)},\\
\sigma_{22}^{(\ell+1)}&=\frac{1}{n}\sum_{i=1}^{m}(y_{i2}-\mu_2^{(\ell+1)})^2\\
&\qquad+\frac{1}{n}\sum_{i=m+1}^{n}\left\{E\left(y_{i2}^2\middle|Y_{\mathrm{obs}};\boldsymbol{\theta}^{(\ell)}\right)-2\mu_2^{(\ell+1)}E\left(y_{i2}\middle|Y_{\mathrm{obs}};\boldsymbol{\theta}^{(\ell)}\right)\right.
\end{aligned}$$

$$+\left(\mu_2^{(\ell+1)}\right)^2\Bigg\}$$
$$=\frac{1}{n}\left(\sum_{i=1}^{m}y_{i2}^2+\sum_{i=m+1}^{n}E\left(y_{i2}^2\middle|Y_{\mathrm{obs}};\boldsymbol{\theta}^{(\ell)}\right)\right)-\left(\mu_2^{(\ell+1)}\right)^2$$

である。ここで，μ_1 と μ_2 は $\mu_1^{(\ell+1)}$ と $\mu_2^{(\ell+1)}$ で置き換えてある。

付録 A.2 の結果を用いて $\mu_2^{(\ell+1)}$ などに含まれる期待値を計算しよう。$y_{i2}\,(i=m+1,\cdots,n)$ に対して $E(y_{i2}|Y_{\mathrm{obs}};\boldsymbol{\theta}^{(\ell)})=E(y_{i2}|y_{i1};\boldsymbol{\theta}^{(\ell)})$ などとなるので，式(A.6)，(A.7)において $\boldsymbol{z}_1=y_{i2}$，$\boldsymbol{z}_2=y_{i1}$ とすると

$$\begin{aligned}
E\left(y_{i2}\middle|Y_{\mathrm{obs}};\boldsymbol{\theta}^{(\ell)}\right) &= \mu_2^{(\ell)}+\sigma_{21}^{(\ell)}(\sigma_{11}^{(\ell)})^{-1}(y_{i1}-\mu_1^{(\ell)}),\\
E\left(y_{i2}^2\middle|Y_{\mathrm{obs}};\boldsymbol{\theta}^{(\ell)}\right) &= V(y_{i2}|Y_{\mathrm{obs}};\boldsymbol{\theta}^{(\ell)})+E\left(y_{i2}\middle|Y_{\mathrm{obs}};\boldsymbol{\theta}^{(\ell)}\right)^2\\
&= \sigma_{22}^{(\ell)}-\sigma_{21}^{(\ell)}(\sigma_{11}^{(\ell)})^{-1}\sigma_{12}^{(\ell)}\\
&\quad +\left\{\mu_2^{(\ell)}+\sigma_{21}^{(\ell)}(\sigma_{11}^{(\ell)})^{-1}(y_{i1}-\mu_1^{(\ell)})\right\}^2.
\end{aligned}$$

これを上の更新式に代入し計算を行えば，M-step の計算ができる。

EM アルゴリズムの別表現

この計算を見ると大変複雑な計算を行っているように見えるが，実際にはそれほど複雑な計算ではない。コンピュータ上で実装することも考えて，この EM アルゴリズムの別の表現を与えよう。欠測指標行列を R^* $(n\times 2)$とする。ただし，第 2 章とは異なり，R^* の第 (i,j) 成分が 0 となるのは，第 i 番目のユニットの第 j 変数が観測されていることを示すこととし，1 のとき欠測を示しているものとしよう。続いて，

$$Y^{(\ell)}=\begin{pmatrix} y_{11} & y_{12}\\ \vdots & \vdots\\ y_{m1} & y_{m2}\\ y_{m+1,1} & E(y_{m+1,2}|Y_{\mathrm{obs}};\boldsymbol{\theta}^{(\ell)})\\ \vdots & \vdots\\ y_{n1} & E(y_{n2}|Y_{\mathrm{obs}};\boldsymbol{\theta}^{(\ell)}) \end{pmatrix}$$

とする。この行列を計算することが E-step に相当する。次に，M-step を構成しよう。$\mathbf{1}_n$ を 1 だけから成る $n\times 1$ のベクトルとすると，M-step は以下のようになる。

$$\begin{aligned}\boldsymbol{\mu}^{(\ell+1)} &= \frac{1}{n}Y^{(\ell)t}\mathbf{1}_n,\\ \Sigma^{(\ell+1)} &= \frac{1}{n}Y^{(\ell)t}Y^{(\ell)}-\boldsymbol{\mu}^{(\ell+1)}\boldsymbol{\mu}^{(\ell+1)t}\\ &\quad+\frac{1}{n}R^{*t}R^{*}\left\{\sigma_{22}^{(\ell)}-\sigma_{21}^{(\ell)}(\sigma_{11}^{(\ell)})^{-1}\sigma_{12}^{(\ell)}\right\}.\end{aligned}$$

このように，EM アルゴリズムは比較的簡単な計算を行っているのである。

EM アルゴリズムの収束先

EM アルゴリズムが収束するとは，理論的にはある t_0 に対して $\boldsymbol{\mu}^{(t_0)}=\boldsymbol{\mu}^{(t_0+1)}$，$\Sigma^{(t_0)}=\Sigma^{(t_0+1)}$ となることである。したがって，この更新式において，$\boldsymbol{\mu}^{(t_0)}=\boldsymbol{\mu}^{(t_0+1)}$，$\Sigma^{(t_0)}=\Sigma^{(t_0+1)}$ とおいて各パラメータに関して解くと，

$$\boldsymbol{\mu}^{(t_0+1)} = \begin{pmatrix}\mu_1^{(t_0+1)}\\ \mu_2^{(t_0+1)}\end{pmatrix} = \begin{pmatrix}\hat{\mu}_1\\ \overline{y}_2+\dfrac{s_{21}}{s_{11}}(\hat{\mu}_1-\overline{y}_1)\end{pmatrix},$$

$$\Sigma^{(t_0+1)} = \begin{pmatrix}\hat{\sigma}_{11} & s_{12}(s_{11})^{-1}\hat{\sigma}_{11}\\ s_{21}(s_{11})^{-1}\hat{\sigma}_{11} & s_{22}-s_{21}(s_{11})^{-1}s_{12}+\left((s_{11})^{-1}s_{12}\right)^2\hat{\sigma}_{11}\end{pmatrix}$$

が得られる。ただし，$\hat{\mu}_1$ と $\hat{\sigma}_{11}$ は全データを用いた y_1 の平均と分散であり，$(\overline{y}_1,\overline{y}_2)$ は LD 法による平均，(s_{11},s_{12},s_{22}) は順に LD 法による y_1 の分散，(y_1,y_2) の共分散，y_2 の分散である。

3.6.2　数 値 例

表 3.4 のデータは，リンゴの収穫量(y_1)と虫(コドリンガ)の被害にあったリンゴのパーセンテージ(y_2)についてまとめたものである(Little and Rubin, 2002)。たとえば，樹木番号 1 は，リンゴの収穫量は 800 で，そのうち 59% が虫に喰われていたということである。本データはもともと

とスネデカー・コクラン (1962)で使用され，樹木番号 1〜12 から成っていた。その後，Little and Rubin (2002)で引用される際に，y_2 が欠測している 13 番目から 18 番目のデータが人工的に加えられた。この欠測は，y_1 の値が 10 以下のものにのみ発生しており，観測されている値に依存しているためランダムな欠測である。

このデータが 2 変量正規分布からの独立標本であるとして，正規分布の平均 $\boldsymbol{\mu}$ と分散 Σ を EM アルゴリズムによって推定しよう。EM アルゴリズムの更新式は，前節ですでに導いたとおりである。この例に適用するには $m=12$, $n=18$ とすればよい。初期値を番号 1〜12 のデータから計算した平均と分散とし，第 ℓ 回目の推定値と第 $(\ell+1)$ 回目の推定値の要素ごとの差の絶対値をとり最大のものが 10^{-6} を下回るまで計算を続ける。この基準で，収束までに 40 回 EM アルゴリズムを繰り返し，以下の最尤

表 3.4 リンゴの収穫量と虫害の割合

樹木番号	1 樹の収穫量 (100 果) (y_1)	虫害果実の 100 分率 (y_2)
1	8	59
2	6	58
3	11	56
4	22	53
5	14	50
6	17	45
7	18	43
8	24	42
9	19	39
10	23	38
11	26	30
12	40	27
13	4	?
14	4	?
15	5	?
16	6	?
17	8	?
18	10	?

? は欠測値。

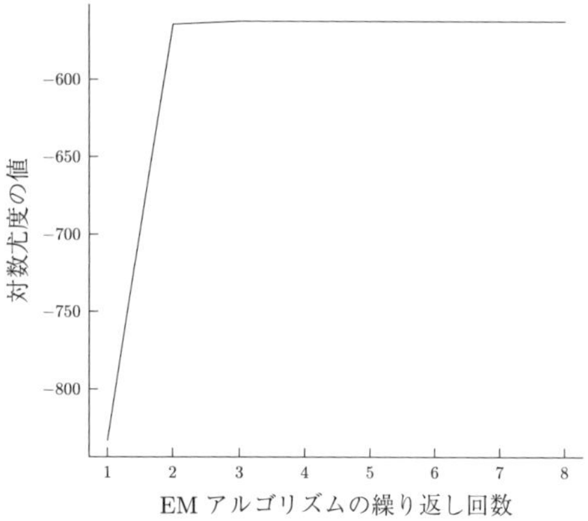

図 3.2 対数尤度が上昇していく様子

推定値を得た[*6]。

$$\hat{\boldsymbol{\mu}} = \begin{pmatrix} 14.72 \\ 49.33 \end{pmatrix}, \quad \hat{\Sigma} = \begin{pmatrix} 89.53 & -90.70 \\ -90.70 & 114.69 \end{pmatrix}.$$

このとき尤度は，図 3.2 に示すように単調に増加した。最初の段階で尤度が急激に上昇し，その後ゆっくりと収束に向かっていくことが確認できる。

3.6.3 多項分布の場合の EM アルゴリズム

続いて，多項分布の場合の EM アルゴリズムを導出しよう。多項分布の設定を導入した後，E-step と M-step を導こう。

完全データに対する多項分布

まず完全データの発生機構を考えよう。1 か 2 のどちらかの値をとる二値確率変数 y_1 と y_2 があるとしよう。サンプルサイズ n のデータを収集した結果，表 3.5 が得られたとしよう。たとえば，n_{11} は $(y_1, y_2)=(1,1)$ となるユニットの数である。このようなデータの分布として，多項分布が

＊6　実際には複数の初期値について計算を行い，最も大きな尤度を持つ $\boldsymbol{\theta}$ の値を最尤推定値とする。本章ではこの例を含め他の例でも，簡略化のためこの手続きを省略している。

表 3.5　完全データの分割表

	y_2=1	y_2=2
y_1=1	n_{11}	n_{12}
y_1=2	n_{21}	n_{22}

用いられる。$\pi_{gh}=\Pr(y_1=g, y_2=h)\,(g,h=1,2)$ とおく。本節では，興味あるパラメータは $\boldsymbol{\theta}=(\pi_{11},\pi_{12},\pi_{21},\pi_{22})^t$ である。この記号を用いると，多項分布の確率関数は，

$$f(n_{11},n_{12},n_{21},n_{22}|\boldsymbol{\theta}) = \frac{n!}{n_{11}!n_{12}!n_{21}!n_{22}!}\pi_{11}^{n_{11}}\pi_{12}^{n_{12}}\pi_{21}^{n_{21}}\pi_{22}^{n_{22}}$$

で与えられる。以下では，このような多項分布を $Multi(n,(\pi_{11},\pi_{12},\pi_{21},\pi_{22}))$ あるいは $Multi(n,\boldsymbol{\theta})$ と表すことにする。

欠測データのときの分割表

次に，データに欠測値が含まれる場合を考えよう。y_j $(j=1,2)$ の欠測指標を r_j とし，$r_j=1$ のとき y_j が観測され，$r_j=0$ のとき y_j が欠測するものとする。サンプルサイズ n のデータをとるとき，(r_1,r_2) の値によって，(y_1,y_2) の両方が観測される場合（$(r_1,r_2)=(1,1)$），y_1 のみが観測される場合（$(r_1,r_2)=(1,0)$），y_2 のみが観測される場合（$(r_1,r_2)=(0,1)$），両方が観測されない場合（$(r_1,r_2)=(0,0)$）に分けることができる。$n_{ab,gh}$ によって，$(r_1,r_2)=(a,b)$ のときの $(y_1,y_2)=(g,h)$ の数を表すとすると，欠測があるときには表 3.6 のような分割表が得られる。ここで，+ はその添字について和をとったことを示す。たとえば，$(r_1,r_2)=(1,0)$ のときには，y_1 の値はわかるが，y_2 の値は不明なので，y_2 についての和だけが観測される。つまり，$n_{10,11}+n_{10,12}$ の和 $n_{10,1+}$ が観測される。同様に，$(r_1,r_2)=(0,1)$ のときには，y_1 の値は不明であるが，y_2 は観測されるので，y_1 についての和だけが観測される。つまり，$n_{01,11}+n_{01,21}$ の和 $n_{01,+1}$ が観測される。したがって，欠測データに対する分割表は表 3.6 になる。

直接尤度の導出

表 3.6 のデータが得られるときの直接尤度を求めよう。表 3.6 に対応する各セルの生起確率は表 3.7 となるので，直接尤度は

$$\begin{aligned}\log f(Y^*_{\text{obs}}|\boldsymbol{\theta}) = &\sum_{g=1}^{2}\sum_{h=1}^{2} n_{11,gh}\log \pi_{gh} \\ &+\sum_{g=1}^{2} n_{10,g+}\log(\pi_{g1}+\pi_{g2})+\sum_{h=1}^{2} n_{01,+h}\log(\pi_{1h}+\pi_{2h}) \\ &+n_{00,++}\log(\pi_{11}+\pi_{12}+\pi_{21}+\pi_{22})\end{aligned}$$

で与えられる。ここで，

$$\begin{aligned}Y^*_{\text{obs}} &= (Y_{\text{obs}}, n_{00,++}) \\ &= (n_{11,11}, n_{11,12}, n_{11,21}, n_{11,22}, n_{01,+1}, n_{01,+2}, n_{10,1+}, n_{10,2+}, n_{00,++})\end{aligned}$$

である。$\pi_{11}+\pi_{12}+\pi_{21}+\pi_{22}=1$ であるから，最後の項は尤度に貢献しない。したがって，$\boldsymbol{\theta}$ の推定を行う場合には，(y_1, y_2) の両方が欠測している $n_{00,++}$ は使わなくてよい[*7]。以降，$n_{00,++}$ を分析に含めない直接尤度 $\log f(Y_{\text{obs}}|\boldsymbol{\theta})$ を用いることとする。

表 3.6 欠測データの分割表

		$r_2=1$		$r_2=0$
		$y_2=1$	$y_2=2$	$y_2=?$
$r_1=1$	$y_1=1$	$n_{11,11}$	$n_{11,12}$	$n_{10,1+}$
	$y_1=2$	$n_{11,21}$	$n_{11,22}$	$n_{10,2+}$
$r_1=0$	$y_1=?$	$n_{01,+1}$	$n_{01,+2}$	$n_{00,++}$

表 3.7 欠測があるときの各セルの生起確率

		$r_2=1$		$r_2=0$
		$y_2=1$	$y_2=2$	$y_2=?$
$r_1=1$	$y_1=1$	π_{11}	π_{12}	$\pi_{11}+\pi_{12}$
	$y_1=2$	π_{21}	π_{22}	$\pi_{21}+\pi_{22}$
$r_1=0$	$y_1=?$	$\pi_{11}+\pi_{21}$	$\pi_{12}+\pi_{22}$	$\pi_{11}+\pi_{12}+\pi_{21}+\pi_{22}$

*7 実際，$n_{00,++}$ を使って EM アルゴリズムを定式化しても $\boldsymbol{\theta}$ の推定値は変化しない。

記号の設定

以上の設定の下で，$\boldsymbol{\theta}$ を推定するための E-step と M-step を導出しよう。第 ℓ 回目の EM アルゴリズムによる最尤推定値 $\boldsymbol{\theta}^{(\ell)}$ が得られているとして，$\boldsymbol{\theta}^{(\ell+1)}$ を導出しよう。

E-step の導出

E-step を導こう。E-step の計算の第一歩は，完全データの分布 $f(Y_{\rm com}|\boldsymbol{\theta})$ を定義することである。もし欠測がなければどのようなデータが得られていたのかを考えよう。欠測がなければ多項分布のデータが得られたはずなので，完全データの対数尤度は

$$\log f(Y_{\rm com}|\boldsymbol{\theta}) = n_{++,11}\log\pi_{11}+n_{++,12}\log\pi_{12}+n_{++,21}\log\pi_{21} \\ +n_{++,22}\log\pi_{22}$$

で与えられる。ただし，

$$n_{++,gh} = n_{11,gh}+n_{01,gh}+n_{10,gh}, \quad g,h=1,2$$

と定義している。$\log f(Y_{\rm obs}|\boldsymbol{\theta})$ の代理関数である Q 関数を計算するために，$\log f(Y_{\rm com}|\boldsymbol{\theta})$ を $f(Y_{\rm mis}|Y_{\rm obs};\boldsymbol{\theta}^{(\ell)})$ について期待値をとると，

$$\begin{aligned} Q(\boldsymbol{\theta}|\boldsymbol{\theta}^{(\ell)}) &= E\left(\log f(Y_{\rm com}|\boldsymbol{\theta})\,\middle|\,Y_{\rm obs};\boldsymbol{\theta}^{(\ell)}\right) \\ &= E\left(n_{++,11}\,\middle|\,Y_{\rm obs};\boldsymbol{\theta}^{(\ell)}\right)\log\pi_{11} \\ &\quad +E\left(n_{++,12}\,\middle|\,Y_{\rm obs};\boldsymbol{\theta}^{(\ell)}\right)\log\pi_{12} \\ &\quad +E\left(n_{++,21}\,\middle|\,Y_{\rm obs};\boldsymbol{\theta}^{(\ell)}\right)\log\pi_{21} \\ &\quad +E\left(n_{++,22}\,\middle|\,Y_{\rm obs};\boldsymbol{\theta}^{(\ell)}\right)\log\pi_{22} \end{aligned}$$

となる。ここで，たとえば第 1 項の期待値は，

$$E\left(n_{++,11}\,\middle|\,Y_{\rm obs};\boldsymbol{\theta}^{(\ell)}\right) = n_{11,11}+E\left(n_{10,11}\,\middle|\,Y_{\rm obs};\boldsymbol{\theta}^{(\ell)}\right) \\ +E\left(n_{01,11}\,\middle|\,Y_{\rm obs};\boldsymbol{\theta}^{(\ell)}\right)$$

である。同様に，第 2 項以降の期待値も表現できる。

この期待値を計算するために多項分布の性質について述べておこう。$(x_{11}, x_{12}, x_{21}, x_{22})$ が $Multi(x, (\alpha_{11}, \alpha_{12}, \alpha_{21}, \alpha_{22}))$ にしたがうとしよう。このとき，$x_{11}+x_{12}=y$ とすると，y を条件づけた (x_{11}, x_{12}) の分布は，再び多項分布

$$Multi\left(y, \left(\frac{\alpha_{11}}{\alpha_{11}+\alpha_{12}}, \frac{\alpha_{12}}{\alpha_{11}+\alpha_{12}}\right)\right)$$

となることが知られている（たとえば，Agresti (2012)）。したがって，

$$E(x_{11}|y) = y\frac{\alpha_{11}}{\alpha_{11}+\alpha_{12}}$$

となる。

このことを用いて $E\left(n_{10,11}\left|Y_{\text{obs}}; \boldsymbol{\theta}^{(\ell)}\right.\right)$ を計算してみよう。上の式において，$x_{11}=n_{10,11}$，$x_{12}=n_{10,12}$，$y=n_{10,1+}$，$\alpha_{gh}=\pi_{gh}^{(\ell)}\,(g, h=1, 2)$ とすると，

$$E\left(n_{10,11}\left|Y_{\text{obs}}; \boldsymbol{\theta}^{(\ell)}\right.\right) = n_{10,1+}\frac{\pi_{11}^{(\ell)}}{\pi_{11}^{(\ell)}+\pi_{12}^{(\ell)}}$$

となる。また，

$$E\left(n_{01,11}\left|Y_{\text{obs}}; \boldsymbol{\theta}^{(\ell)}\right.\right) = n_{01,+1}\frac{\pi_{11}^{(\ell)}}{\pi_{11}^{(\ell)}+\pi_{21}^{(\ell)}}$$

である。同様に他の項も計算できるが，詳細は省略する。

以上により，E-step での Q 関数は，次のように表される。

$$Q(\boldsymbol{\theta}|\boldsymbol{\theta}^{(\ell)}) = n_{11}^{(\ell)}\log\pi_{11}+n_{12}^{(\ell)}\log\pi_{12}+n_{21}^{(\ell)}\log\pi_{21}+n_{22}^{(\ell)}\log\pi_{22}.$$

ただし，$(n_{11}^{(\ell)}, n_{12}^{(\ell)}, n_{21}^{(\ell)}, n_{22}^{(\ell)})$ は以下のように定義する：

$$n_{11}^{(\ell)} = n_{11,11}+n_{01,+1}\frac{\pi_{11}^{(\ell)}}{\pi_{11}^{(\ell)}+\pi_{21}^{(\ell)}}+n_{10,1+}\frac{\pi_{11}^{(\ell)}}{\pi_{11}^{(\ell)}+\pi_{12}^{(\ell)}},$$

$$n_{12}^{(\ell)} = n_{12,11}+n_{01,+2}\frac{\pi_{12}^{(\ell)}}{\pi_{12}^{(\ell)}+\pi_{22}^{(\ell)}}+n_{10,1+}\frac{\pi_{12}^{(\ell)}}{\pi_{11}^{(\ell)}+\pi_{12}^{(\ell)}},$$

$$n_{21}^{(\ell)} = n_{21,11} + n_{01,+1} \frac{\pi_{21}^{(\ell)}}{\pi_{11}^{(\ell)} + \pi_{21}^{(\ell)}} + n_{10,2+} \frac{\pi_{21}^{(\ell)}}{\pi_{21}^{(\ell)} + \pi_{22}^{(\ell)}},$$

$$n_{22}^{(\ell)} = n_{22,11} + n_{01,+2} \frac{\pi_{22}^{(\ell)}}{\pi_{12}^{(\ell)} + \pi_{22}^{(\ell)}} + n_{10,2+} \frac{\pi_{22}^{(\ell)}}{\pi_{21}^{(\ell)} + \pi_{22}^{(\ell)}}.$$

M-step の導出

続いて M-step を導出しよう。$Q(\boldsymbol{\theta}|\boldsymbol{\theta}^{(\ell)})$ を $\boldsymbol{\theta}$ について最大化すればよい。Q 関数を π_{gh} について最大化すると*8

$$\pi_{11}^{(\ell+1)} = \frac{n_{11}^{(\ell)}}{N}, \ \pi_{12}^{(\ell+1)} = \frac{n_{12}^{(\ell)}}{N}, \ \pi_{21}^{(\ell+1)} = \frac{n_{21}^{(\ell)}}{N}, \ \pi_{22}^{(\ell+1)} = \frac{n_{22}^{(\ell)}}{N}$$

となる。ただし，$N = n_{11,++} + n_{01,++} + n_{10,++}$ である。

3.6.4 数 値 例

表 3.8 は，米国国勢調査局による犯罪被害の調査の結果である（Kadane, 1985; Schafer, 1997）。調査は 756 世帯に対して 2 回行われた。第 1 回の調査では，各家庭に訪問し，ここ 6 カ月の間に犯罪被害にあったかどうかを尋ねた。結果は $y_1 = 1$ のとき犯罪被害にあっておらず，$y_1 = 2$ のとき犯罪被害にあっているものとする。第 1 回の調査から 6 カ月後，第 2 回の調査を行った。第 2 回の調査でも，第 1 回の調査と同じ家庭に訪問し，

表 3.8 2 回の犯罪被害調査の結果

		$r_2=1$		$r_2=0$
		$y_2=1$	$y_2=2$	$y_2=?$
$r_1=1$	$y_1=1$	392	55	33
	$y_1=2$	76	38	9
$r_1=0$	$y_1=?$	31	7	115

$y_j=1$ は調査時点までの半年間で犯罪被害にあわなかったことを示しており，$y_j=2$ は被害にあったことを示している（$j=1, 2$）。

*8 最尤推定値を導出するには，$\sum_{g,h=1}^{2} \pi_{gh} = 1$ という制約の下で対数尤度を最大化すればよい。

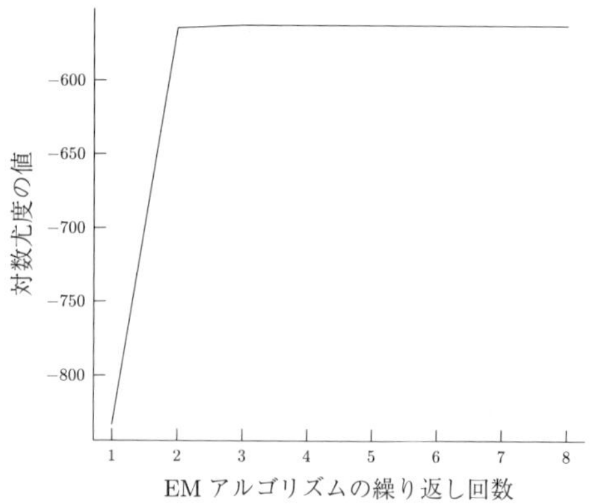

図 3.3　対数尤度が上昇していく様子

第 1 回から第 2 回の調査の間に犯罪の被害者になったかどうかを尋ねた。結果は y_2=1 のとき犯罪被害にあっておらず，y_2=2 のとき犯罪被害にあっているものとする。調査対象の 756 世帯の中には，これらの調査に参加しなかった世帯もあるため，欠測値が発生している。変数 y_1 と y_2 の欠測指標を r_1 と r_2 とする。欠測指標が 1 のときには対応する変数は観測されており，0 のときには欠測していることを示すものとする。

このデータからパラメータ $\boldsymbol{\theta}=(\pi_{11},\pi_{12},\pi_{21},\pi_{22})^t$ を EM アルゴリズムによって推定しよう。EM アルゴリズムの更新式は前節で導いたとおりである。初期値を $\boldsymbol{\theta}^{(0)}=(0.25,0.25,0.25,0.25)^t$ とし，第 ℓ 回目の推定値と第 $(\ell+1)$ 回目の推定値の要素ごとの差の絶対値をとり最大のものが 10^{-6} を下回るまで計算を続ける。この基準で，収束まで 8 回 EM アルゴリズムを繰り返し，以下の最尤推定値を得た。

$$(\hat{\pi}_{11},\hat{\pi}_{12},\hat{\pi}_{21},\hat{\pi}_{22})=(0.697,0.099,0.136,0.068).$$

このとき尤度は，図 3.3 に示すように単調に増加した。最初の段階で尤度が急激に上昇し，その後ゆっくりと収束に向かっていくことが確認できる。

3.7　適用上の諸問題とその対策

EM アルゴリズムを実際の問題に適用するには，ここまでに述べたことだけでは十分でないことがある。想定されるいくつかの問題と代表的な対策の概要について述べることにする。

3.7.1　E-step が計算できないとき

E-step は，仮想的な完全データの対数尤度の期待値をとる段階であった。もし完全データの分布が，正規分布や多項分布などのように指数型分布族に属しているならば，E-step の期待値の計算は簡単に行うことができる。その反面，指数型分布でない場合などには，必ずしも E-step での期待値の計算が簡単にできるという保証はない。E-step の計算が簡単に行えない場合には，分布を期待値計算の容易な分布で近似するなどの方法もあるが，期待値計算の部分でモンテカルロ積分を行う方法が提唱されている。

モンテカルロ EM アルゴリズム（MCEM アルゴリズム； Wei and Tanner, 1990）は，E-step で Q 関数の計算が困難な場合にモンテカルロ積分で置き換える手法である。EM アルゴリズムによる $\boldsymbol{\theta}$ の第 ℓ 回目の最尤推定値を $\boldsymbol{\theta}^{(\ell)}$ として，$f(\boldsymbol{y}_{\mathrm{mis}}|\boldsymbol{y}_{\mathrm{obs}};\boldsymbol{\theta}^{(\ell)})$ から乱数 $\boldsymbol{y}_{\mathrm{mis},a}$ $(a=1,\cdots,M)$ を発生させる。次に Q 関数を

$$Q(\boldsymbol{\theta}|\boldsymbol{\theta}^{(\ell)})=\frac{1}{M}\sum_{a=1}^{M}\log f(\boldsymbol{y}_{\mathrm{obs}},\boldsymbol{y}_{\mathrm{mis},a}|\boldsymbol{\theta})$$

とする。M-step では，この Q 関数を最大化する $\boldsymbol{\theta}$ を $\boldsymbol{\theta}^{(\ell+1)}$ とする。

この方法を使う場合には，尤度の単調増加性，M の決め方，収束基準について注意しなければならない。Q 関数が正確な期待値そのものではないため，単調増加性が失われてしまう。しかし，ある種の状況では，この MCEM アルゴリズムによる推定値は，高い確率で尤度を最大化する値に近づくことが知られている。モンテカルロ回数 M の決め方は，収束の判定と関係がある。推定の最初の段階では M は比較的小さな値でよく，

収束が近づくにつれて M を大きくすることが推奨されている。収束しているかどうかは，$\boldsymbol{\theta}^{(\ell)}$ の値をプロットし安定しているかどうかで判断する。

3.7.2 M-step が計算できないとき

EM アルゴリズムでは，M-step での最大化が困難になる場合がある。M-step にはさまざまな改良が提案されている。改良の 1 つとしては，**ECM アルゴリズム**(expectation conditional maximization algorithm; Meng and Rubin, 1993)がある。EM アルゴリズムでは，M-step において興味あるパラメータ $\boldsymbol{\theta}$ の全要素に関して最大化することを想定していた。一方，この ECM アルゴリズムでは，パラメータを分割・固定することで，M-step を実行する。$\boldsymbol{\theta}^{(\ell)}$ が与えられているものとし，$\boldsymbol{\theta}=(\boldsymbol{\theta}_1^t, \boldsymbol{\theta}_2^t)^t$ というようにパラメータを分割するものとする。パラメータ値の固定にはさまざまな方法が考えられるが，最も簡単で有用だと思われる状況のみを紹介しよう。まず $\boldsymbol{\theta}_2=\boldsymbol{\theta}_2^{(\ell)}$ を固定し，$\boldsymbol{\theta}_1$ について Q 関数を最大化する。そうして得られた $\boldsymbol{\theta}_1=\boldsymbol{\theta}_1^{(\ell+1)}$ を固定して，今度は $\boldsymbol{\theta}_2$ について最大化して，$\boldsymbol{\theta}_2=\boldsymbol{\theta}^{(\ell+1)}$ を得る。こうして得られた $\boldsymbol{\theta}^{(\ell+1)}=(\boldsymbol{\theta}_1^{(\ell+1)t}, \boldsymbol{\theta}_2^{(\ell+1)t})$ をもとに，EM アルゴリズムを続けていく。このアルゴリズムは，パラメータを分割・固定し，Q 関数に関して一部のパラメータに関してのみ最大化しているため，$\boldsymbol{\theta}$ の関数として見たときには Q 関数の最大化にはなっていないが，尤度は単調に増加するので一般化 EM アルゴリズムになっている。ただし，パラメータの分割は，全くの自由にできるのではなく，**空間充填条件**(space-filling condition)という条件を満たさなければならない。

M-step の最大化が困難な場合の改良法の提案としては他にも，Q 関数にニュートンラフソン法型の数値解法を適用することが考えられる。問題は，このような方法の場合には，尤度が単調に増加しないことがあることである。

3.7.3 EM アルゴリズムの収束を加速させたいとき

EM アルゴリズムの収束が遅いことはしばしば指摘されてきた。ここでの収束の遅さというのは，収束までの E-step と M-step の繰り返しの回数のことである。たとえば，他の反復計算法では $\boldsymbol{\theta}^{(0)}$ から始まって $\boldsymbol{\theta}^{(3)}$ で終わるものが，EM アルゴリズムでは同じ $\boldsymbol{\theta}^{(0)}$ から始まっても $\boldsymbol{\theta}^{(7)}$ までかかってアルゴリズムが終わる(傾向がある)ということである。ただし，これは必ずしも他の計算手法と比較して EM アルゴリズムの実行に(CPU)時間がかかるということではない。ニュートンラフソン法などの方法が多くの計算を必要とした場合には，最尤推定値を得るまでに EM アルゴリズムよりも時間がかかることも十分にありうる。

EM アルゴリズムの収束を加速すべく，さまざまな手法が研究されてきた。上で述べたように，M-step においてニュートンラフソン型の方法を用いてパラメータの更新を加速するという手法がある。ニュートンラフソン型の数値計算の多くは，2 階微分あるいはそれに相当する情報を用いることによって加速を行っている(たとえば，Lange (1995)の準ニュートン法による EM アルゴリズムの加速)。実際の利用においては，最初は EM アルゴリズムを用い，後にニュートンラフソン型の更新を行うことが推奨される。その他の方法としては，**エイトケンの加速法**を使ったものがある(Louis, 1982)。この方法は，Q 関数の 2 階微分を使うことになり，本質的にニュートンラフソン法を用いているのと同じことになる。詳しくは越智 (2008)を参照のこと。

3.7.4 推定値の共分散行列の計算を行いたいとき

EM アルゴリズムでは，最尤推定値を計算するが，その副産物として最尤推定値の共分散行列を得ることはできない。これは，EM アルゴリズムの持つ，計算が容易にできるという利点と表裏一体のものである。EM アルゴリズムは，分布にもよるが，微分を必要としてもせいぜい 1 階までであり，2 階微分を用いることはほとんどない。それゆえ，EM アルゴリズムでは 2 階微分を必要とする共分散行列を得ることができないのである。一方で，EM アルゴリズムと同様に頻繁に利用される数値計算法であるニュートンラフソン法では，推定値の共分散行列をその副産物として得ることができる。その計算の過程において，対数尤度の 2 階微分を行っているからである。

EM アルゴリズムのこのような欠点を克服するための代表的な手法として，**SEM アルゴリズム**(supplemented EM algorithm; Rubin and Meng, 1991)がある。このアルゴリズムは，共分散行列を求めるのに必要な対数尤度の 2 階微分を，数値計算によって計算する。計算に必要な式は，EM アルゴリズムを実行するのに使用するものだけであり，新たな計算を必要としないという利点がある。詳しくは越智 (2008)を参照のこと。

もう 1 つの代表的な方法として，Louis による計算法(Louis, 1982)を紹介しておこう。Louis は，

$$
\begin{aligned}
&-\left.\frac{\partial^2 \log f(Y_{\mathrm{obs}}|\boldsymbol{\theta})}{\partial\boldsymbol{\theta}\partial\boldsymbol{\theta}^t}\right|_{\boldsymbol{\theta}=\hat{\boldsymbol{\theta}}} \\
&= -E\left(\left.\frac{\partial^2 \log f(Y_{\mathrm{com}}|\boldsymbol{\theta})}{\partial\boldsymbol{\theta}\partial\boldsymbol{\theta}^t}\right|_{\boldsymbol{\theta}=\hat{\boldsymbol{\theta}}}\middle| Y_{\mathrm{obs}}\right) \\
&\quad -E\left(\left.\frac{\partial \log f(Y_{\mathrm{com}}|\boldsymbol{\theta})}{\partial\boldsymbol{\theta}}\right|_{\boldsymbol{\theta}=\hat{\boldsymbol{\theta}}}\left.\frac{\partial \log f(Y_{\mathrm{com}}|\boldsymbol{\theta})}{\partial\boldsymbol{\theta}^t}\right|_{\boldsymbol{\theta}=\hat{\boldsymbol{\theta}}}\middle| Y_{\mathrm{obs}}\right)
\end{aligned}
$$

であることを示した。完全データの対数尤度 $\log f(Y_{\mathrm{com}}|\boldsymbol{\theta})$ の微分は，欠測データの尤度 $\log f(Y_{\mathrm{obs}}|\boldsymbol{\theta})$ に比べると計算しやすい。$f(Y_{\mathrm{com}}|\boldsymbol{\theta})$ が指数型分布族に属するとき，右辺の計算は容易である。特に第 1 項の計算については，2 階微分がデータに依存しないので，期待値の計算を省略することができる。

3.7.5 NMAR の場合を考えたいとき

EM アルゴリズムを適用する際には，欠測データメカニズムの仮定についても考えなければならない。本章では，ランダムな欠測のとき，$\log f(Y_{\mathrm{obs}}|\boldsymbol{\theta})$ から最尤推定値を計算する方法として EM アルゴリズムを定式化している。ランダムでない欠測の場合にも，$\log f(Y_{\mathrm{obs}}|\boldsymbol{\theta})$ を最大にする $\boldsymbol{\theta}$ を求める方法として EM アルゴリズムを使うことはできるが，

推定値(量)としてはよい性質を持たないかもしれない。選択モデルを使うのであれば，ランダムでない欠測の場合には，欠測データメカニズムをモデリングした $\log f(Y_{\mathrm{obs}}, R|\boldsymbol{\theta}, \boldsymbol{\psi})$ を用いてパラメータを推定するべきである。興味のあるパラメータは $\boldsymbol{\theta}$ だけであるが，$\boldsymbol{\theta}$ を求めるには $\boldsymbol{\psi}$ も推定しなければならない。EM アルゴリズムは，これらのパラメータを推定するためにも用いることができる。$\boldsymbol{\delta}=(\boldsymbol{\theta}^t, \boldsymbol{\psi}^t)^t$ とおき，Q 関数を，

$$Q(\boldsymbol{\delta}|\boldsymbol{\delta}^{(\ell)}) = \int \log f(Y_{\mathrm{obs}}, Y_{\mathrm{mis}}, R|\boldsymbol{\theta}, \boldsymbol{\psi}) f(Y_{\mathrm{mis}}|Y_{\mathrm{obs}}, R; \boldsymbol{\theta}^{(\ell)}, \boldsymbol{\psi}^{(\ell)}) dY_{\mathrm{mis}}$$

とすればよい。これを最大化して得られる $\boldsymbol{\delta}^{(\ell+1)}=(\boldsymbol{\theta}^{(\ell+1)t}, \boldsymbol{\psi}^{(\ell+1)t})^t$ は，$\log f(Y_{\mathrm{obs}}|\boldsymbol{\theta})$ に対する EM アルゴリズムと同じように

$$\log f(Y_{\mathrm{obs}}, R|\boldsymbol{\theta}^{(\ell)}, \boldsymbol{\psi}^{(\ell)}) < \log f(Y_{\mathrm{obs}}, R|\boldsymbol{\theta}^{(\ell+1)}, \boldsymbol{\psi}^{(\ell+1)})$$

という単調増加性を有する。

4

単一代入と多重代入

4.1 代入法とは

4.1.1 代入法の必要性

第2章や第3章では欠測値が存在する場合の尤度の考え方を説明したが，そこで強調されていたのは，完全データの尤度から欠測値に関連する部分を除去した直接尤度を用いた統計的推測を行うことの有用性であった。つまりランダムな欠測を仮定でき，正しい統計モデルを利用するならば，直接尤度を最大化する最尤推定を行えばよく，欠測値をあえて補完する必要はない。

しかし応用研究者や実務家は，データの提供者に対して**疑似完全データ**(pseudo-complete data)を作成することを求めることが多い。これは，データの提供者側が疑似完全データを作成すれば，応用研究者や実務家は形式的には欠測値を考慮せずにその後の解析を行うことができ便利だからである。また，パラメータの統計的推測だけが目的でなく，マーケティングや政策・行政的な介入など個別の対応を行う実務上のニーズから，個人や企業などの個々の欠測値が代入された疑似完全データが必要とされることがある。したがって，欠測値そのものをなんらかの形で代入・予測し，完全データの形に補完することが要請される場合がある。

さらに，政府や病院，学校，企業などが所有するデータであれば，データ提供者側で個人情報に関連する共変量を用いてより精度の高い代入を行い，分析者にはそれらの共変量を削除した形で公開・提供することで，個人情報を保護しながら精度の高い解析を解析者に行わせたい，というようなニーズも存在する。

例 4.1(公開されている多重代入データの例)

1.1 節でも紹介した米国政府による全国健康栄養調査(National Health and Nutrition Examination Survey)では，年間で約 1 万人に対して健康や栄養に関する質問と健康診断などを実施しており，この調査から健康や疾病に関連する環境要因や行動について過去さまざまな知見が得られている。この調査では，対象者の健康診断への参加率が 7 割程度と欠測が多く，健診データや居住地域，収入などさまざまな変数を共変量として利用した(近似的な)事後予測分布(Raghunathan et al., 2001)から多重代入されたデータが公開されている。 □

そこで本章では，1 つの欠測値に 1 つの値を代入する**単一代入**(single imputation)のさまざまな方法をまず説明する。さらに，単一代入によって補完された疑似完全データを用いて関心のあるパラメータを推定すると，しばしば推定値にバイアスが生じることを説明する。特に分散パラメータについてはほとんどの場合に過小推定が起き，結果として推定量の標準誤差も一般に過小評価される。この問題を回避するために Rubin が提案した**多重代入**(multiple imputation; Rubin, 1987)の枠組みを説明する。また，代入法を利用する場合には疑似完全データの作成者(代入の実行者)と解析者が異なる場合があり，代入時と解析時のモデルや利用する変数，推定法が異なることが多い。どのような場合に統計学的に妥当な推論が可能かについて，融和性という概念を用いて説明する。

また，応用研究では実際に非常によく利用されている多重代入法である**完全条件付き分布の指定**(full conditional specification; FCS)，特にその代表的なアルゴリズムである**連鎖式による多重代入**(multiple imputation by chained equation; MICE)についても紹介する。

なお本章で扱う方法はランダムな欠測を仮定したものであり，ランダムでない欠測については第 7 章で議論する。

4.1.2 代入モデルと解析モデル

単一代入ではまず欠測値に何らかの方法で値を代入して疑似完全デー

タを作成し，それを用いて(1)通常の完全データに対する解析法を適用するか，(2)疑似完全データであることを考慮した解析を行う，のどちらかが行われる。また多重代入では複数の単一代入を行って得られた推定値を統合するが，解析時には一般に上記の(1)が利用されることが前提とされる。

また単一代入および多重代入において注意すべきことは，疑似完全データを得るための代入法と，疑似完全データから関心のある量やパラメータを推定するための方法が同じでない場合も多いということである。以後，欠測値の代入時に利用される統計モデルを**代入モデル**，解析時に利用される統計モデルを**解析モデル**と呼ぶが，実際に単一代入や多重代入では必ずしも両者は同一ではなく，場合によっては両者は整合しない場合がある。特に Rubin が提案した多重代入の枠組みはそもそも「代入の実行者」と「解析者」が異なることが想定されていたため，当然，代入モデルと解析モデルは異なる可能性がある。

両者が異なる場合には，最終的なパラメータの推定値にどのような統計的な性質があるのか，を理解することが応用においては非常に重要である。実際，代入モデルと推定モデルが同じ場合でも推定量にバイアスが生じるなど，統計的性質が好ましいものにならない場合もあれば，異なっている場合でも，ある条件下では推定量が一致性などの性質を持つ場合もある(詳しくは 4.6 節で説明する)。

4.2 種々の単一代入の分類

これまでにさまざまな代入法が提案され，実際にさまざまな応用研究で利用されているが，ここではそれをいくつかに分類して紹介する。

1 平均値代入(mean imputation) 観測されている個体の値から推定した平均値を欠測値に代入する。

2 回帰代入(regression imputation) 欠測値を観測値(の一部)で説明する回帰分析モデルによる予測値を欠測値に代入する。このとき，回帰分析モデルの説明変数としてどの変数を利用するか，どのような回帰モデルを利用するか，回帰モデルのパラメータ推定をどのように行うか，などによってさまざまな手法に分類できる。

3　確率的回帰代入(stochastic regression imputation)　回帰代入において，変数が連続変数の場合，予測値に誤差項を乱数として発生させて加える。一方，離散変数の場合には各カテゴリーに所属する予測確率を計算し，その確率で所属させる。

4　マッチング(matching)　欠測が起こっている変数について，欠測している個体と欠測していない個体のマッチングを行う。具体的にはマッチングのキー変数について，「欠測している個体」と類似した「欠測していない個体」のペアを作成し，後者で得られた観測値を前者の欠測値に代入する。類似度を考えるために必要な距離関数として何を利用するか，類似した「欠測していない個体」を 1 つだけ取り出す(1 対 1 マッチング)のか，複数取り出す(1 対多マッチング)のか，複数(k 個)の平均を利用する(k-最近傍マッチング)のか，重みを付けて全て利用する(たとえばカーネルマッチング)のか，などによってマッチングの具体的な手続きと代入結果，およびその後の解析法と統計的性質が異なる。また，欠測していない個体を欠測している個体と同一のデータセットから探すマッチングを行うことを**ホットデック**，別のデータセットから探すことを**コールドデック**[*1]と呼ぶ。

5　LOCF または LVCF　第 6 章で紹介するパネル調査においては，途中から調査に無回答になったり追跡できなくなり測定値が得られなくなる，いわゆる**脱落**(dropout)が生じる。そこで，脱落した対象者から最後に得られる測定値を代入する欠測値の代入法を **LOCF**(last observation carried forward) あるいは **LVCF**(last value carried forward) と呼ぶが，これは単一代入の一種であるといえる。

最後の LOCF または LVCF については第 6 章で説明するが，これを除けば，上記の種々の手法は，平均値代入を含めた回帰的な手法(**1**～**3**)と，マッチング(**4**)の 2 つに大別することができる。

---

*1　もともとはホットデックもコールドデックも，有限母集団を仮定する標本調査論での呼称である。

また,「回帰代入」や「確率的回帰代入」の中でも,パラメトリックな代入モデルを仮定している方法は**パラメトリックな代入**(parametric imputation)と呼ばれる。一方,「回帰代入」でも,後に紹介するカーネル回帰のようにノンパラメトリックな手法やマッチングを利用した方法は,ノンパラメトリックな代入モデルを利用しているため**ノンパラメトリックな代入**(non-parametric imputation)と呼ばれる。

4.3 回帰代入に関連する手法

あるユニット i で欠測が起こっている変数を y とし,i で欠測が起きていない変数 $\boldsymbol{x}$(の一部)で y_i を予測する回帰モデルの回帰関数を $g(\boldsymbol{x})$ とする。このとき,予測値 $g(\boldsymbol{x}_i)$(通常は条件付き期待値 $E(y|\boldsymbol{x}_i)$)を欠測値に代入する方法が回帰代入である。回帰代入は回帰分析モデルを利用した代入法であり,欠測値がある場合の回帰分析モデルのパラメータ推定そのものについては第5章に詳説する。

ここで回帰関数 $g(\boldsymbol{x})$ の関数形は線形など既知の関数であるが,偏回帰係数などのパラメータ $\boldsymbol{\beta}$ のみが未知である"パラメトリックな回帰代入"の場合には,パラメータの推定値 $\hat{\boldsymbol{\beta}}$ をまず何らかの形で得た上で予測値 $g(\boldsymbol{x}, \hat{\boldsymbol{\beta}})$ を計算し欠測値に代入することになる。$g(\boldsymbol{x})$ の関数形が未知の場合には"ノンパラメトリックな回帰代入"と呼ばれる。

本章では「ランダムな欠測(MAR)」を仮定しているが,この仮定の下では,y が欠測している場合($r=0$)と観測されている場合($r=1$)で,$\boldsymbol{x}$ を所与とした y の条件付き分布やモーメントは等しい:

$$
\begin{aligned}
&f(r|y, \boldsymbol{x}) = f(r|\boldsymbol{x}) \iff f(y|\boldsymbol{x}, r) = f(y|\boldsymbol{x}) \\
&\Rightarrow E(y|\boldsymbol{x}, r) = E(y|\boldsymbol{x}), \quad V(y|\boldsymbol{x}, r) = V(y|\boldsymbol{x}). \qquad (4.1)
\end{aligned}
$$

したがって,パラメトリックの場合には $r=1$ のとき,つまり $(y, \boldsymbol{x})$ のペアが観測されたデータからパラメータ $\boldsymbol{\beta}$ の推定が,またノンパラメトリックの場合も条件付き平均や分散の推定が可能となる。

このほかに,**二重にロバストな推定法**も回帰代入の一種として考えることもできるが，これについては第 5 章を参照されたい。

4.3.1 連続変数の場合

連続変数で回帰代入を行う場合，パラメトリックな回帰モデル

$$y_i = g(\boldsymbol{x}_i, \boldsymbol{\beta}) + e_i \tag{4.2}$$

による予測値 $g(\boldsymbol{x}_i, \hat{\boldsymbol{\beta}})$ そのものを欠測値に代入するのがパラメトリックな回帰代入であり，誤差 e に何らかの分布の仮定を置いて誤差の乱数 e_i^* を発生させ，$g(\boldsymbol{x}_i, \hat{\boldsymbol{\beta}}) + e_i^*$ を代入するのが確率的回帰代入である。

また，回帰関数の仮定が不要なノンパラメトリックな回帰代入としてよく利用されるのがカーネル回帰を利用した**カーネルマッチング**（Cheng, 1994）である。これは，条件付き平均 $E(y|\boldsymbol{x}) = g(\boldsymbol{x})$ の Nadaraya-Watson 推定量（Nadaraya (1964), Watson (1964)）$\hat{E}(y|\boldsymbol{x})$ を

$$\hat{E}(y|\boldsymbol{x}) = \frac{\sum_{j=1}^{n} K_h(\boldsymbol{x}, \boldsymbol{x}_j) r_j y_j}{\sum_{j=1}^{n} K_h(\boldsymbol{x}, \boldsymbol{x}_j) r_j} \tag{4.3}$$

とする。ここで K_h はバンド幅が h のカーネル関数，たとえば標準偏差が h の正規密度関数である。ただしカーネル回帰では，$\boldsymbol{x}$ が多次元の場合にはサンプルサイズが大きくても推定が不安定になり精度が急激に悪くなる，いわゆる**次元の呪い**が存在する。

また，回帰代入を利用した y の期待値の推定法には 2 つの方法がある。まず $r=0$，つまり欠測値に対してのみ回帰代入を行う方法

$$\hat{E}(y) = \frac{1}{n} \sum_{i=1}^{n} [r_i y_i + (1 - r_i) g(\boldsymbol{x}_i)] \tag{4.4}$$

と*2，全てのユニットに対して回帰代入を行う方法

$$\hat{E}(y) = \frac{1}{n} \sum_{i=1}^{n} g(\boldsymbol{x}_i) \tag{4.5}$$

---

*2 パラメトリックの場合は，厳密には $g(\boldsymbol{x}_i)$ ではなく $g(\boldsymbol{x}_i, \hat{\boldsymbol{\beta}})$。

である[*3]。パラメトリックな回帰代入で期待値を推定する際には，後者の方が前者より効率のよい推定量を得ることができ，この漸近分散は

$$\frac{1}{n}\Big\{\frac{1}{n}\sum_{i=1}^{n}(g(\boldsymbol{x}_i,\boldsymbol{\beta})-\hat{E}(y))^2 \\ +\big[\frac{1}{n}\frac{\partial}{\partial\boldsymbol{\beta}^t}\sum_{i=1}^{n}g(\boldsymbol{x}_i,\boldsymbol{\beta})\big]\boldsymbol{\Sigma}_{\boldsymbol{\beta}}\big[\frac{1}{n}\frac{\partial}{\partial\boldsymbol{\beta}}\sum_{i=1}^{n}g(\boldsymbol{x}_i,\boldsymbol{\beta})\big]\Big\} \tag{4.6}$$

と計算できる。ただし上記は $\boldsymbol{\beta}=\hat{\boldsymbol{\beta}}$ で計算し，$\boldsymbol{\Sigma}_{\boldsymbol{\beta}}/n$ は $\hat{\boldsymbol{\beta}}$ の漸近共分散行列の推定値とする。

カーネル回帰を用いた場合には，両者による推定量の漸近分散は同じとなり，

$$\frac{1}{n}\Big\{\frac{1}{n}\sum_{i=1}^{n}\big[\frac{\sum_{j=1}^{n}K_h(\boldsymbol{x}_i,\boldsymbol{x}_j)r_jy_j^2}{\sum_{j=1}^{n}K_h(\boldsymbol{x}_i,\boldsymbol{x}_j)}+\hat{E}(y|\boldsymbol{x}_i)^2\big]-(\hat{E}(y))^2\Big\} \tag{4.7}$$

と表現できる(Cheng, 1994)。

さて，y の分散 $V(y)$ の推定はどのように行うべきであろうか？　1.1節(特に式(1.2))にも示したように，「代入値をあたかも観測値であるかのように見なした疑似完全データ」から単純な標本分散や不偏分散を計算すると，分散の過小評価のバイアスが生じる。

そこで，分散の推定には2つのうちどちらかの方法を利用する。まず付録の式(A.1)より，目的変数の周辺分散 $V(y)$ は条件付き分散 $V(y|\boldsymbol{x})$ を用いて

$$V(y)=E_{\boldsymbol{x}}[V(y|\boldsymbol{x})]+V_{\boldsymbol{x}}[E(y|\boldsymbol{x})] \tag{4.8}$$

と表現できることを利用して

$$\hat{V}(y)=\frac{1}{n}\big[\sum_{i=1}^{n}\frac{r_i}{\Pr(r_i=1|\boldsymbol{x}_i)}(y_i-g(\boldsymbol{x}_i))^2+(g(\boldsymbol{x}_i)-\hat{E}(y))^2\big] \tag{4.9}$$

とすればよい[*4]。または

＊3　パラメトリックな回帰代入を行うときは，$g(\boldsymbol{x}_i)$ を $g(\boldsymbol{x}_i,\hat{\boldsymbol{\beta}})$ で置き換える。

＊4　$\Pr(r_i=1|\boldsymbol{x}_i)$ は傾向スコアであるが，これもカーネル回帰によって推定することも

$$\hat{V}(y) = \hat{E}(y^2) - (\hat{E}(y))^2 \tag{4.10}$$

として，期待値とは別に $\hat{E}(y^2)$ を推定する方法がある。

確率的回帰代入の場合には，平均は上記に記載された方法を用いて推定すればよく，また分散については単純な標本分散や不偏分散で推定してよい。

4.3.2 離散変数の場合

欠測値が離散変数の場合には，一般的には(2 値・順序・名義)ロジスティック回帰が利用される。たとえば欠測のある変数 y が K カテゴリーであり，これを説明変数 $\boldsymbol{x}$ を用いた名義ロジスティック回帰分析モデルで予測する場合

$$\Pr(y_i = k | \boldsymbol{x}_i, \boldsymbol{\beta}) = \frac{\exp(\boldsymbol{\beta}_k^t \boldsymbol{x}_i)}{\sum_{j=1}^{K} \exp(\boldsymbol{\beta}_j^t \boldsymbol{x}_i)} \quad ただし\ \boldsymbol{\beta}_1 = 0 \tag{4.11}$$

についてパラメータ $\boldsymbol{\beta}=(\boldsymbol{\beta}_2^t, \cdots, \boldsymbol{\beta}_K^t)^t$ の推定値 $\hat{\boldsymbol{\beta}}$ を用いて計算される予測確率 $\Pr(y_i=k|\boldsymbol{x}_i, \hat{\boldsymbol{\beta}})$ を最大とする k をユニット i の所属する y のカテゴリーとして代入する。つまり予測所属確率が最も高いカテゴリーになる，とする方法が単純であるため一般に利用される。ただしこのようにすると，元々の比率が高いカテゴリーに欠測値が集中してしまい，代入後のカテゴリー比率が代入前と大きく変わる場合が多い。そこで，「予測所属確率で確率的に割り振る」確率的回帰代入の方法が望ましい。これは，予測確率が最大になるカテゴリーに確定的に割り当てるのではなく，「ユニット i の y の値をカテゴリー k となる確率が $\Pr(y_i=k|\boldsymbol{x}_i, \hat{\boldsymbol{\beta}})$ になる」ように確率的に割り当てるという方法である。

可能である。また厳密には自由度の調整を行うのが望ましい(たとえば Hall and Marron (1990); Dette et al. (1998))。

4.4 マッチングを用いた代入法

マッチングを実際に行う際には(1)距離を求めるために利用する変数の設定，(2)使用する距離関数の設定，(3)欠測値に対して観測値をいくつマッチングするかの基準の設定，(4)確定的か確率的かの選択，を行う必要があり，これらが異なると解析結果も変わってくる。

まず(1)については，距離を求めるために利用する変数はマッチングでは通常**キー変数**と呼ばれる。キー変数としては欠測のない変数を利用するのが通常であるが，代入後の値も利用する **p 分割ホットデック**(p-partition hot-deck)なども利用されることがある。

(2)の距離関数については，単純なユークリッド距離やマンハッタン距離(絶対値距離)が利用されることもあるが，複数の変数を利用する場合には分散が大きい変数の影響力が大きくなり，分散の小さな変数を除外してもマッチングの結果がほとんど変化しなくなることがある。分野によっては変数のスケールは恣意的に変更可能であるため，分散の影響を排除するためには標準化ユークリッド距離を利用したり，標準化ユークリッド距離では考慮されない変数間の相関を考慮した**マハラノビスの距離**(Mahalanobis distance)を用いる場合も多い。これは，キー変数 $\boldsymbol{x}$ を用いたユニット i と j の距離 d_{ij} を

$$d_{ij} = (\boldsymbol{x}_i - \boldsymbol{x}_j)^t V(\boldsymbol{x})^{-1} (\boldsymbol{x}_i - \boldsymbol{x}_j) \tag{4.12}$$

と定義するものである。ただし，母共分散行列 $V(\boldsymbol{x})$ が未知の場合には標本共分散行列で置き換える。ここで $V(\boldsymbol{x})$ を恒等行列 $\boldsymbol{I}$ とすればユークリッド距離に，共分散要素をすべてゼロに置き換えれば標準化ユークリッド距離になる。また多変量のキー変数で欠測する予測確率(傾向スコア(Rosenbaum and Rubin, 1983))を計算し，その値に関して距離を計算する場合には特別に**傾向スコアマッチング**と呼ばれる。

(3)については大別して以下のように分類できる。

(3)-1 k-最近傍マッチング(k-nearest neighbor matching)

y が欠測しているユニット i に対して，y が観測されていて定義した距離に関して一番近い k 個のユニットの y を $y_{i(q)}$，$(q=1,\cdots,k)$ とすると，y_i に平均 $\hat{y}_i=\dfrac{1}{k}\sum_{q=1}^{k} y_{i(q)}$ を代入する方法である。

(3)-2　キャリパーマッチング(caliper matching)

半径マッチング(radius matching)とも呼ばれる。k-最近傍マッチングとの違いは，事前に k 個決めるのではなく一定の距離以内のユニットのみ利用するという閾値を設けることであり，ユニットによってマッチングに利用する数が異なりうる。

(3)-3　層化マッチング(stratification matching)

欠測群と観測群の2パターンの場合には，2群で同じ変数(たとえば傾向スコア)について同じ閾値を用いて層別し，同じ層内では欠測値は同じ値となると仮定して層化分析を実施する方法である。

(3)-4　カーネルマッチング(kernel matching)

回帰代入で取り上げたカーネル回帰を用いた回帰代入法であるが，マッチングとしても理解できるために再度取り上げる。一様カーネルならばキャリパーマッチング，三角カーネルや Epanechnikov カーネルならば重み付きのキャリパーマッチングと，カーネル関数が正規密度関数であれば，y が観測されている全てのユニットについて重み付き平均をとるものであり，k-最近傍マッチングにおいて k=サンプルサイズとし，これにカーネルの重みを付けたものに対応する。

また，$\boldsymbol{x}$ が多次元の場合に次元の呪いを回避するために，$\boldsymbol{x}$ の代わりに "観測される予測確率" $e_i=\hat{\Pr}(r_i=1|\boldsymbol{x}_i)$ を用いたものを**傾向スコアによるカーネルマッチング**と呼ぶ。

> **例 4.2**(p 分割ホットデック)
>
> 変数が p 個あり，最初の変数 y_1 は全てのユニットで観測され，変数番号にしたがって単調欠測が起きているとする。このとき，y_2 の欠測値を代入する際には y_1 をキー変数としてマッチングし，y_3 の欠測値については y_1 と y_2 をキー変数，などと前の測定値をキー変数とするという方法

が考えられる。ただし y_2 以降の変数が欠測するユニットに対しては，代入値もマッチングのキー変数に使う，というのが p 分割ホットデック（p-partition hot-deck; Andridge and Little, 2010）である。単調欠測の場合はもちろん，2 パターンの場合にも利用されることがある。2 パターンの場合には（1）1 回のマッチングだけで全ての変数について代入を行うか，（2）各変数ごとにキー変数を変えながら別々にマッチングをする，というのが簡便のため行われる。しかし，（1）は全ての変数で同じ距離を用いることが不自然である，（2）は変数間に論理的におかしな関係が生じる場合がある（「飲酒をやめた ($y_1=0$) が週 2 回飲んでいる ($y_2>1$)」といった代入値が生み出される）という欠点がある。これに対して，p 分割ホットデックでは各変数で異なるユニットに対してマッチングが行われ，かつ変数間の一貫性を与えることも可能であるという利点がある。

また，より一般の欠測パターンではこの方法は適用できないが，代入値をあたかも観測値のように使って変数を 1 つずつ代入していく循環 p 分割ホットデック（cyclic p-partition hot-deck）が利用されることもある。この方法を確定的ではなく条件付き事後分布で確率的に行うのが後述する FCS である。 □

（4）については，距離を基準として確定的にマッチングを行う方法だけではなく，たとえば k-最近傍マッチングでは k 個からランダムに 1 つあるいは少数を抽出して 1 対 1 のマッチングを行う，あるいは抽出されたものの平均を代入することが考えられる。このように確率的にマッチングに利用する観測値を変える場合を，一般に**ランダムホットデック**（random hot-deck）と呼ぶ。特にランダムホットデックの一種としてよく利用されるのが以下の方法である。

（4）-1　調整セル法（adjustment cell method）

キー変数が少なく，またカテゴリカル変数の場合によく利用される方法である。キー変数について分割表を作り，欠測のあるユニットと（分割表で）同じセルに存在する観測値のあるユニットからランダムに選び，そのユニットの観測値を代入値とする。

（4）-2　予測平均マッチング（predictive mean matching）

回帰代入とマッチングを併せた方法である。y が欠測しているユニット i に対して，単純に回帰代入同様に $\hat{E}(y|\boldsymbol{x}_i)$ を計算するが，これを直接代入はせず，$\hat{E}(y|\boldsymbol{x}_i)$ と近い y を持つ $k(>1)$ 個の観測値をとってきて，そこからランダムに1つ選び代入する。ランダムに選ぶことで変動を与え，回帰代入によって生じる分散の過小評価を避けることが可能になる。

4.5　多重代入法と3つのステージ

4.5.1　単一代入の問題点としての分散の過小評価

すでに1.1節で示したように，平均値代入や回帰代入などによる疑似完全データを完全データとみなした解析の問題点は，分散(共分散)パラメータの過小推定が起きることと，それに付随して推定値の分散も過小評価されることである。

これについては，周辺分散を条件付き分散の期待値と条件付き期待値の分散に分解する公式(1.1)を利用した修正を行ったり，確率的回帰代入を行うことで，代入値の分散に $V(e)$ が加わるため上記の過小評価は抑えられることを示した。

ただし，確率的回帰代入においても真の回帰関数は未知であり，実際には観測値から計算した推定値をパラメータに代入した回帰関数による回帰代入を行っている。つまり，式(1.1)の右辺のうち $V_{\boldsymbol{x}}[E(y|\boldsymbol{x})]$ を評価するにあたって $E(y|\boldsymbol{x}, \boldsymbol{\beta}=\hat{\boldsymbol{\beta}})$ を利用しており，$\hat{\boldsymbol{\beta}}$ の標本変動が考慮されていない。したがって，疑似完全データを完全データとみなして通常通りに推定量の分散を計算すると過小評価が起きる。このことは，線形回帰分析で真の回帰係数がわかっている際の予測値の分散は残差分散で与えられるが，回帰係数の推定値の関数である予測値の分散は残差分散よりも大きくなること[*5]からも理解できる。

さて，もし欠測が“ランダムな欠測”である，つまり観測値によって欠

＊5　計量経済学の教科書，たとえば岩田（1983）第9章などを参照のこと。

測するかどうかが決まる場合には,「回帰代入」や「確率的回帰代入」による代入の結果から得られた完全データの平均値には一致性がある。しかし,単一代入の問題点は推定値の分散が一般に過小評価されるということである。また,「回帰代入」や「確率的回帰代入」によって得られる推定量が一致性を持つためには,回帰モデルが正しいという条件が必要である。一方,「ホットデック」や「コールドデック」などのマッチングではモデルの仮定がない代わりに,「類似した個体を探す」際の方法の恣意性がある。また,類似の程度が悪ければ推定値にバイアスが生じる可能性があり,そのバイアスの可能性を明確に定量化できない点,推定値の分散の計算が容易でない点などが問題となる。

ただし,確率的回帰代入のように「観測値を所与とした欠測値の条件付き分布から欠測値を発生し代入する」方法の場合には,単一代入でも計算できる正確な(一致性のある)漸近分散の推定方法は提案されている(後述)。

4.5.2 多重代入法の目的

このように,単一代入法では推定値の分散の過小評価が起こりうることから,単一代入法を複数回実施して疑似完全データを作成し,各疑似完全データごとに計算した複数の推定値の統合を行うのが**多重代入法**(multiple imputation; Rubin, 1987)である。多重代入法は一般的に下記の3ステージからなる。

代入ステージ 単一代入法で利用されている欠測値の代入法のいずれか,またはデータ拡大アルゴリズムなどを利用して $D(\geqq 2)$ 個の疑似完全データを作成する。

解析ステージ 作成された D 個[*6]の疑似完全データから D 個の推定値を得る。

統合ステージ 得られた D 個の推定値を統合する。

多重代入法は単一代入法で分散や推定量の分散が一般に過小評価され

---

*6 D をいくつにするかについては 4.6.5 を参照のこと。

るという問題点を解決するために考案された方法であり，疑似完全データからの推定量の分散をより正確に評価することを目的としている(Rubin, 1987)。

次に，Rubin の多重代入法の枠組みにおける 3 つのステージについて個別に説明する。また各ステージでも説明するが，多重代入法はベイズ推定の枠組みから定式化されているものであるが，非ベイズ統計学の方法論を利用した多重代入法の中にも数理的な性質が明らかにされているものがある(詳細は 4.6 節)。

4.5.3　代入ステージ

Rubin が提案した多重代入法はもともとベイズ統計学の枠組みで定式化されており，ベイズ統計学の枠組みによる「観測値を条件付きとした時の欠測値の事後予測分布」$f(\boldsymbol{y}_{\mathrm{mis}}|\boldsymbol{y}_{\mathrm{obs}})$ から発生させた乱数を欠測値に代入するという発想をもとに理論が構築されている。ここでランダムな欠測の条件が成立していれば

$$f(\boldsymbol{y}_{\mathrm{mis}}|\boldsymbol{y}_{\mathrm{obs}}, \boldsymbol{r}) = f(\boldsymbol{y}_{\mathrm{mis}}|\boldsymbol{y}_{\mathrm{obs}}) \tag{4.13}$$

が成立するため，事後予測分布は

$$f(\boldsymbol{y}_{\mathrm{mis}}|\boldsymbol{y}_{\mathrm{obs}}) = \int f(\boldsymbol{y}_{\mathrm{mis}}|\boldsymbol{y}_{\mathrm{obs}}, \boldsymbol{\psi}) f(\boldsymbol{\psi}|\boldsymbol{y}_{\mathrm{obs}}) \boldsymbol{d\psi} \tag{4.14}$$

と表現できる。ただし $\boldsymbol{\psi}$ は関連するパラメータである。実際には単純なモデルを除いてこの事後予測分布を解析的に導出することは容易ではないため，まず観測値 $\boldsymbol{y}_{\mathrm{obs}}$ を与えた時の事後分布から $\boldsymbol{\psi}$ を発生させ，発生させた $\boldsymbol{\psi}$ を所与とした予測分布から欠測値 $\boldsymbol{y}_{\mathrm{mis}}$ を発生させるということを D 回繰り返し

$$\boldsymbol{\psi}^d \sim f(\boldsymbol{\psi}|\boldsymbol{y}_{\mathrm{obs}}), \quad \boldsymbol{y}_{\mathrm{mis}}^d \sim f(\boldsymbol{y}_{\mathrm{mis}}|\boldsymbol{y}_{\mathrm{obs}}, \boldsymbol{\psi}^d) \quad (d = 1, \cdots, D) \tag{4.15}$$

D 個の疑似完全データセット $\boldsymbol{y}^d{=}(\boldsymbol{y}_{\mathrm{obs}}^t, \boldsymbol{y}_{\mathrm{mis}}^{dt})^t$ $(d{=}1, \cdots, D)$ を作成することができる。上記が Rubin による多重代入法における代入ステージであるが，実際には事後分布 $f(\boldsymbol{\psi}|\boldsymbol{y}_{\mathrm{obs}})$ の漸近分布などからの乱数発生

なども行われる場合がある。また $f(\boldsymbol{\psi}|\boldsymbol{y}_{\mathrm{obs}})$ の導出が難しい場合には $f(\boldsymbol{\psi}|\boldsymbol{y})$ からパラメータの発生を行うデータ拡大アルゴリズム（後述）が利用される。

実は上記以外にも，非ベイズ統計学の立場からの代入もありうる。たとえば代入モデルにおいて「ランダムな欠測」が仮定できれば，パラメータ $\boldsymbol{\psi}$ に対して一致性を持つ推定量*7 $\hat{\boldsymbol{\psi}}$ を得ることができるとする。このとき $\boldsymbol{\psi}$ に $\hat{\boldsymbol{\psi}}$ を代入した予測分布

$$\boldsymbol{y}_{\mathrm{mis}}^{d} \sim f(\boldsymbol{y}_{\mathrm{mis}}|\boldsymbol{y}_{\mathrm{obs}}, \hat{\boldsymbol{\psi}}) \quad (d = 1, \cdots, D) \tag{4.16}$$

から欠測値を発生させて疑似完全データセットを発生させることも可能であり，実際この場合の方が統合ステージで得られる推定量の分散が小さくなることがわかっている。他にもマッチングや回帰代入などのさまざまな方法が利用されて代入が行われているが，代入モデルあるいは代入法によっては推定値の分散が過小評価されたり，推定値自体にバイアスが生じる場合があるので注意が必要である。

多重代入法によって妥当な統計的推測が可能になる必要条件としては，代入ステージにおいて正しい $f(\boldsymbol{y}_{\mathrm{mis}}|\boldsymbol{y}_{\mathrm{obs}})$ を用いた代入が行えること，つまり「代入モデルは真のモデルと等しいか，それを包摂するモデルであること」が挙げられる。

4.5.4　解析ステージ

疑似完全データが得られたら，これを完全データと見なして解析ステージの目的となるパラメータ $\boldsymbol{\theta}$ の推定が行われる。Rubin の枠組みでは，解析モデルでは事後平均や事後分散あるいはその近似値を用いることを前提とした議論が行われている。

またすでに述べたように，代入モデルと解析モデルは必ずしも同じである必要はない。この解析ステージでは本来の関心のパラメータ $\boldsymbol{\theta}$ の推定が行われるが，これは必ずしも代入ステージでの予測分布のパラメータ

＊7　たとえば直接尤度を最大化する最尤推定量など。

$\boldsymbol{\psi}$ と等しい必要はなく，$\boldsymbol{\psi}$ の一部分や関数である場合も許容される。代入モデルと解析モデルの関係，解析ステージで利用できる推定法については詳しくは 4.6 節で述べるが，少なくとも解析モデルでは完全データが与えられた場合に推定量が一致性を持つことが望ましい。

4.5.5　統合ステージ

解析ステージで得られた複数の推定値を統合する方法としては，**Rubin のルール**が利用されることが一般的である。これは Rubin (1987) がベイズの漸近理論を用いて導出したものであり，代入ステージと解析ステージが共にベイズ統計学の枠組みで行われた推定に限定される性質である。

具体的にはパラメータ $\boldsymbol{\theta}$ に対して，完全データを利用した際の D 個の推定値 $(\hat{\boldsymbol{\theta}}_1, \cdots, \hat{\boldsymbol{\theta}}_D)$ とその共分散行列の推定値 $(W_1, \cdots, W_D)$ が得られているとき，統合された推定値 $\bar{\boldsymbol{\theta}}_D$ は

$$\bar{\boldsymbol{\theta}}_D = \frac{1}{D} \sum_{d=1}^{D} \hat{\boldsymbol{\theta}}_d \tag{4.17}$$

であり，推定量の共分散行列の推定値 T_D は，代入値内共分散行列の平均

$$\bar{W}_D = \frac{1}{D} \sum_{d=1}^{D} W_d \tag{4.18}$$

および推定量の代入値間共分散行列の推定値

$$B_D = \frac{1}{D-1} \sum_{d=1}^{D} (\hat{\boldsymbol{\theta}}_d - \bar{\boldsymbol{\theta}}_D)^2 \tag{4.19}$$

を用いて

$$T_D = \bar{W}_D + \left(1 + \frac{1}{D}\right) B_D \tag{4.20}$$

となるとしている。

上記の結果は，関心のあるパラメータ $\boldsymbol{\theta}$ の事後分布が

$$f(\boldsymbol{\theta}|\boldsymbol{y}_{\mathrm{obs}}) = \int f(\boldsymbol{\theta}|\boldsymbol{y}_{\mathrm{mis}}, \boldsymbol{y}_{\mathrm{obs}}) f(\boldsymbol{y}_{\mathrm{mis}}|\boldsymbol{y}_{\mathrm{obs}}) \boldsymbol{d}\boldsymbol{y}_{\mathrm{mis}} \tag{4.21}$$

と表現できること，つまり式(4.14)から発生された欠測値 $\boldsymbol{y}_{\mathrm{mis}}^d$ を代入した疑似完全データセット $(\boldsymbol{y}_{\mathrm{mis}}^d, \boldsymbol{y}_{\mathrm{obs}})$ を複数作成し $(d=1, \cdots, D)$，それら

データごとに事後分布 $f(\boldsymbol{\theta}|\boldsymbol{y}^d_{\mathrm{mis}}, \boldsymbol{y}_{\mathrm{obs}})$ を計算して平均することで推定できることから導かれる。上記の事後分布の平均と分散も，付録の周辺分散の公式を利用して示すことができる。付録の式(A.1)において $w=\boldsymbol{\theta}$，$z=\boldsymbol{y}_{\mathrm{mis}}$ とおき $\boldsymbol{y}_{\mathrm{obs}}$ で条件付けると，$E(\boldsymbol{\theta}|\boldsymbol{y}_{\mathrm{obs}})$ と $V(\boldsymbol{\theta}|\boldsymbol{y}_{\mathrm{obs}})$ はそれぞれ

$$\begin{aligned} E(\boldsymbol{\theta}|\boldsymbol{y}_{\mathrm{obs}}) &= E_{\boldsymbol{y}_{\mathrm{mis}}|\boldsymbol{y}_{\mathrm{obs}}}[E(\boldsymbol{\theta}|\boldsymbol{y})|\boldsymbol{y}_{\mathrm{obs}}], \\ V(\boldsymbol{\theta}|\boldsymbol{y}_{\mathrm{obs}}) &= E_{\boldsymbol{y}_{\mathrm{mis}}|\boldsymbol{y}_{\mathrm{obs}}}[V(\boldsymbol{\theta}|\boldsymbol{y})|\boldsymbol{y}_{\mathrm{obs}}]+V_{\boldsymbol{y}_{\mathrm{mis}}|\boldsymbol{y}_{\mathrm{obs}}}[E(\boldsymbol{\theta}|\boldsymbol{y})|\boldsymbol{y}_{\mathrm{obs}}] \end{aligned} \tag{4.22}$$

と表現できる。ここで $V(\boldsymbol{\theta}|\boldsymbol{y})$ と $E(\boldsymbol{\theta}|\boldsymbol{y})$ をそれぞれ W_d と $\hat{\boldsymbol{\theta}}_d$ として考えれば，$\bar{W}_D$ は分散の右辺第 1 項の推定値，B_D は分散の右辺第 2 項の推定値となる。ただし B_D は不偏推定量にするために $D-1$ で割っている。また，T_D には $(1/D)B_D$ が追加されているのは，平均値 $\bar{\boldsymbol{\theta}}_D$ の推定を有限のデータセットで行っている誤差分の増加によるものである。

ただし，式(4.17)を用いて計算された推定量の分散の式(4.20)は一般的に，本来の推定量の分散に対してバイアスを持つことが知られている(4.6 節で詳説する)。

また，検定や信頼区間の構成を行うためには，上記の $\bar{\boldsymbol{\theta}}_D$ と T_D の関連する要素を抜き出して t 検定を行うのが一般的である。具体的に $\boldsymbol{\theta}$ の一部要素を抜き出したとして，仮説 $H_0：\theta=\theta_0$ の有意性検定は

$$t = \frac{\bar{\theta}_D-\theta_0}{\sqrt{T_D}} \tag{4.23}$$

が自由度 v の t 分布に近似的にしたがうことを利用して実行できる。ここで v は**欠測による分散の割合** [*8] λ_D を利用して以下のように定義される。

$$\lambda_D = \frac{(1+\frac{1}{D})B_D}{T_D}, \quad v = (D-1)\frac{1}{\lambda_D^2} \tag{4.24}$$

ただし，上記の v は場合によっては完全データが得られた場合の自由度を超える可能性があるため，Barnard and Rubin(1999)は以下の修正法を提案している。

---

*8　欠測情報の割合 (fraction of missing information) とも呼ばれる。

$$v_{\text{obs}}=\frac{(n-p+1)(n-p)}{n-p+3}(1-\lambda_D),\quad v_{\text{adj}}=(D-1)\frac{v\times v_{\text{obs}}}{v+v_{\text{obs}}} \tag{4.25}$$

ただし p はパラメータの数，n は完全データのサンプルサイズである。

もし各要素ごとではなく，複数のパラメータが関連する検定を行いたい場合は，$\bar{\boldsymbol{\theta}}_D$ の漸近共分散行列が T_D であることを利用したワルド検定を行えばよい。

一方，Meng and Rubin (1992) は多重代入法で得られる推定量を用いた尤度比検定を提案している。k 次元の関数 $g(\cdot)$ に対して

$$\begin{aligned}&\text{帰無仮説 } H_0\ :\ g(\boldsymbol{\theta})=0\\&\text{対立仮説 } H_1\ :\ g(\boldsymbol{\theta})\neq 0\end{aligned} \tag{4.26}$$

という検定を行いたいとする。ここで $\hat{\boldsymbol{\theta}}$ を対立仮説の下での推定量，$\hat{\boldsymbol{\theta}}_0$ を帰無仮説の下での推定量とすると，D 個の完全データセットから得られる尤度比検定統計量の平均を

$$\hat{L}_D=\frac{2}{D}\sum_{d=1}^{D}\left[\log L(\hat{\boldsymbol{\theta}}^d|\boldsymbol{y}_{\text{obs}},\boldsymbol{y}_{\text{mis}}^d)-\log L(\hat{\boldsymbol{\theta}}_0^d|\boldsymbol{y}_{\text{obs}},\boldsymbol{y}_{\text{mis}}^d)\right] \tag{4.27}$$

そして対立仮説の下での推定量の平均を $\bar{\boldsymbol{\theta}}$，同様に帰無仮説の下での推定量の平均を $\bar{\boldsymbol{\theta}}_0$ とするとき，

$$\tilde{L}_D=\frac{2}{D}\sum_{d=1}^{D}[\log L(\bar{\boldsymbol{\theta}}|\boldsymbol{y}_{\text{obs}},\boldsymbol{y}_{\text{mis}}^d)-\log L(\bar{\boldsymbol{\theta}}_0|\boldsymbol{y}_{\text{obs}},\boldsymbol{y}_{\text{mis}}^d)] \tag{4.28}$$

（ただし $\boldsymbol{y}_{\text{mis}}^d$ は d 番目の代入ステージで代入された欠測値，$L(\boldsymbol{\theta}|\boldsymbol{y}_{\text{obs}},\boldsymbol{y}_{\text{mis}})$ は完全データの下での尤度）とすると，検定統計量

$$L_D=\frac{\tilde{L}_D}{k(1+\dfrac{D+1}{k(D-1)}(\hat{L}_D-\tilde{L}_D))} \tag{4.29}$$

は第 1 自由度が k，第 2 自由度が

$$\begin{aligned}&4+(t-4)[1+(1-2t^{-1})L_D^{-1}]^2\quad t>4\text{ のとき}\\&t(1+k^{-1})(1+L_D^{-1})^2/2\quad t\leqq 4\text{ のとき}\end{aligned} \tag{4.30}$$

の F 分布に従うとする。ただし $t=k(D-1)$ である。

4.5.6　パラメトリックな多重代入法

代入ステップにおいてパラメトリックな代入モデルを利用する“パラメトリックな多重代入法”の代表的な手法として，マルコフ連鎖モンテカルロ法の1つである**データ拡大アルゴリズム**(data augmentation; Tanner and Wong, 1987)[*9]がある(Schafer, 1997)。これは代入モデルと解析モデルが同じパラメトリックなモデルであるという仮定の場合(したがって $\boldsymbol{\psi}=\boldsymbol{\theta}$)に利用する方法であって，まずは $\boldsymbol{\theta}$ の初期値を用意し，以下の2つのステップを繰り返す。

I(Imputation)-step　欠測値 $\boldsymbol{y}_{\text{mis}}$ を予測分布 $f(\boldsymbol{y}_{\text{mis}}|\boldsymbol{y}_{\text{obs}},\boldsymbol{\theta})$ から発生させる。

P(Posterior)-step　パラメータ $\boldsymbol{\theta}$ を，完全データを所与とする事後分布 $f(\boldsymbol{\theta}|\boldsymbol{y}_{\text{obs}},\boldsymbol{y}_{\text{mis}})$ から発生させる。

上記の2つのステップを十分多く繰り返して[*10]，系列相関のないように，ある程度離れたステップで発生された D 個の欠測値を利用して代入を行うという方法である。この方法の利点は，式(4.14)にある「観測値のみを所与とする事後分布 $f(\boldsymbol{\theta}|\boldsymbol{y}_{\text{obs}})$」を，$f(\boldsymbol{\theta}|\boldsymbol{y}_{\text{obs}},\boldsymbol{y}_{\text{mis}})$ を用いて容易に計算できることにある。

例 4.3(多変量正規分布での例)

目的変数の分布が多変量正規分布にしたがうことがわかっている場合で，さらにランダムな欠測の仮定が成立するならば，第2章の例2.8のように「直接尤度の最大化」を行うことは容易である。しかし，代入モデルでは多変量正規分布を仮定するが，解析モデルでは別のモデルを利用するような場合には，疑似完全データを作成することが求められる。たとえば第2章の例2.8では $r=0$ のとき $y_2=y_{\text{mis}}, y_1=y_{\text{obs}}$ であり，付録の式(A.7)から $z_1=y_{\text{mis}}$，$z_2=y_{\text{obs}}$ とすると，y_{obs} を条件付けた y_{mis} の分

*9　これはギブスサンプラーで欠測値をパラメータの一部と見なしたものといえる。

*10　一般的なデータ拡大アルゴリズムでは，I-step を複数回実施し，P-step では複数発生された欠測値を利用したモンテカルロ平均を計算するが，ここでの目的は欠測値の発生であるので収束後の欠測値発生は I-step ごとに1回しか行わない。

布は式(A.7)であり，I-stepとして欠測値を正規分布から発生させればよい。$\boldsymbol{y}$の同時分布が多変量正規分布であるという仮定が成立するならば，$\boldsymbol{y}$が3要素以上でも同様である。

同様に，パネル調査の脱落のように段階的にデータが欠測する単調欠測の場合で，J個の変数$y_1, \cdots, y_J$の同時分布が

$$f(y_1, \cdots, y_J) = \prod_{j=1}^{J} f(y_j | y_1, \cdots, y_{j-1}, \boldsymbol{\theta}_j) \tag{4.31}$$

と表現できるとする。この場合，データ拡大アルゴリズムのうちP-stepは$\boldsymbol{\theta}_j \sim f(\boldsymbol{\theta}_j | y_{\mathrm{obs},j}, y_1, \cdots, y_{j-1})$　$(j=1, \cdots, J)$から発生させるだけでよく，非常に簡単に書き表すことができる。

また任意の欠測パターンの場合でも，$\boldsymbol{y}$を欠測パターンに対応する形で$\boldsymbol{y}=(\boldsymbol{y}^t_{\mathrm{mis}}, \boldsymbol{y}^t_{\mathrm{obs}})^t$と並び替えればよく，式(A.7)で欠測値を発生できる(ただしこれを欠測パターンごとに行う必要があるが，その際にはSweep Operatorを利用する。詳細はSchafer (1997)の第5・6章などを参照)。 □

ただし実際には，この方法は変数の背後に多変量正規分布が仮定できる場合にはよく利用されるが，カテゴリカル変数や連続変数が混合しているような場合には多変量プロビットなどを仮定することになり，現時点の計算機環境であっても計算量の問題からあまり利用されない。代わりに利用されるのが，形式だけ上記の方法論を模倣しているFCSまたはMICEと呼ばれる方法である(4.7節で説明する)。

4.5.7 セミパラメトリック・ノンパラメトリックな多重代入法

代入ステップにおいて代入モデルにパラメトリックな仮定を置かない方法としては**近似的ベイズブートストラップ**(approximate Bayesian bootstrap; Rubin and Schenker, 1986)[*11]を利用する。これは(1)代入ステージにおいて，まずは標本を(共変量の値から)等質な層に分類し，(2)その

---

*11 小標本ではあまり性質がよくないことから，これを修正したアルゴリズムも提案されている(たとえばKim (2002), Parzen et al. (2005))。

層 s の中での全個体を N_s，観測されている個体の数を n_s とすると，観測されている個体の観測値を n_s 回復元抽出で選び出し，(3)その中から N_s-n_s(=欠測値の数)回復元抽出して欠測値に代入し，(2)と(3)を D 回繰り返して D 個の疑似完全データを得て，(4)解析ステージで D 個の推定値を計算し，(5)統合ステージで統合する，というものである。具体的な層別の方法はいろいろ提案されているが，たとえば欠測するかどうかを共変量を用いて予測することで得られる傾向スコアの値で層別を行い，各層ごとで近似的ベイズブートストラップを行うといった方法が代表的である[*12]。

また，ランダムホットデックなどのマッチングが利用される場合もあるが，事後予測分布を用いた場合(式 4.14)との違いとしては(1)誤差変数の分布仮定を行わないこと，(2)誤差変数の乱数発生を行わないこと，(3)一致性などの性質は不明であること，が挙げられる。

4.6 多重代入法についての統計的性質

4.6.1 適正な多重代入法

Rubin(1987)は，欠測指標のみを確率変数とし，データを所与として考えた時に[*13]，(1)D を増やすと，$\bar{\boldsymbol{\theta}}_D$ は完全データで計算した場合の推定値 $\hat{\boldsymbol{\theta}}$ を平均，代入値間分散 B_D を共分散行列とする多変量正規分布にしたがう，(2)代入値内分散 $\bar{W}_D$ は D を増やすと $\hat{\boldsymbol{\theta}}$ の共分散行列に収束する，(3)代入値間分散 $\boldsymbol{B}_D$ がその期待値に収束する，という条件が成立するような多重代入法を，推定値の変動を適正に考慮しているという意味で**適正な多重代入法**(proper multiple imputation)と呼んでいる。この定義にしたがう多重代入法としては，先ほど紹介したデータ拡大アルゴリズムや近似的ベイズブートストラップなどがあり，代入ステージでパラメータ

---

*12　たとえば SAS の proc mi などがある。

*13　一般の推論は観測値が確率変数であるが，ここでは標本調査論同様あえて所与として考えていることに注意。

を推定値に固定した予測値のサンプリング(式 4.16)は適正な多重代入ではない。

モンテカルロ EM アルゴリズムなど，最尤推定量を与えるいくつかのモンテカルロ法は多重代入法としても考えることが可能であるが，Rubin の意味での適正な多重代入法ではない。また代入法としてマッチングを使った場合も，代入値間分散を適切に考慮していない場合には適正な多重代入法とはいえない。しかしその後の研究から，多重代入法によって得られた推定量の統計的性質を議論する際には，Rubin の意味の適正な多重代入法の定義に必ずしもしたがう必要はないことがわかっている(後述)。

4.6.2 代入モデルと解析モデルの融和性

多重代入法ではすでに述べたように，代入の実行者と解析者が異なることが想定されており，したがって代入モデルと解析モデルも異なる可能性がある。Meng (1994) は解析モデルから導出される欠測値の事後予測分布 $p(\boldsymbol{y}_{\mathrm{mis}}|\boldsymbol{y}_{\mathrm{obs}})$ と代入モデルでの欠測値の事後予測分布 $g(\boldsymbol{y}_{\mathrm{mis}}|\boldsymbol{y}_{\mathrm{obs}}, \boldsymbol{w})$ が同じ

$$p(\boldsymbol{y}_{\mathrm{mis}}|\boldsymbol{y}_{\mathrm{obs}}) = g(\boldsymbol{y}_{\mathrm{mis}}|\boldsymbol{y}_{\mathrm{obs}}, \boldsymbol{w}) \tag{4.32}$$

である時に代入モデルと解析モデルが**融和性のあるモデル**(congenial model)であると定義している*14。ここで $\boldsymbol{w}$ は代入モデルには含まれるが，解析モデルには含まれない変数であり，**共変量**あるいは**補助変数**(auxiliary variable)と呼ばれる。一般に融和性のあるモデルでは，適正な多重代入法あるいは代入ステージでのパラメータ推定法と解析ステージでの推定法が一致推定量を与えるような多重代入法から得られた解析結果は，直接尤度の最大化による最尤推定の結果と(漸近的に推定量が)ほぼ一致する(後で述べるように推定量の分散については必ずしも一致せず，後者の方が一般に小さい)。

---

*14 ただしこの用語は Meng のオリジナルな定義からは離れ，「代入モデルと解析モデルが同じ変数を用い，一方のパラメータを他方のパラメータで表現できるモデルである」という用法で利用されることもある。

しかし一般には，代入の実行者は解析者よりも豊富な情報を持っていることが多く，たとえば「解析モデルに含まれない補助変数が確率的回帰代入の際の説明変数として利用される」場合は，融和性のないモデルである。

直接尤度の最大化による最尤推定を行わず，多重代入法があえて利用される理由は，このような融和性のないモデルを利用することが積極的に求められる場合が存在することにある。

例 4.4(融和性のないモデルの例)

代入の実行者が有する調査対象者の住所情報 $(=w)$ の値が欠測の有無に影響を与えることがわかっているとする。たとえば都心から離れた住宅地であれば通勤時間が長くなるために，在宅時間が短くなり，訪問調査では未回収が多くなるなどといった場合である。このように，解析者に対しては詳細な住所情報の変数を開示できないため解析モデルには含まれないが，欠測値の代入においては利用すべき補助変数になるという場合は多い。同様にパネル調査において研究者の関心が「ある時点の収入」$(=x)$ で「次の調査回までの購買行動」$(=y)$ を説明することにあるとする。ここで「次回の調査には参加したくないかどうか」$(=w)$ は次回の調査での脱落についての説明力は一般的にとても高いが，w は y を説明する変数としては関心がないため，解析モデルでは利用されないであろう (Schafer, 2003)。

これらの場合，y が欠測するかどうかは x だけではなく w にも依存するため，w について周辺化した分布 $f(y|x)$ のモデリングによる直接尤度の最尤推定は一致性がない。一方，代入モデルでは $f(y_{\mathrm{mis}}|y_{\mathrm{obs}}, x, w)$ を利用し，解析モデルでは周辺化した分布 $f(y|x)$ について疑似完全データから単純な最尤推定を行うならば，パラメータの推定には一致性がある。なぜならば解析モデルでも本来は x を条件付けた y, w の同時分布を考えて

$$f(y, w|x) = f(w|y, x)f(y|x) \tag{4.33}$$

と分解したならば，$f(w|y, x)$ のパラメータは実際には推定せずに $f(y|x)$

のパラメータのみ推定を行っていると考えればよく，完全データから y, x のみを用いて $f(y|x)$ のパラメータのみ推定しても一致性があるからである。 □

ここで代入モデルと解析モデルの関係を(a)代入モデルが解析モデルの下位モデルになる場合，(b)融和性のあるモデルの場合，(c)解析モデルが代入モデルの下位モデルになる場合，(d)両者が入れ子構造でない場合，の4つに分けるとわかりやすい。つまり融和性のないモデルとしては2タイプが存在しうる。(a)の例としては，代入者のみ知りうるような変数間の従属関係や，実は解析モデルで利用されるであろう説明変数に対する偏回帰係数がゼロであることが事前にわかっている，などといった事前の情報を用いた制約があり，疑似完全データはその情報を利用した形で代入が行われる場合である。この場合，単に解析者の所有するデータから(直接尤度の最大化など一致性を与える通常の)解析を行う，あるいは代入者のみが知る情報なしで解析者が独自に融和性を仮定して代入を行う時よりも，上記の情報を利用した代入による統合された推定量の分散が小さくなる。これを**超効率性**(superefficiency)(Rubin, 1996)と呼ぶ。(c)の例としては，先ほどの例のように特に代入モデルには解析モデルにはない補助変数や説明変数間の交互作用を組み込んでいる場合などが挙げられる。これらの場合，解析モデルのパラメータの直接尤度の最尤推定量の方が一般に分散が小さくなるが，そもそも補助変数や説明変数が欠測の有無を説明する変数になる場合にはバイアスが発生するため，多重代入を行う方がよい。(d)については特に解析モデルでのパラメータの意味づけと，パラメータ推定法の一致性を示す根拠として代入モデルを利用できないという問題点がある。

表4.1には4つの場合についてまとめているが，推定量の一致性の条件はこれらに加えて後述の議論を参考にされたい。

例 4.5(代入モデル・解析モデル・真のモデル)

代入モデルは真のモデルをその下位モデルとして含むことが必要である。たとえば先ほどの例で，y,x,w がそれぞれ連続変数で，x は x_1 と x_2

表 4.1　代入モデルと解析モデルの関係

モデルのタイプ	統合した推定量の一致性の必要条件	注　意　点
(a)代入モデル⊂解析モデル	代入モデルが真のモデルを含むこと	代入モデルを解析モデルにも利用した方が推定量の分散が小さくなる
(b)融和性のあるモデル	代入モデル＝解析モデルが真のモデルを含むこと	多重代入法ではなく直接尤度の最大化を利用する方がよい
(c)代入モデル⊃解析モデル	解析モデルは代入モデルの周辺モデルと見なせる，あるいは解析モデルが真のモデルを含むこと	解析モデルの直接尤度の最大化はバイアスが生じる可能性があるため多重代入がよい
(d)代入モデルと解析モデルが入れ子構造でない	代入モデルが真のモデルを含み，解析ステージで完全データからのパラメータの一致推定ができること	解析ステージの一致性の根拠が明確ではない

の 2 変数があり，y の条件付き分布が正規分布

$$f(y|x,w) := N(\beta_0+\beta_{x1}x_1+\beta_{x2}x_2+\beta_w w, \sigma^2) \tag{4.34}$$

とする。ここで，代入モデルでは y を代入するにあたって x_1, x_2, w 全てを利用するが，解析モデルでは w を利用しないモデル

$$f(y|x) := N(\alpha_0+\alpha_{x1}x_1+\alpha_{x2}x_2, \sigma_a^2) \tag{4.35}$$

のパラメータ推定を行う場合が(c)に対応する。ここで真のモデルで β_w がゼロでなくとも，解析モデルでは式(4.33)の周辺モデル(ただし $\sigma_a^2=\sigma^2+\beta_w^2 V(w|x)$)を推定している，あるいは真のモデルにおいて $\beta_w=0$ が成立していると解析者が仮定して解析を行っている。一方，代入モデルとして x_2 を利用しない，つまり $\beta_{x2}=0$ という仮定で代入を行うが，解析モデルではその仮定を置かずに α_{x2} も推定する，というのが(a)の場合であり，これは代入モデルが真のモデルを含む場合(真のモデルが $\beta_{x2}=0$ や $\beta_{x1}=\beta_{x2}=0$ など)には妥当な結果を与える。また代入モデルと解析モデルでパラメータの制約を含めて同じモデルを利用しており，真のモデルを含む場合が(b)である。 □

4.6.3　どのような補助変数を利用すべきか

代入モデルでは補助変数を利用した方が良い場合があると述べたが，実際にどのような補助変数を利用するべきであろうか？　本章では代入モデルが正しいモデルであるという仮定の下で議論を行っているが，実際には正しいモデルはわからないため，どのような補助変数を代入モデルにおいて組み込むべきかの指針があるとよい。そこで Collins et al. (2001) は補助変数を(1)欠測に関連し欠測の起きる変数 y にも相関のある変数，(2)欠測には関連しないが y と相関のある変数，(3) y に関連しない変数，の 3 タイプに分類し，補助変数を代入モデルに加えた場合と加えなかった場合を比較するシミュレーションを実施している。ここでタイプ(1)の変数を利用しない場合には，ランダムな欠測の仮定が崩れる。一方タイプ(2)，(3)の場合にはランダムな欠測の仮定が崩れない。したがってタイプ(1)の変数を補助変数として利用しない場合には推定にバイアスが生じることが容易に予測される。実際シミュレーションの結果からは，タイプ(1)の補助変数を利用しないことでバイアスが生じることがわかったが，興味深いのはタイプ(2)の変数を利用した場合としない場合の比較である。タイプ(2)の変数は代入モデルにおいて利用しなくてもバイアスが生じないが，利用することで推定量の分散が小さくなる。これはこのタイプの変数を利用することで y の予測の分散を小さくし，結果として推定量の効率を上げることに役立っている。一方タイプ(3)の変数を利用する場合は，重回帰分析で真の偏回帰係数がゼロの説明変数をあえて投入することで他の偏回帰係数の推定量の分散が大きくなるのと同様の現象が生じる。

4.6.4　統合された推定量の漸近的性質

すでに述べたように，Rubin の定義した適正な多重代入法が必ずしももっとも良い方法であるとは限らない。

融和性のあるモデル，つまり代入モデルと解析モデルが等しい(よって $\boldsymbol{\psi}=\boldsymbol{\theta}$)場合の多重代入法で統合された推定値 $\bar{\boldsymbol{\theta}}_D$ について以下の事実が知られている(Wang and Robins, 1998)[*15]。

(A) 代入モデルで式(4.16)を利用する場合

まず代入モデルにおいて $\boldsymbol{\theta}$ の一致推定量 $\hat{\boldsymbol{\theta}}_p$ を求め，推定値を代入した予測分布(式(4.16))から疑似完全データセットを作成し，解析ステージでは疑似完全データセットに対して通常の最尤推定量を得て，これを統合した $\bar{\boldsymbol{\theta}}_D^A$ には一致性があり，下記の漸近分散を持つ。

$$\frac{1}{n}[I_{\mathrm{obs}}^{-1}+J^t(n\Sigma_p-I_{\mathrm{obs}}^{-1})J+\frac{1}{D}I_c^{-1}J] \tag{4.36}$$

ただし $I_c, I_{\mathrm{obs}}, I_{\mathrm{mis}}$ はそれぞれ完全データ，観測データ，欠測データのフィッシャー情報行列，$J{=}I_{\mathrm{mis}}I_c^{-1}$ は欠測情報行列の割合(fraction of missing information matrix)と呼ばれるもので，Σ_p は $\hat{\boldsymbol{\theta}}_p$ の漸近分散である。

またここで，$\hat{\boldsymbol{\theta}}_p$ として直接尤度の最尤推定量 $\hat{\boldsymbol{\theta}}_{\mathrm{ML}}$ を用いた場合には，式(4.36)の大カッコ内の真ん中の項は消える。

(B) 代入モデルで式(4.15)を利用する場合

いわゆる Rubin の意味での適正な多重代入法を利用するが，解析ステージではベイズ推定を行わずに疑似完全データセットに対して通常の最尤推定量を得て，これを統合した $\bar{\boldsymbol{\theta}}_D^B$ には一致性があり，下記の漸近分散を持つ。

$$\frac{1}{n}[I_{\mathrm{obs}}^{-1}+\frac{1}{D}(I_c^{-1}J+J^tI_{\mathrm{obs}}^{-1}J)] \tag{4.37}$$

上記の結果は漸近論なので，ベイズ推定であっても漸近的には一般的な条件下で最尤推定と同じ漸近分布が得られるため，漸近分散という点では正しい。

またこれらの結果は $D{=}1$ でも成立するため，単一代入の場合にも成立する議論である。

この結果からわかる重要なことをいくつか列挙する。

---

*15 厳密には Rubin の式(4.17)ではなく，D 個の推定方程式の和の解を推定量とする議論によるが，付録に記載したように推定量の漸近分布はどちらでも変わらない。

1　融和性のあるモデルではRubinの意味での適正な多重代入法よりも，代入ステージでパラメータの最尤推定を行って計算された欠測値の予測分布(パラメータを推定値で置き換えているのでプラグイン予測分布と呼ばれることがある)を使って代入を行った方が，統合された推定量の分散は $J^t I_{\mathrm{obs}}^{-1} J/D$ だけ小さくなる(つまり効率的である)。

2　一方，なんらかの理由で代入モデルにおいて直接尤度の最尤推定量以外の $\boldsymbol{\theta}$ の一致推定量 $\hat{\boldsymbol{\theta}}_p$ から予測分布(式(4.16))を構成して代入した場合には，$n\Sigma_p - \dfrac{D+1}{D} I_{\mathrm{obs}}^{-1}$ が正定値ならば(B)が効率的，負ならば(A)が効率的と一様には決まらない。

3　融和性のあるモデルでは，多重代入(単一代入を含む)より直接尤度の最尤推定を行った方が効率がよい。

4　Rubinルールのうち，分散の推定式(4.20)は D が無限大でないとバイアスが生じる。正しい分散の推定式は式(4.37)である[*16]。

上記の議論は融和性のある場合についてであって，代入法にはマッチングを使い，解析ステージではパラメトリックな最尤推定を利用する場合など，融和性のないモデルを用いた多重代入での統合された推定量の一致性やRubinのルールによる推定量の共分散行列の推定が正しいかどうかは一般的には議論できない。

ただし，代入ステージで正しい分布あるいは条件付き分布 $p(\boldsymbol{y}_{\mathrm{mis}}|\boldsymbol{y}_{\mathrm{obs}})$ を利用して[*17]代入を行い，解析モデルは代入モデルと異なる推定法を用いた場合における，統合された推定量の漸近的性質が知られている(Robins and Wang, 2000; Kim and Shao, 2014)。

具体的には，

1　代入ステージでは $\boldsymbol{\psi}$ について

$$\sum_i \boldsymbol{u}_I(\boldsymbol{y}_{\mathrm{obs},i}, \boldsymbol{\psi}) = \mathbf{0} \tag{4.38}$$

---

*16　ここで必要な直接尤度のフィッシャー情報行列 I_{obs}(多重代入では通常推定されない)は，Wang and Robins (1998)のLemma2を用いれば，多重代入法の D 個の解析ステップの推定値を用いて計算ができる。

*17　正確には，元論文では誤ったモデルを用いた代入によっても成立する漸近分布を導出しているが，その場合には推定量が収束する先は真値とは限らない。また代入モデルはランダムでない欠測を仮定したモデルでもよい。

という不偏推定方程式の解を $\boldsymbol{\psi}$ の推定量 $\hat{\boldsymbol{\psi}}_P$ とする[*18]。この推定値を代入した予測分布（式(4.16)）から疑似完全データセットを作成する。

2　解析ステージでは，D 個の疑似完全データセットに対して推定方程式アプローチを用いる。つまり，$E[\boldsymbol{u}_A(\boldsymbol{y},\boldsymbol{\theta})]=\boldsymbol{0}$ となる関数 $\boldsymbol{u}_A$ を用いた不偏推定方程式

$$\sum_i \boldsymbol{u}_A(\boldsymbol{y}_i,\boldsymbol{\theta}) = \boldsymbol{0} \tag{4.39}$$

の解を $\boldsymbol{\theta}$ の推定量とする。ただしこれは完全データではないと計算できないため，d 番目の疑似完全データセットに対して

$$\sum_i \boldsymbol{u}_A(\boldsymbol{y}_i^d,\boldsymbol{\theta}) = \boldsymbol{0} \tag{4.40}$$

の解を推定量 $\hat{\boldsymbol{\theta}}_d$ とする。

このとき，D 個の推定式を式(4.17)で統合した推定量 $\bar{\boldsymbol{\theta}}$ には一致性があり，その漸近分散は $\tau^{-1}[\Omega+\frac{1}{D}B](\tau^t)^{-1}$ をサンプルサイズ n で割ったもので推定できる。ただし

$$\tau = \frac{1}{n}\sum_{i=1}^n E_{\boldsymbol{y}_{\mathrm{mis},i}|\boldsymbol{y}_{\mathrm{obs},i},\hat{\boldsymbol{\psi}}}\left[\frac{\partial}{\partial\boldsymbol{\theta}^t}\boldsymbol{u}_A(\boldsymbol{y}_i,\bar{\boldsymbol{\theta}})\right],$$

$$\Omega = \frac{1}{n(n-1)}\sum_{i=1}^n(\boldsymbol{q}_i-\bar{\boldsymbol{q}})(\boldsymbol{q}_i-\bar{\boldsymbol{q}})^t,$$

$$B = \frac{1}{D-1}\sum_{d=1}^D(\bar{\boldsymbol{u}}_A^d-\bar{\boldsymbol{u}}_A)(\bar{\boldsymbol{u}}_A^d-\bar{\boldsymbol{u}}_A)^t$$

また

$$\boldsymbol{u}_{Ai}(\boldsymbol{\psi}) = E_{\boldsymbol{y}_{\mathrm{mis},i}|\boldsymbol{y}_{obs,i},\boldsymbol{\psi}}[\boldsymbol{u}_A(\boldsymbol{y}_i,\bar{\boldsymbol{\theta}})],\quad \bar{\boldsymbol{u}}_A^d = \frac{1}{n}\sum_i \boldsymbol{u}_A(\boldsymbol{y}_i^d,\bar{\boldsymbol{\theta}}),$$

$$\bar{\boldsymbol{u}}_A = \frac{1}{D}\sum_d \bar{\boldsymbol{u}}_A^d,$$

---

*18　実は不偏推定方程式以外の推定量でも一致性があれば，統合された推定量は一致性を持つ。ただしその場合には，以下の方法では漸近分散の計算ができない。

$$\boldsymbol{q}_i = \boldsymbol{u}_{Ai}(\hat{\boldsymbol{\psi}}) - E[\frac{\partial}{\partial \boldsymbol{\psi}^t}\boldsymbol{u}_{Ai}(\boldsymbol{\psi})](E[\frac{\partial}{\partial \boldsymbol{\psi}^t}\boldsymbol{u}_I(\boldsymbol{y}_{\mathrm{obs},i}, \boldsymbol{\psi})])^{-1},$$

$$\bar{\boldsymbol{q}} = \frac{1}{n}\sum_i \boldsymbol{q}_i$$

上記の結果は，応用で利用されている融和性のないモデルでの多重代入法に統計学的な理論的根拠と，同時に制約を与える非常に重要な結果であるため，あらためてその意味を列挙すると

1） 融和性のないモデルの多重代入法の場合であっても，「代入ステップと解析ステップでそれぞれのパラメータに対して一致推定を行ってパラメータ推定を行っている」，そして代入モデルでは「ランダムな欠測」が仮定でき「正しい $f(\boldsymbol{y}_{\mathrm{mis}}|\boldsymbol{y}_{\mathrm{obs}})$ を利用している」場合には，統合された推定量には一致性がある。

2） 代入モデルが正しい場合の議論であるため，「代入モデルよりも解析モデルの方がより多くの情報を使っている」場合は解析モデルの一部の係数が不要である場合に対応し，融和性のあるモデルで推定を行った場合よりも推定量の分散が大きくなる。

3） 代入モデルとして真の条件付き分布 $f(\boldsymbol{y}_{\mathrm{mis}}|\boldsymbol{y}_{\mathrm{obs}})$ がパラメトリックに特定されている場合の議論であって，マッチングなどの一般的な代入に対する統合された推定量の一致性や漸近正規性はわからない。

4） この場合も Rubin のルールによる推定値の分散の計算式には(D を無限大にしない限り)バイアスがある。

4.6.5　疑似完全データセットはいくつ必要か？

Rubin (1987)は，多くの場合，推定量の分散などが適切に考慮された解析は D が 5 から 10 程度で可能であると主張し，実際さまざまな分野で D=5 程度での多重代入法が行われてきた。これはそもそも代入ステップを実行するデータ管理者側と，解析ステップと統合ステップを行う分析者側が別であってもよいという前提の下での議論であり，個人情報等の秘匿の問題が存在せず，欠測のあるデータへの代入から統合まで全過程を分析者が行うことが可能であれば，D を大きくすることで分析精度の向上

が望める。そこで近年では，特定の指標を基に，Dをいくつにすればよいかを多重代入を行う分析者が決める必要が生じている。

多重代入の作成データセット数Dが十分かどうかを考える指標としては，式(4.24)で定義されたλ_D，あるいは以下の**無回答による分散の相対的上昇度**(relative increase in variance due to nonresponse)r_D，およびパラメータ$\boldsymbol{\theta}$に対する欠測情報の割合γ_D

$$r_D = \frac{(1+\frac{1}{D})B_D}{W_D} = \frac{\lambda_D}{1-\lambda_D}, \quad \gamma_D = \frac{r_D+2/(v+3)}{r_D+1} \tag{4.41}$$

を利用することがある。これらの指標は，たとえば欠測が少なければゼロに近づく指標であり，逆に欠測が多ければ値が高くなる。

特に母集団での欠測情報の割合λ_0(実際にはソフトウェアによってはλ_Dなどで推定されている)を用いて定義される**相対効率**(relative efficiency)Re_D

$$Re_D = (1+\frac{\lambda_0}{D})^{-1} \tag{4.42}$$

は，作成したデータセット数が妥当かどうかを判断する指標としてよく利用される。ここで母集団での欠測情報の割合λ_0は単変量で完全にランダムな欠測の場合には欠測率に対応する。

これは，D個の多重代入によって計算された推定量の分散T_Dが，多重代入においてDを無限にした場合の推定量の分散T_∞に相対効率を掛けたものになる(Rubin, 1987)という性質による。相対効率が高ければ正しい分散を計算できることから，Dの数が十分であることの傍証となる*19。一方，相対効率が低い場合には推定量の分散が過大に評価され，検定などでも検出力が低下してしまうことになる。

この相対効率は欠測のあるユニットの数や，モデルに含まれる変数の数，変数間の相関の高さなどさまざまな要因に依存する。したがって実際に実行した多重代入の結果から相対効率を計算するのが望ましいが，

---

*19 Rubin(1987)では上記の平方根を相対効率としていた(標準誤差に関心があった)が，多くのソフトウェアなどでは平方根をとらない形で出力されている。

どの程度の D が必要かについてのおおよその目安を与えるようなシミュレーション研究が複数行われている。たとえば Graham et al. (2007) のシミュレーションでは，効果量が小さい場合の検定において D が小さいと検出力が大きく落ち込むことが示されており，たとえば理論上は検出力が 0.7839 であるところを，$D=5$ で行うと $\gamma_0=0.5$ では検出力は 0.6819，$\gamma_0=0.7$ では 0.6096 まで低下する。このようなことから，少なくとも D は 20，γ_0 の値によっては 100 以上必要になることもあるとしている。また von Hippel (2009) は，γ_0 が 0.5 以下では，欠測の存在するユニットのパーセントと必要な D の数が大体同じ程度になるとしている。

いずれにせよ分析者が代入から統合まで多重代入全体を実施するのであれば，現在の計算機環境では D を十分多くとり，実際に相対効率などを計算し提示することが解析精度を保証するという点で望ましい。

4.7 連鎖式による多重代入

多重代入では欠測のあるすべての変数の同時分布のモデルをまず仮定し，次に条件付き分布 $p(\boldsymbol{y}_{\text{mis}}|\boldsymbol{y}_{\text{obs}})$ を求めて代入値を発生させるが，実際には同時分布のモデル仮定は難しい場合が多い。特に離散変数と連続変数が混合している多変量データでは，同時分布を仮定することは難しい。このような場合において，マルコフ連鎖モンテカルロ法の一種であるギブスサンプラーへの類推からデータ拡大アルゴリズムを行おうとするのが**完全条件付き分布の指定**(full conditional specification; FCS) 法であり，非常に簡単に実行できるため，2005 年ごろから非常によく利用されている。

これは，同時分布の指定を行わず，1 変量の条件付き分布から逐次的に欠測値を発生させるという方法論であり，代表的なアルゴリズム(とプログラム名)として**連鎖式による多重代入**(multiple imputation by chained equation; MICE; van Buuren, 2012) がある[*20]。この方法はおよそ次の

*20 同様な方法はこれまでも提案されているが，パラメータの事後分布からのサンプリングなど細かい点で違う。たとえば Raghunathan et al. (2001) では，パラメータの事後分布を正規近似している。

ステップ：

0 欠測が一部のユニットに存在する変数 $y_1, \cdots, y_J$ すべてについて，他の変数を所与とした条件付き分布を指定する。たとえば変数 y_j については $p(y_j|\boldsymbol{y}_{-j}, \boldsymbol{\theta}_j)$ を指定する。ただし $\boldsymbol{y}_{-j}$ は，$\boldsymbol{y}$ から y_j を除いたベクトルである。具体的な条件付き分布の例として，たとえば y_j が2値変数であればロジスティック回帰モデル，名義尺度水準の多値変数であれば名義ロジスティック回帰モデル，連続変数であれば誤差に正規分布を仮定した線形回帰モデルを仮定し，それぞれそれらのモデルの説明変数として $\boldsymbol{y}_{-j}$ を利用する。

1 y_j の欠測値を観測値からランダムに抽出し，これを初期値 y_j^0 とする。

2 各 j について

$$\boldsymbol{\theta}_j^d \sim p(\boldsymbol{\theta}_j|y_1^d, \cdots, y_{j-1}^d, y_{\mathrm{obs},j}, y_{j+1}^{d-1}, \cdots, y_J^{d-1}) \tag{4.43}$$

$$y_j^d \sim p(y_j|y_1^d, \cdots, y_{j-1}^d, y_{j+1}^{d-1}, \cdots, y_J^{d-1}, \boldsymbol{\theta}_j^d) \tag{4.44}$$

のようにパラメータと欠測値を発生させる。

3 上記**1**を j が1から J まで行う。

4 上記**2,3**について d をなるべく多く行い，そのうちの最初の方のものをギブスサンプラー同様に“Burn-in”フェーズとして捨て，その後 D 個をとってきて統計的推測を行う。具体的には複数の疑似完全データセットを作成し何らかの解析モデルを用意して，そのパラメータの推定量を Rubin のルールで統合する。

を実施するというものである*21。

この方法は同時分布を仮定していないため，代入モデルとしてどのような同時分布を真のモデルと仮定しているかがわからない場合が多い。また，そもそも解析モデルが何かが不明確であり，どのような解析モデルであれば FCS でどのような条件付き分布を利用するのがよいのか，といっ

*21 発生させた乱数列が収束しているかどうかを判定するために，マルコフ連鎖モンテカルロ法同様に複数チェーンを発生させて Gelman and Rubin (1992)の指標などを計算する場合があり，たとえば R の mi パッケージなどでも実装されている。

たこともこれまで明確ではなかった。この方法については理論的な研究はまだ途上であるが，最近いくつかの数理的性質がわかってきた(たとえば Liu et al. (2014))。説明のため，まずは用語の定義を行う。

FCS で使う条件付き分布が真の同時分布と「**互換性**(compatibility)がある」とは，FCS の条件付き分布 $f_j(y_j|\boldsymbol{y}_{-j}, \boldsymbol{\theta}_j)$ $(j=1, \cdots, J)$ の各パラメータ $\boldsymbol{\theta}_j$ のセットは同時分布 $p(\boldsymbol{y}|\boldsymbol{\theta})$ のパラメータ $\boldsymbol{\theta}$ の全射 $g_j(\boldsymbol{\theta})=\boldsymbol{\theta}_j$ $(j=1, \cdots, J)$ で表現でき，同時分布から導出される条件付き分布 $p(y_j|\boldsymbol{y}_{-j}, \boldsymbol{\theta})=f_j(y_j|\boldsymbol{y}_{-j}, \boldsymbol{\theta}_j)$ となる場合のことである。一方，上記が成立しない場合を「互換性がない(incompatible)」という。つまり互換性があるとは，同時分布のパラメータで条件付き分布のパラメータを表すことができる，ということになる。

互換性がない場合の特殊な場合として，各変数の条件付き分布のパラメータが $\boldsymbol{\theta}_j=(\boldsymbol{\theta}_j^1, \boldsymbol{\theta}_j^2)^t$ と分割でき，$p(y_j|\boldsymbol{y}_{-j}, \boldsymbol{\theta})=f_j(y_j|\boldsymbol{y}_{-j}, \boldsymbol{\theta}_j^1, \boldsymbol{\theta}_j^2=\boldsymbol{0})$，つまり FCS で使う条件付き分布が同時分布から導出される条件付き分布を含む場合を「**準互換性**(semicompatibility)がある」と呼ぶ。

例 4.6(互換性と準互換性の例)

多変量正規分布と誤差が正規分布にしたがう線形回帰モデルが挙げられる。付録 A.2 の多変量正規分布の性質より，たとえば $\boldsymbol{y}=(y_1, y_2)^t$ が多変量正規分布である場合，$g_1(y_1|y_2)$ と $g_2(y_2|y_1)$ のパラメータ(つまりこの場合は誤差が正規分布の線形回帰モデルになり，パラメータは切片と回帰係数，誤差分散が 2 セット)を 2 変量正規分布の平均ベクトルと共分散行列で(パラメータ空間全ての要素について)表現できる。

もう 1 つの互換性の例としては，ロジスティック回帰と判別分析の関係が挙げられる。y_1 がゼロイチをとる 2 値変数であり，y_2 が連続変数として

$$y_2|y_1 \sim N(\beta_0+\beta_1 y_1, \sigma^2), \quad f_2(y_1=1|y_2)=\frac{1}{1+\exp(-\alpha_0-\alpha_1 y_2)} \tag{4.45}$$

と

$$p(y_1, y_2) = p(y_1)p(y_2|y_1),$$
$$p(y_1 = 1) = \pi,\ y_2|y_1 \sim N(\beta_0+\beta_1 y_1, \sigma^2) \quad (4.46)$$

とすると，$\boldsymbol{\theta}=(\pi, \beta_0, \beta_1, \sigma^2)^t$，$g_1(\boldsymbol{\theta})=(\log(\pi/(1-\pi))-\beta_1^2/(2\sigma^2), \beta_1/(2\sigma^2))^t=(\alpha_0, \alpha_1)^t$ および $g_2(\boldsymbol{\theta})=(\beta_0, \beta_1)^t$ と表現できる。準互換性の例としては，たとえば上記の2値と連続変数の例で $y_2|y_1 \sim N(\beta_0+\beta_1 y_1+\beta_2 y_1^2, \sigma^2)$ とするものである（$\beta_2=0$ ならば互換性がある）。

一方，全ての変数が離散変数で，それらの条件付き分布をロジスティック回帰モデルと設定すると，互換性がない。 □

Liu et al. (2014)は，互換性のある条件付き分布を利用したFCSによるパラメータの疑似事後分布（FCSで発生したパラメータの乱数列のヒストグラム）が，同時分布を仮定して欠測値とパラメータを発生させるギブスサンプラーとパラメータの事後分布*22と漸近的に同じ分布になる（したがって事後平均に一致性があり，ギブスサンプラー同様，正確な推定量の分散を計算することができる）ことを示している。したがってRubinの分散推定式も，適正な多重代入法同様に利用できる。一方，準互換性のある場合には，FCSで欠測値の代入を行って得られた疑似完全データの最尤推定を行い，それを統合した推定量は $\boldsymbol{\theta}_j^1$ の一致推定量を与える（$\boldsymbol{\theta}_j^0$ はゼロに確率収束する）ことが示せる。ただし推定量の分散については，Rubinの分散推定式によって正しく推定できるかどうかについての数理的な根拠は得られていない。

一方，通常の回帰分析モデルやロジスティック回帰，ポアソン回帰，さらには比例ハザードモデルによる生存時間分析などで説明変数に欠測がある場合では，特定の工夫を行うことで，FCSでギブスサンプラー同様の事後分布を発生させることができる。これについては第5章で説明する。

以前はFCSは一致性などの統計学的性質は不明である（Horton and Kleinman, 2007）とされ疑問視されてきたが，近年の理論的研究により適

*22 厳密には，それぞれのサンプリング法で定常分布が存在するなどのいくつかの弱い仮定が必要である。

用可能性が広がりつつあると考えられる。ただし，代入モデルよりも解析モデルの方が小さいモデルである場合など融和性のない場合については，現時点ではその統計的性質はわかっておらず，また互換性のないFCSの場合にはバイアスのある結果を与える可能性があることに注意したい。

4.8　まとめ：多重代入法の応用にあたって

4.8.1　多重代入法の利点：どのような場合に利用すべきか？

多重代入法自体の発想がマルコフ連鎖モンテカルロ法を用いたベイズ推定の一種の近似であることから，数値解析法が発展しコンピュータの解析能力が向上した現在では不要と考えられるかもしれない。代入実施者が疑似完全データセットをいくつか作成しておき，解析自体は分析者各自の関心に任せるという方法論自体は，

1　欠測データメカニズムの考慮や補助変数等の設定は代入実施者が行えばよく，欠測の取り扱いを解析者が行わなくてよいという利便性

2　代入モデルと解析モデルが必ずしも同じモデルである必要がないという柔軟性

3　より実務的には，個人情報を特定することを可能にするような補助変数によって欠測が決定している場合に，データセットの保有者は代入された複数のデータセットを作成しておけば，分析者には共変量情報(の一部)を与えずとも分析者が解析を実行できる

という利点を有する。一方，

4　代入モデルやそこでの推定法が誤っていれば，解析モデルが正しくても一致性のある推定量が得られない可能性がある

5　代入モデルとしてマッチングなどのノンパラメトリックな代入法を用いた場合の「統合された推定量」の数理的な性質が不明確である

6　代入モデルでのみ説明力のある共変量を利用する場合などを除き，推定の効率性(推定量の標準誤差の小ささ)という点ではRubin流の多重代入法よりも「直接尤度を最大化する最尤推定」の方が良い

7　「Rubinのルールを利用した推定量の標準誤差の計算はデータセット数Dが小さいときにバイアスが存在する」ことはソフトウェア開発者にまだ浸透しておらず，多くのソフトウェアでそのまま出力される

という欠点があり，特に上記の**3**あるいは**6**からも「代入モデルでのみ(代入者が)欠測に非常に説明力のある共変量を利用できる場合」に該当するかどうかが，多重代入を利用するかどうかの決め手になるであろう。

一方，連鎖式による多重代入(FCS)は同時分布を仮定せず，条件付き分布で逐次的に代入を繰り返すという方法であり，ブラックボックス化された多重代入として近年非常によく利用されるようになっている。この方法については，もし同時分布のパラメータに関心があるならば，FCSで利用する条件付き分布が同時分布と互換性や準互換性を持っているかをチェックしないと推定にバイアスが生じ，また標準誤差も信頼できない。逆に，互換性を有している場合はギブスサンプリング同様の精度を持つ解析を行っているといえる。特に，第5章で紹介する回帰モデルでは互換性の条件を緩めるような新しいFCSが開発されている(5.6節参照)。

4.8.2　利用における注意点と報告すべき内容

これまでに記載した内容を踏まえ，応用上の注意点を列挙する。

1　**代入モデルと解析モデルの融和性**　代入モデルと解析モデルの融和性については，明確に理解した上で解析を行うべきである。そもそも融和性がある場合には，個々の欠測値の予測などに関心があるのでなければ，直接尤度を用いた最尤推定を行えばよく，多重代入は一般に最尤推定よりも効率が低い。一方，融和性がない場合には，代入モデルの方が解析モデルよりも説明力の高いモデル(前者が補助変数を有する，交互作用項を有するなど)であれば問題ないが，逆の場合には推定値にバイアスが生じるか，推定値の分散が過大に評価されてしまう。

2　**代入法について**　代入モデルでは正しい$f(\boldsymbol{y}_{\mathrm{mis}}|\boldsymbol{y}_{\mathrm{obs}})$を利用しなくてはならない。ただしFCSを利用する場合には，互換性または準互

換性が成立すると想定できる状況ではこれにこだわる必要はない。

3　ランダムな欠測の仮定　解析モデルでは「ランダムな欠測」を仮定したモデリングを行う必要はなく，あくまで完全データがあったときに関心のあるパラメータの一致推定ができればよい。ただし代入モデルにおいては，補助変数などを利用することで「ランダムな欠測」が仮定できるモデリングを行う必要がある。

4　推定法　代入モデルでも解析モデルでも何らかのパラメータ推定を行うことになるが，どちらにおいても一致性のある推定を行う必要がある。

また医学分野などでは，ガイドライン(Sterne et al., 2009)や種々の報告書を踏まえて，一般的な欠測データ解析での記載事項に加え，特に多重代入を行う際に下記の点を論文または付録に記載することが一般的となりつつある。

1　代入法の詳細　具体的には利用したソフトウェアやそこでの設定，疑似完全データセット数 D，代入ステップでどんな(補助)変数を利用したか，正規性やカテゴリー変数かどうかなどの変数の分布，および代入モデルと解析モデルの融和性について説明する。

2　完全ケースを用いた解析との比較　完全ケース分析との結果の比較を行い，違いがある場合にはその原因を考察し説明する。

3　ランダムな欠測の仮定の成立　代入モデルにおいて利用した(補助)変数によって，ランダムな欠測の仮定に妥当性があるといえるようになったかを議論する。

4.8.3　ソフトウェア

SASで多重代入を行うプロシージャとして，proc mi と proc mianalyze がある。前者は回帰や予測平均マッチング，傾向スコアを用いた近似的ベイズブートストラップ，MCMC(データ拡大アルゴリズム)，判別分析や FCS などを欠測のパターンや変数が連続か離散かなどによって使い分けて，複数の疑似完全データセットを作成する代入ステップを実施する。一方，後者は通常のプロシージャで実施した解析ステップでの推定値などを読み込むことで統合ステップを実施し，Rubin のルールによる推定値や標準誤差の計算，検定などを実行する。

FCS のみを実行するためのソフトウェアとしては，R では mice パッケージ，Stata では ice がある。proc mi を含め，FCS を実行するソフトウェアでは Rubin のルールによる推定値の統合を行うが，これが正しいのは条件付き分布が真の同時分布と互換性がある場合のみであることに注意したい。

また，本文では説明しなかったが，Amelia II は目的変数が多変量正規分布に従うという仮定のもとに，事後分布の代わりに EMB (expectation-maximization with bootstrapping) を実施するアルゴリズムであり，R では Amerila というパッケージが存在する。ただしこのアルゴリズムは，もともとのデータセットからブートストラップ標本を生成して EM アルゴリズムを実施するという性質上，離散変数を考慮したモデリングが行われておらず，少なくとも変数に連続性が仮定できない場合には理論的根拠がない。

5

回帰分析モデルにおける欠測データ解析

5.1 回帰分析と欠測の分類

本章では，実際の解析場面で最もよく利用される解析手法である回帰分析モデルあるいは条件付き分布のパラメータ推定において，欠測が存在する場合の推定の枠組みについて説明する。パラメトリックな回帰分析では，目的変数 y と説明変数 $\boldsymbol{x}$ の回帰関数 $g(\boldsymbol{x}, \boldsymbol{\beta})$ または条件付き分布 $p(y|\boldsymbol{x}, \boldsymbol{\beta})$ のパラメータ $\boldsymbol{\beta}$ の推定に関心がある。またノンパラメトリックな回帰分析では，回帰関数として条件付き期待値 $E(y|\boldsymbol{x})$ をモデル仮定を置かずに推定することに関心がある。第 4 章では回帰代入について説明したが，回帰代入はあくまで疑似完全データを作成するための代入値を得る方法であった。本章では，欠測データから回帰関数のパラメータまたは条件付き期待値をいかに推定するかについて議論する。

回帰分析モデルで欠測データ解析を行う際に最も注意すべき点は「欠測が目的変数に依存しない」か「依存する」かの違いである。「欠測が目的変数に依存しない」場合，一番簡単に一致推定量を得る方法は完全ケース分析である。一方，「欠測が目的変数に依存する」場合は，完全ケース分析では一致推定量が得られない。ただし，目的変数が欠測しない場合には「ランダムな欠測」になり，直接尤度の最大化などによって一致推定を行うことができる。目的変数のみ欠測する場合には「ランダムでない欠測」となるが，パラメトリックな回帰分析であれば，擬最尤推定法を用いて一致推定を行うことができる。

さまざまな欠測の場合での回帰分析モデルの欠測データ解析についてまとめたのが表 5.1 であり，ここでは「どの変数が欠測するか」および「欠

表 **5.1** 回帰と条件付き分布の

	欠測確率が y に依存しない場合		
どの変数が欠測するか	y(の一部)だけ	$\boldsymbol{x}$(の一部)だけ	y と $\boldsymbol{x}$(の一部)
欠測データメカニズム	M(C)AR	M(C)AR/NMAR	M(C)AR/NMAR
完全ケース分析析の一致性	あり	あり	あり
一致性のある他の方法	直接尤度	直接尤度・MI/完全尤度[1)]	直接尤度・MI/完全尤度[1)]

1) NMAR の場合，たとえば欠測している x に欠測確率が依存している場合には直接尤度の最大化による最尤推定や多重代入は一般に一致性を持たないが，完全ケース分析と完全尤度による最尤推定は一致性を持つ。
2) その一例として，Tobit type I-V の各モデル(Amemiya, 1985; 星野, 2009)がある。

測確率が目的変数に依存するかしないか」で6種に分類している[*1]。たとえば「欠測確率が目的変数 y に依存しない」場合であって $\boldsymbol{x}$ の一部だけ欠測するときには，何にも依存しない MCAR の場合，$\boldsymbol{x}$ の要素のうち常に観測される要素によって欠測が決まる MAR の場合，$\boldsymbol{x}$ のうち欠測のある要素によって欠測確率が決まる NMAR の場合がある。また「欠測確率が目的変数に(も)依存する」場合であって y の一部だけ欠測する時には，y の要素のうち常に観測される要素によって欠測が決まる MAR の場合，y のうち欠測のある要素によって欠測確率が決まる NMAR の場合がある。

このように，回帰分析モデルではまずどの変数が欠測し，その欠測確率が何に依存するかを注意深く考える必要があり，誤った方法を選択すると推定にしばしば深刻なバイアスが生じることに注意する必要がある。

5.1.1 完全ケース分析からの一致推定と推定方程式アプローチ

完全ケース分析とはすでに第1章や第2章でも説明したように，全ての変数に欠測のないユニットだけ集めたデータセットに対して，単純な最

*1 ここでは回帰モデルでモデリングされている変数の一部または全部に欠測確率が依存する場合についてのみ考慮しており，モデリングされていない変数(共変量)に欠測確率が依存する場合については 6.4 節を参照頂きたい。

パラメータ推定における分類

欠測確率が y に(も)依存する場合		
y(の一部)だけ	$\boldsymbol{x}$(の一部)だけ	y と $\boldsymbol{x}$(の一部)
MAR／NMAR	MAR／NMAR	MAR／NMAR
なし	なし	なし
直接尤度・MI／完全尤度[2)]・逆の回帰分析の利用・Tang らの擬最尤法	直接尤度・MI／完全尤度	直接尤度・MI／完全尤度

尤推定や最小 2 乗推定など，あたかも欠測がないかのように解析を行うという方法である。この方法は一般に，欠測があるデータではバイアスのある推定量を与えることになるが，回帰分析でのパラメータ推定においては，完全ケース分析から一致推定が可能な場合がある。それは「欠測が目的変数には依存しない」場合，つまり $\boldsymbol{r}$ を第 2 章のように $\boldsymbol{y}$ と $\boldsymbol{x}$ の欠測指標とすると

$$f(\boldsymbol{r}|\boldsymbol{y},\boldsymbol{x}) = f(\boldsymbol{r}|\boldsymbol{x}) \tag{5.1}$$

となるときである。上記の式をベイズの定理を用いて言い換えると

$$f(y|\boldsymbol{x},\boldsymbol{r},\boldsymbol{\beta}) = f(y|\boldsymbol{x},\boldsymbol{\beta}) \tag{5.2}$$

となる。つまり $\boldsymbol{x}$ を所与とした y の条件付き分布は，$\boldsymbol{r}$ つまりどの欠測パターンであるかに依存しないという場合である。

どの欠測パターンでも同じ分布に従うということは，特定のパターンのデータだけから(回帰係数などを含む)パラメータ $\boldsymbol{\beta}$ の推定を行っても推定の一致性は保たれるということであり，具体的には完全ケースから最尤推定や最小 2 乗推定など通常の推定法を利用しても一致推定量が得られるということである。

その理由は推定方程式を考えるとわかりやすい。完全データが得られた

場合の推定方程式を

$$\frac{1}{n}\sum_{i=1}^{n}\boldsymbol{m}(y_i,\boldsymbol{x}_i,\boldsymbol{\beta})=\boldsymbol{0}\quad ただし \int \boldsymbol{m}(y,\boldsymbol{x},\boldsymbol{\beta}_0)f(y|\boldsymbol{x})dy=\boldsymbol{0} \tag{5.3}$$

とすると，上記の推定方程式の解を推定量とすれば，回帰モデルのパラメータ $\boldsymbol{\beta}$ を一致推定できる。ここで，完全ケースであれば $\boldsymbol{r}=\boldsymbol{1}$ とする。このとき，完全ケースの推定方程式は $\delta(A)$ を A が成立すれば 1，そうでなければ 0 となる関数とすると，第 2 章の記法より完全ケースでは $I^{(1)}=1$ なので

$$\frac{1}{n}\sum_{i=1}^{n}\delta(\boldsymbol{r}_i=\boldsymbol{1})\boldsymbol{m}(y_i,\boldsymbol{x}_i,\boldsymbol{\beta})=\frac{1}{n}\sum_{i=1}^{n}I_i^{(1)}\boldsymbol{m}(y_i,\boldsymbol{x}_i,\boldsymbol{\beta})=\boldsymbol{0} \tag{5.4}$$

と表現できるが，式(5.1)より，ここで $f(y,\boldsymbol{x},\boldsymbol{r})=f(\boldsymbol{r}|y,\boldsymbol{x})f(y|\boldsymbol{x})f(\boldsymbol{x})$ $=f(\boldsymbol{r}|\boldsymbol{x})f(y|\boldsymbol{x})f(\boldsymbol{x})$ より

$$\begin{aligned}&E[\delta(\boldsymbol{r}=\boldsymbol{1})\boldsymbol{m}(y,\boldsymbol{x},\boldsymbol{\beta})]\\&=\int f(\boldsymbol{r}=\boldsymbol{1}|\boldsymbol{x})\Big[\int \boldsymbol{m}(y,\boldsymbol{x},\boldsymbol{\beta})f(y|\boldsymbol{x})dy\Big]f(\boldsymbol{x})d\boldsymbol{x}=\boldsymbol{0}\end{aligned} \tag{5.5}$$

となり，完全ケースの推定方程式(式(5.4))も不偏推定方程式となる。したがって，完全ケースのデータからでも一致性のある推定量が得られることがわかる。ここで条件付き分布 $f(y|\boldsymbol{x},\boldsymbol{\beta})$ が正しく指定できる場合，関数 $\boldsymbol{m}$ をスコア関数ベクトルとすると，推定方程式の解は完全ケースでの単純な最尤推定量である。同様に，カーネル回帰の場合も欠測確率が説明変数に依存する場合には同様の議論が成立し，完全ケースから推定したカーネル回帰関数を用いた母平均や母分散の一致推定量が計算できる(5.3 節参照)。

一方，式(5.1)と異なり $f(\boldsymbol{r}|y,\boldsymbol{x})=f(\boldsymbol{r}|y)$ の場合には，式(5.5)の [ ] の外に $f(\boldsymbol{r}=\boldsymbol{1}|y)$ を出すことができず，不偏にはならないため，完全ケース分析では一般に一致推定量を得ることはできない。これに対して，式(5.1)さえ成立すれば，(1)目的変数のみが欠測する場合，(2)説明変数のみが欠測する場合，(3)どちらも欠測する場合，のいずれにおいても，完全ケース分析に関する上記の議論が成立する。ただし式(5.1)は，(1)では「ランダムな欠測」であるのに対して，(2)と(3)の場合には「ランダムで

ない欠測」の可能性がある。このように，同じ仮定であっても，モデルと欠測する変数の組み合わせによって第2章で説明した欠測データメカニズムが異なり，またどのような解析で一致性のある推定が可能になるかが異なる。

例 5.1(2時点の血圧測定(Schafer and Graham, 2002)と選抜効果(星野, 2009))

2時点での血圧の関係をみる研究を行うとする。ここで時点1での血圧を x，時点2での血圧を y として

$$y=\beta_0+\beta_1 x+e, \quad E(e)=0, \quad V(e)=\sigma_e^2 \tag{5.6}$$

という回帰分析モデルでのパラメータ β_0 と β_1，誤差分散 σ_e^2 に関心があるとする。1時点目は事前に選定された全対象者が測定を行い，2時点目では一部の対象者が欠測する (r=0) 場合を考える。ここで1時点目の血圧 x が高いほど，2時点目も測定に参加するような場合，たとえば y が観測される確率がロジスティック回帰モデル

$$\Pr(r=1|y,x)=\frac{1}{1+\exp(-\alpha_0-\alpha_1 x-\alpha_2 y)} \tag{5.7}$$

で表されるような場合であって，2時点目の値そのものには依存しない (α_2=0)「ランダムな欠測」(ただし α_1=0 なら完全にランダムな欠測)であれば，r=1 となる対象者，つまり2時点の測定がなされた完全ケースから回帰分析モデルのパラメータを「完全データにおいて一致推定が可能な方法(この場合たとえば最小2乗推定)」で推定すれば，一致推定量が得られる。

このような場合の特殊ケースとして，入試の成績 x で卒業試験の成績 y を説明する回帰分析モデルがある。これは入試の成績 x が合格最低点を超える場合にのみ，その学校に入学できるため，卒業試験の成績が観測される[*2]が，不合格者については欠測となる。ここでも観測値 x によって欠測有無が(この場合確定的に)決まる「ランダムな欠測」であるため，完全ケースからの一致推定が可能になる。 □

*2　合格者全員が入学するという仮定を置く。

ただし，完全ケース分析は欠測のある変数が多いほど，実際の解析に利用するサンプルサイズは小さくなることは第1章の例1.3でも示した通りである。たとえば特定の変数の欠測率が1割であるとし，目的変数と説明変数すべてで5変数存在し各変数の欠測有無は独立であるとすると，完全ケースの比率は$0.9^5=59.049\%$になってしまう。したがって完全ケース分析は推定の効率性が低く，つまり推定量の分散が大きくなる。そこで，同じデータから一致性があり，より分散の小さい推定法が存在する場合には，それを利用することが望ましい。

5.2 直接尤度を用いた最尤推定とベイズ推定

モデルの仮定が正しければ，完全ケース分析よりも推定量の分散が小さく，かつ一致性のある推定法である最尤推定とベイズ推定を取り上げる。いずれの方法でも「ランダムでない欠測」に対応するモデル*3もあるが，「ランダムな欠測」の仮定が成立しない場合には，欠測データメカニズムのモデル化が必要である。しかし欠測データメカニズムは一般に，パラメトリックなモデル仮定ができない場合が多く，パラメータの識別性もない場合があることから，以下では「ランダムな欠測」が仮定できる場合について説明する。ここでのランダムな欠測の仮定は，表5.1の分類にしたがえば

目的変数のみに欠測がある場合　欠測確率が説明変数にのみ依存する

説明変数のみに欠測がある場合　欠測確率が目的変数または／および「欠測のない説明変数」にのみ依存する

どちらにも欠測がある場合　欠測確率が「欠測のない説明変数」にのみ依存する

である。

*3 たとえば代表的なモデルとして Heckman (1979)のトービットタイプ II モデルやその多変量への拡張版，Diggle and Kenward (1994)など。

例 5.2(2.1 節の表 2.2 の例)

上記の 3 つの分類を，表 2.2 のように y_1 と y_2 には欠測があり，y_3 は常に観測される場合を例にとって説明する。y_1 が目的変数，y_3 が説明変数の場合は「目的変数のみ欠測する」場合，y_3 が目的変数，y_1 が説明変数の場合は「説明変数のみ欠測する」場合，y_1 が目的変数で y_2, y_3 が説明変数の場合は「目的変数も説明変数も欠測する」場合である。

例 2.3 の式で $\boldsymbol{\delta}$ が欠測パターン間で共通であることから明らかなように，これは各欠測パターンを 1 つの群とみなした多群モデルにおいて，群間でパラメータに等値制約が置かれている場合に対応する。 □

以後，それぞれの場合での直接尤度を示す。ここで条件付き分布 $f(\boldsymbol{y}|\boldsymbol{x}, \boldsymbol{\beta})$ は正しく特定されているとする。

5.2.1　目的変数のみに欠測がある場合

この場合，完全ケース分析での一致性の条件と同じ式(5.1)が成立すればランダムな欠測であり，この場合には 2.1 節の表記にしたがえば直接尤度は

$$\Big[\prod_{k=1}^{K}\prod_{i=1}^{n}\{\int f(\boldsymbol{y}_i|\boldsymbol{x}_i, \boldsymbol{\beta})\boldsymbol{d}\boldsymbol{y}_i^{(-k)}\}^{I_i^{(k)}}\Big]\times\prod_{i=1}^{n}f(\boldsymbol{x}_i|\boldsymbol{\alpha})$$
$$= \Big[\prod_{k=1}^{K}\prod_{i=1}^{n}\{f(\boldsymbol{y}_i^{(k)}|\boldsymbol{x}_i^{(k)}, \boldsymbol{\beta})\}^{I_i^{(k)}}\Big]\times\prod_{i=1}^{n}f(\boldsymbol{x}_i|\boldsymbol{\alpha}) \tag{5.8}$$

と表記できる*4。ここで $\boldsymbol{x}^{(k)}$ とは説明変数ベクトルのうち，欠測パターン k において関連する説明変数の要素を抜き出してベクトルにしたものであり，$\boldsymbol{\alpha}$ は説明変数ベクトルの周辺分布のパラメータである。

ここで回帰分析では $\boldsymbol{\beta}$ のみに関心があるため，これの推定値を得るのであれば式(5.8)の左の大カッコ内のみを最大化する $\boldsymbol{\beta}$ が最尤推定量となり，説明変数ベクトルの分布を仮定する必要はない。

＊4　ただしすぐ後で議論するように，欠測のない目的変数の(欠測のある目的変数を周辺化した)周辺分布(ここでは $\boldsymbol{x}^{(k)}$ を所与とした $y^{(k)}$ の分布)が陽に定義できることが条件であり，そうでない場合には EM アルゴリズムか MCMC を利用することになる。

また，目的変数 $\boldsymbol{y}$ の欠測パターンが 2 つだけ，つまり完全に観測されるか全く観測されないかのどちらかであれば，直接尤度は

$$\prod_{i:x\ と\ y\ ともに観測} f(\boldsymbol{y}_i|\boldsymbol{x}_i,\boldsymbol{\beta})\times\prod_{i=1}^{n} f(\boldsymbol{x}_i|\boldsymbol{\alpha}) \tag{5.9}$$

となり，完全ケース分析と直接尤度の最大化は全く同じものになる。

5.2.2　説明変数のみに欠測がある場合

この場合は説明変数ベクトル $\boldsymbol{x}$ を $\boldsymbol{x}=(\boldsymbol{v}^t,\boldsymbol{w}^t)^t$ と分け，$\boldsymbol{w}$ のみ欠測が起こるとする。ここでのランダムな欠測の仮定は，欠測確率が $\boldsymbol{w}$ には依存しない

$$f(\boldsymbol{r}|\boldsymbol{y},\boldsymbol{x}) = f(\boldsymbol{r}|\boldsymbol{y},\boldsymbol{v}) \tag{5.10}$$

というものである(ただし，$\boldsymbol{y}$ や $\boldsymbol{v}$ に必ずしも依存しなくてよい)。

このとき直接尤度*5は，$\boldsymbol{w}^{(k)},\boldsymbol{w}^{(-k)}$ をそれぞれ $\boldsymbol{w}$ のうち欠測パターン k で観測される要素を集めたベクトルと欠測する要素を集めたベクトルとすると

$$\begin{aligned}&\prod_{k=1}^{K}\prod_{i=1}^{n}\{\int f(\boldsymbol{y}_i|\boldsymbol{v}_i,\boldsymbol{w}_i,\boldsymbol{\beta})f(\boldsymbol{w}_i^{(-k)}|\boldsymbol{w}_i^{(k)},\boldsymbol{v}_i,\boldsymbol{\alpha})\boldsymbol{d}\boldsymbol{w}_i^{(-k)}\}^{I_i^{(k)}}\\&=\prod_{k=1}^{K}\prod_{i=1}^{n}\{f(\boldsymbol{y}_i|\boldsymbol{v}_i,\boldsymbol{w}_i^{(k)},\boldsymbol{\beta},\boldsymbol{\alpha})\}^{I_i^{(k)}}\end{aligned} \tag{5.11}$$

となる。この尤度の形式から，以下のことがわかる。

1　完全データが存在する場合と異なり，説明変数 $\boldsymbol{x}$ の周辺分布 $p(\boldsymbol{x})$ あるいは $\boldsymbol{v}$ を所与とした $\boldsymbol{w}$ の条件付き分布 $p(\boldsymbol{w}|\boldsymbol{v})$ を正しく特定することが求められる。

2　$\boldsymbol{\beta}$ のみ推定することはできず，$\boldsymbol{\alpha}$ と同時推定を行う必要がある。

3　式 (5.11) の左辺の積分計算が必要である。具体的には，$\boldsymbol{w}^{(-k)}$ を周辺化した y の分布を解析的に求めることが，y も $\boldsymbol{w}$ も正規分布にしたがうなどという特殊な場合を除いては不可能であるため，モンテカ

*5　厳密には，欠測のない説明変数 $\boldsymbol{v}$ については周辺分布を仮定しない条件付きの直接尤度である。

ルロ EM アルゴリズムまたは MCMC を行わないと推定ができない (Lipsitz et al., 1999; Ibrahim et al., 2005)。

4 $\boldsymbol{w}$ が観測されるか欠測するかの 2 パターンだけの場合でも，完全ケース分析と直接尤度の最大化は異なる。後者は

$$\prod_{i:w\text{ が観測}} f(\boldsymbol{y}_i|\boldsymbol{v}_i, \boldsymbol{w}_i, \boldsymbol{\beta}) \prod_{i:w\text{ が欠測}} \int f(\boldsymbol{y}_i|\boldsymbol{v}_i, \boldsymbol{w}_i, \boldsymbol{\beta}) p(\boldsymbol{w}_i|\boldsymbol{v}_i, \boldsymbol{\alpha}) \boldsymbol{d}\boldsymbol{w}_i \tag{5.12}$$

となる。表 5.1 に記載したように，$\boldsymbol{w}$ の欠測確率が目的変数 y に依存する場合には，完全ケース分析の推定量には一致性がないが，直接尤度最大化では一致推定量が得られる。

5.2.3 目的変数と説明変数どちらにも欠測がある場合

ここでのランダムな欠測の仮定は

$$f(\boldsymbol{r}|\boldsymbol{y}, \boldsymbol{x}) = f(\boldsymbol{r}|\boldsymbol{v}) \tag{5.13}$$

となる。尤度は式(5.11)において $\boldsymbol{y}$ も欠測パターンに応じて積分消去され

$$\begin{aligned} &\prod_{k=1}^{K} \prod_{i=1}^{n} \{ \int f(\boldsymbol{y}_i|\boldsymbol{v}_i, \boldsymbol{w}_i, \boldsymbol{\beta}) f(\boldsymbol{w}_i^{(-k)}|\boldsymbol{w}_i^{(k)}, \boldsymbol{v}_i, \boldsymbol{\alpha}) \boldsymbol{d}\boldsymbol{y}_i^{(-k)} \boldsymbol{d}\boldsymbol{w}_i^{(-k)} \}^{I_i^{(k)}} \\ &= \prod_{k=1}^{K} \prod_{i=1}^{n} \{ f(\boldsymbol{y}_i^{(k)}|\boldsymbol{v}_i, \boldsymbol{w}_i^{(k)}, \boldsymbol{\beta}, \boldsymbol{\alpha}) \}^{I_i^{(k)}} \end{aligned} \tag{5.14}$$

となり，より煩雑である(Chen et al., 2008)が，本質的には「説明変数のみに欠測がある場合」同様に MCMC などの数値積分が要求される。

5.2.4 EM アルゴリズムによる最尤推定

すでにみたように，「説明変数のみ欠測する」あるいは「目的変数も説明変数も欠測する」場合には，尤度に欠測値で積分する項が存在する。目的変数や欠測の存在する説明変数が全て連続変数で正規分布にしたがっている場合には EM アルゴリズムを利用できるが，これは 3.3 節に述べた方法を一般化したものである。

また，欠測の存在する説明変数が全て離散変数の場合には，EM アルゴリズムの E-step は重み付き対数尤度の形式となり，欠測した変数のとりうる値ごとの予測分布の重みを計算することになる。具体的には，式(5.11)の積分演算をせずに 3.3 節の Q 関数[*6]

$$
\begin{aligned}
&Q(\boldsymbol{\theta}|\boldsymbol{\theta}^{(\ell)})\\
&=\sum_{i=1}^{n}\sum_{k=1}^{K} I_i^{(k)} \sum_{\text{とりうる}\boldsymbol{w}_i^{(-k)}\text{の値}} \Big[\log f(\boldsymbol{y}_i|\boldsymbol{v}_i,\boldsymbol{w}_i,\boldsymbol{\beta})+\log f(\boldsymbol{v}_i,\boldsymbol{w}_i|\boldsymbol{\alpha})\Big]\\
&\quad\times f(\boldsymbol{w}_i^{(-k)}|\boldsymbol{y}_i,\boldsymbol{v}_i,\boldsymbol{w}_i^{(k)},\boldsymbol{\beta}^{(\ell)},\boldsymbol{\alpha}^{(\ell)})
\end{aligned}
\tag{5.15}
$$

を求める(ただし $\boldsymbol{\theta}$ は $\boldsymbol{\beta}$ と $\boldsymbol{\alpha}$ を合わせたベクトル)。$\boldsymbol{w}_i^{(-k)}$ の完全条件付き事後予測分布[*7]は

$$
\begin{aligned}
&f(\boldsymbol{w}_i^{(-k)}|\boldsymbol{y}_i,\boldsymbol{v}_i,\boldsymbol{w}_i^{(k)},\boldsymbol{\beta}^{(\ell)},\boldsymbol{\alpha}^{(\ell)})\\
&=\frac{f(\boldsymbol{y}_i|\boldsymbol{w}_i^{(-k)},\boldsymbol{w}_i^{(k)},\boldsymbol{v}_i,\boldsymbol{\beta}^{(\ell)})f(\boldsymbol{w}_i^{(-k)},\boldsymbol{w}_i^{(k)},\boldsymbol{v}_i|\boldsymbol{\alpha}^{(\ell)})}{\sum_{\boldsymbol{w}_i^{(-k)}} f(\boldsymbol{y}_i|\boldsymbol{w}_i^{(-k)},\boldsymbol{w}_i^{(k)},\boldsymbol{v}_i,\boldsymbol{\beta}^{(\ell)})f(\boldsymbol{w}_i^{(-k)},\boldsymbol{w}_i^{(k)},\boldsymbol{v}_i|\boldsymbol{\alpha}^{(\ell)})}
\end{aligned}
\tag{5.16}
$$

となる。$\boldsymbol{w}$ が離散変数ならば計算は可能ではあるが，欠測する変数が多くなるとそのカテゴリー数の組み合わせ分($\boldsymbol{w}_i^{(-k)}$ の総カテゴリー分)の重みの計算が必要となり煩雑である(Ibrahim et al., 2005)。

一方，目的変数が離散変数，欠測のある説明変数が連続変数を含む場合などでは，E-step の期待値計算は一般に解析的に表せないので，モンテカルロ EM アルゴリズムなどの数値積分が必要となる(Lipsitz et al., 1999)。

また，モンテカルロ EM アルゴリズムが必要となる場合はもちろん，たとえ解析的に EM アルゴリズムが実行可能な場合であっても，欠測パターンごとに期待値計算を行う煩雑さがあることから，欠測パターンが多く離散変数が混合する場合には MCMC が利用される。

---

*6　3.3 節の式 (3.2) の積分が 3 番目の和記号に，掛け算記号の後ろが事後分布に対応している。

*7　他のすべての変数やパラメータを含めたあらゆるものを条件付けた際の予測分布のことであり，パラメータについてのそれは完全条件付き事後分布と呼ばれる。

例 5.3(説明変数のみ欠測するときの EM アルゴリズム)

1.1 節における説明変数にのみ欠測があるときの回帰分析の例で，EM アルゴリズムを用いて回帰係数 (α, β) を推定しよう(σ_e^2 は興味の対象外とする)。欠測データメカニズムは，図 1.3 のように $y<c$(定数)のときに x が常に欠測し，それ以外では x が常に観測されるものとする。欠測が観測値に依存して生じているので，これはランダムな欠測である。

$(y, x)^t$ の同時分布は，平均 $(\mu_y, \mu_x)^t$，分散 $\begin{pmatrix} \sigma_{yy} & \sigma_{yx} \\ \sigma_{xy} & \sigma_{xx} \end{pmatrix}$ の正規分布であるとする。回帰分析の理論により，

$$\alpha = \mu_y - \beta\mu_x,\ \beta = \frac{\sigma_{yx}}{\sigma_{xx}}$$

である。(α, β) の最尤推定値は，右辺のパラメータに対応する最尤推定値を代入することで得られる。これらの最尤推定値は EM アルゴリズムを用いて求めることができる。

1.1 節の回帰と同じ状況をシミュレーションしてみよう。サンプルサイズ 500 の $(y, x)^t$ の完全データを，

$$N\left(\begin{pmatrix} 200 \\ 600 \end{pmatrix}, \begin{pmatrix} 2500 & 3000 \\ 3000 & 10000 \end{pmatrix}\right)$$

から発生させる。これは，1.1 節の式(1.3)において，$(\alpha, \beta) = (20, 0.3)$ と $\sigma_e^2 = 40^2$ と仮定すること，つまり

$$y = 20 + 0.3x + e,\ e \sim N(0, 40^2)$$

という関係が成り立っていると仮定したことに対応する。得られた完全データから，$y<c$ のとき x が常に欠測し，それ以外では x が常に観測されるような欠測データを作る。c の値には，150 と 200 の 2 つの場合を考える。こうして得られた欠測データから，パラメータを EM アルゴリズムを用いて推定する。このときの EM アルゴリズムは，3.6.1 で導出したものを使うことができる。

$c=150$ のとき，EM アルゴリズムを用いると，$(\hat{\alpha}, \hat{\beta}) = (18.0080, 0.3050)$ となる。1.1 節の完全ケース分析では，$(\hat{\alpha}, \hat{\beta}) = (92.4457, 0.1934)$ であった。大幅に改善され，真値に近づいていることがわかるであろう。

次に，c の値を 200 に変えてパラメータを計算してみると，$(\hat{\alpha},\hat{\beta})=(23.45025, 0.2976)$ となる。やはりこの場合も，完全ケース分析の結果 $(\hat{\alpha},\hat{\beta})=(149.3562, 0.1395)$ と比べるとだいぶ改善されている。 □

5.2.5 MCMC によるベイズ推定の場合

MCMC を用いたベイズ推定(中妻(2007)，大森(2008)，久保(2012)などを参照されたい)は，計算量の問題を除けばそのアルゴリズムは非常に明快で，プログラムも単純になる。原則としては，欠測値自体をパラメータのように考えて MCMC の繰り返しごとに発生させるのが特徴である。ここではもっとも一般的な場合である「目的変数と説明変数どちらにも欠測がある場合」を考えてみよう*8。この場合，MCMC は以下のアルゴリズムになる。

1 パラメータ $\boldsymbol{\beta}, \boldsymbol{\alpha}$ の事前分布を設定する。パラメータ $\boldsymbol{\beta}, \boldsymbol{\alpha}$ と欠測値 $\boldsymbol{w}_i^{(-k)}$ の初期値 $\boldsymbol{\beta}^0, \boldsymbol{\alpha}^0$ と $\boldsymbol{w}_i^{(-k)0}$ を用意する。欠測値の初期値は単一代入などを用いればよい。

2 条件付き分布 $f(\boldsymbol{y}|\boldsymbol{x}, \boldsymbol{\beta})$ と $f(\boldsymbol{w}|\boldsymbol{v}, \boldsymbol{\alpha})$ から，欠測値の完全条件付き事後予測分布

$$f(\boldsymbol{y}^{(-k)}|\boldsymbol{y}^{(k)}, \boldsymbol{v}, \boldsymbol{w}, \boldsymbol{\beta}), \quad f(\boldsymbol{w}^{(-k)}|\boldsymbol{y}, \boldsymbol{v}, \boldsymbol{w}^{(k)}, \boldsymbol{\beta}, \boldsymbol{\alpha}) \tag{5.17}$$

を特定しておく。

3 d を 1 から開始して収束するまで以下を繰り返す。

4 i に対して $I_i^{(k)}=1$ となる，つまりユニット i が所属する欠測パターンを k とするとき，$\boldsymbol{y}_i^{(-k)(d+1)}$ と $\boldsymbol{w}_i^{(-k)(d+1)}$ を以下のように発生させる。

$$\boldsymbol{y}_i^{(-k)(d+1)} \sim f(\boldsymbol{y}_i^{(-k)}|\boldsymbol{y}_i^{(k)}, \boldsymbol{v}_i, \boldsymbol{w}_i^{(k)}, \boldsymbol{w}_i^{(-k)(d)}, \boldsymbol{\beta}^{(d)}) \tag{5.18}$$

---

*8 目的変数にのみ欠測がある場合で直接尤度を陽に書き表すことができれば，欠測値を発生させる必要はない。

$$\boldsymbol{w}_i^{(-k)(d+1)} \sim \frac{f(\boldsymbol{w}_i^{(-k)}|\boldsymbol{w}_i^{(k)}, \boldsymbol{v}_i, \boldsymbol{\alpha}^{(d)}) f(\boldsymbol{y}_i^{(-k)(d+1)}, \boldsymbol{y}_i^{(k)}|\boldsymbol{v}_i, \boldsymbol{w}_i^{(k)}, \boldsymbol{w}_i^{(-k)(d)}, \boldsymbol{\beta}^{(d)})}{f(\boldsymbol{y}_i^{(-k)(d+1)}, \boldsymbol{y}_i^{(k)}|\boldsymbol{v}_i, \boldsymbol{w}_i^{(k)}, \boldsymbol{\beta}^{(d)})} \tag{5.19}$$

ただし $\boldsymbol{w}_i^{(-k)}$ の完全条件付き事後分布については，実際は分母部分は(独立連鎖の)メトロポリス・ヘイスティングスアルゴリズム*9などを利用すれば計算せずに済む。具体的には条件付き分布 $f(\boldsymbol{w}_i^{(-k)}|\boldsymbol{w}_i^{(k)}, \boldsymbol{v}_i, \boldsymbol{\alpha}^{(d)})$ から $\boldsymbol{w}_i^{(-k)*}$ を提案値として発生させ，

$$\min\left\{1, \frac{f(\boldsymbol{y}_i^{(-k)(d+1)}, \boldsymbol{y}_i^{(k)}|\boldsymbol{v}_i, \boldsymbol{w}_i^{(k)}, \boldsymbol{w}_i^{(-k)*}, \boldsymbol{\beta}^{(d)})}{f(\boldsymbol{y}_i^{(-k)(d+1)}, \boldsymbol{y}_i^{(k)}|\boldsymbol{v}_i, \boldsymbol{w}_i^{(k)}, \boldsymbol{w}_i^{(-k)(d)}, \boldsymbol{\beta}^{(d)})}\right\} \tag{5.20}$$

の確率で採択すればよい。つまり **2** において，$f(\boldsymbol{w}^{(-k)}|\boldsymbol{y}, \boldsymbol{v}, \boldsymbol{w}^{(k)}, \boldsymbol{\beta}, \boldsymbol{\alpha})$ でなく $f(\boldsymbol{w}^{(-k)}|\boldsymbol{w}^{(k)}, \boldsymbol{v}, \boldsymbol{\alpha})$ を特定すればよい。

ここで，目的変数に欠測がない場合には当然ながら式(5.18)のサンプリングが不要になる。また説明変数に欠測がない場合には式(5.18)のサンプリングが不要になり，さらに欠測のない目的変数の(欠測のある目的変数を周辺化した)周辺分布が式(5.8)に記載されているように陽に定義できるのならば，式(5.8)を直接尤度としてパラメータの事前分布に掛け合わせることで事後分布が表現可能であるため，式(5.18)のサンプリングも不要になる。

5 パラメータ $\boldsymbol{\beta}^{(d+1)}$, $\boldsymbol{\alpha}^{(d+1)}$ をそれぞれ完全条件付き事後分布から発生させる。

6 Burn-in フェーズのモンテカルロ列を捨て，それ以降の列からモンテカルロ積分や事後分布の算出を行う。

MCMC を用いたベイズ推定において最も重要なのは，ステップ **2** の欠測値の完全条件付き事後分布の特定である。$\boldsymbol{y}$ も $\boldsymbol{w}$ も多変量である場合で，離散変数が混合している場合には，全ての離散変数の周辺分布はプロ

*9 詳細は先ほど示した文献などを参照されたい。

ビットモデルで表現されると考える，つまり全ての変数の背後に多変量正規分布を仮定し，たとえば2値変数ならば，当該の変数に対応する正規変数が正であれば1，正でなければ0とするようなモデルを考えればよい*10。プロビットモデルであれば，欠測値の背後に存在する変数の完全条件付き事後分布を考慮すればよいため分布間に矛盾なく解析ができる。

一方，$\boldsymbol{y}$ や $\boldsymbol{w}$ の要素にロジスティック回帰モデルなどを仮定すると，$f(\boldsymbol{y}|\boldsymbol{v},\boldsymbol{w},\boldsymbol{\beta})$ や $f(\boldsymbol{w}|\boldsymbol{v},\boldsymbol{\alpha})$ に矛盾しないような（第4章のFCSの用語を用いると互換性のあるような）欠測値の完全条件付き分布を導出することができない場合が多い。このような場合には4.7節で紹介したFCSが利用されることが多いが，すでに注意したように，FCSが正しい推定を与える条件としては（準）互換性の成立の仮定が必要であり，そもそも互換性があるならば，欠測値の完全条件付き分布は導出可能である*11。

例 5.4（一般化線形モデルでの欠測におけるEMアルゴリズムとMCMC）

目的変数 $y_1(=1,0)$ が，説明変数 $\boldsymbol{x}=(1,x_1,x_2)^t$ を与えた際にロジスティック回帰モデルにしたがう

$$f(y_1=1|\boldsymbol{x},\boldsymbol{\eta})=\frac{1}{1+\exp(-\boldsymbol{\eta}^t\boldsymbol{x})} \tag{5.21}$$

場合を考える。ここで目的変数 y_1 に欠測があっても，その欠測確率は y_1 にさえ依存しなければ，完全ケースのデータから構成される尤度 $\prod_{i:y_1\text{が観測}} f(y_{i1}|\boldsymbol{x}_i,\boldsymbol{\eta})$ を最大化する最尤推定を行えばよく，EMアルゴリズムは不要である。ベイズ推定においても y_1 の欠測値を発生させる必要はなく，

$$f(\boldsymbol{\eta}|\boldsymbol{y}_{\rm obs},\boldsymbol{x})\propto\prod_{i:y_1\text{が観測}} f(y_{i1}|\boldsymbol{x}_i,\boldsymbol{\eta})\times f(\boldsymbol{\eta}) \tag{5.22}$$

から $\boldsymbol{\eta}$ を発生させればよい。

一方，もう1つ目的変数 y_2 が存在し，条件付き分布が正規分布

*10 たとえばMplusやAmosなど，構造方程式モデリングのためのソフトウェアでは実装されている。

*11 ただし例外として5.6節を参照のこと。

$$y_2|y_1, \boldsymbol{x}, \boldsymbol{\gamma} \sim N(\gamma_{y1} y_1 + \boldsymbol{\gamma}_x^t \boldsymbol{x}, \sigma^2) \tag{5.23}$$

であり(ただし $\boldsymbol{\gamma}=(\gamma_{y1}, \boldsymbol{\gamma}_x^t)^t$), 目的変数 y_1 のみに欠測があり, その欠測確率は$(y_2, x_1, x_2$ には依存しても$)y_1$ に依存しない“ランダムな欠測”の場合を考える。この場合は式(5.8)の計算に必要となる「y_1 を周辺化した $f(y_2|\boldsymbol{x})$ の分布」は陽には表せないため, 欠測した y_1 は条件付き分布(式(5.18), ここでは具体的には)

$$f(y_1|y_2, \boldsymbol{x}) = \frac{f(y_2|y_1, \boldsymbol{x}) f(y_1|\boldsymbol{x})}{f(y_2|\boldsymbol{x})} \tag{5.24}$$

から*12発生させ, 疑似的な完全データ尤度を作成して, たとえば $\boldsymbol{\gamma}$ の事後分布なら

$$f(\boldsymbol{\gamma}|\boldsymbol{y}, \boldsymbol{x}) \propto \prod_{i:\text{すべて}} f(y_{i2}|y_{i1}, \boldsymbol{x}, \gamma_{y1}, \boldsymbol{\gamma}_x, \sigma^2) \times f(\boldsymbol{\gamma}) \tag{5.25}$$

と表現して $\boldsymbol{\gamma}$ を発生すればよい。モンテカルロ EM アルゴリズムを利用する場合も, 上記の条件付き事後分布からの乱数を発生させ, モンテカルロ積分により EM アルゴリズムの Q 関数を計算することになる。

次に, $x_1(=1, 0)$ が説明変数 $\boldsymbol{x}^*=(1, x_2)^t$ を与えた際にロジスティック回帰モデルにしたがう

$$f(x_1 = 1|\boldsymbol{x}^*, \boldsymbol{\lambda}) = \frac{1}{1+\exp(-\boldsymbol{\lambda}^t \boldsymbol{x}^*)} \tag{5.26}$$

場合を考える。ここで目的変数 x_1 のみに欠測があり, 欠測確率は$(y_1, y_2, x_2$ には依存しても$)x_1$ に依存しない“ランダムな欠測”の場合を考える。この場合には, 欠測のある説明変数 x_1 が離散変数であることから, Q 関数を式(5.15)から計算でき, 重みである式(5.16)は

$$f(x_1|y_1, y_2, x_2) = \frac{f(y_2|y_1, \boldsymbol{x}) f(y_1|\boldsymbol{x}) f(x_1|x_2)}{\sum_{x_1=1,0} f(y_2|y_1, \boldsymbol{x}) f(y_1|\boldsymbol{x}) f(x_1|x_2)} \tag{5.27}$$

で計算できる。

*12 ここで MCMC の中でメトロポリス・ヘイスティングスアルゴリズムを用いれば, まず y_1 を周辺分布から発生させ採択するかどうかを計算すればよく, 分母の計算が不要になる。また条件付き分布が欠測指標 r に依存しないのは, ランダムな欠測であるため $f(r|y_1, y_2, \boldsymbol{x})=f(r|y_2, \boldsymbol{x})$ が成立することから $f(y_1|y_2, \boldsymbol{x}, r)=f(y_1|y_2, \boldsymbol{x})$ となるためである。

一方，$x_2 \sim N(\mu, \phi)$ であり，x_2 のみ欠測するが欠測確率が x_2 に依存しない場合を考える。このときは，x_2 が正規分布にしたがうにもかかわらず，Q 関数を計算するには疑似的な対数完全データ尤度を $f(x_2|y_1, y_2, x_1) = f(y_2|y_1, \boldsymbol{x}) f(y_1|\boldsymbol{x}) f(x_1|x_2) f(x_2) / f(y_1, y_2|x_1) f(x_1)$ で期待値をとる必要があり，解析的には解けない。したがって，モンテカルロ EM アルゴリズムか MCMC を行う必要がある。 □

5.3 完全ケースを用いたランダムでない欠測の解析法

目的変数に欠測がある場合で，欠測確率が(欠測のある)目的変数に依存する場合は「ランダムでない欠測」メカニズムになる。この場合は，直接尤度を最大化する最尤推定や，単純な完全ケース分析は一致推定量を与えず，欠測データメカニズムを考慮した完全尤度を最大化する推定法が必要となるが，すでに述べたようにモデル誤設定やパラメータの識別性の問題があることが多い。ただし，「欠測確率が目的変数には依存するが説明変数には依存しない」場合には，工夫により一致推定を行える。ここではその方法を 2 つ説明する。

5.3.1 ケースコントロール研究と逆回帰モデルを解く方法

まず，通常の回帰分析モデルと逆に「目的変数 $\boldsymbol{y}$ で説明変数 $\boldsymbol{x}$ を説明する回帰モデル」(条件付き分布の場合 $p(\boldsymbol{x}|\boldsymbol{y})$)を推定し，通常の「説明変数 $\boldsymbol{x}$ で目的変数 $\boldsymbol{y}$ を説明する回帰モデル」(条件付き分布の場合 $p(\boldsymbol{y}|\boldsymbol{x})$)に戻す，という方法が利用できる。なぜなら表 5.1 に記載したように，「$\boldsymbol{y}$ が欠測しており，その欠測確率が $\boldsymbol{x}$ に依存しない」場合には，完全ケース分析で $p(\boldsymbol{x}|\boldsymbol{y})$ のパラメータを一致推定できるためである。この方法を利用している重要な例として「ケースコントロール研究」がある。

ケースコントロール(症例対照)**研究**(case-control study)は，回顧的に病気のリスク要因を調べる研究法として，コストが比較的少なく，また発生比率の稀な疾患も対象にしやすいことから，医学研究ではよく利用される研究デザインである。病気の有無を目的変数 y，曝露要因*13を説明変数 x とすると，ケースコントロール研究の場合は有病者と健常者の比率が半々であるなど，一般に本来の母集団よりも有病者の比率(罹患率)が高くなる。これは母集団からランダムサンプリングが行われていないため*14であるが，この状況を「ランダムサンプリングが行われた標本のうち，ケースコントロール研究の(有病者に偏った)対象者以外のデータが得られていない」欠測とみなすことも可能である(図 5.1)。このように考えれば，ケースコントロール研究は完全ケース分析であると考えることができるが，ケースコントロール研究においてはどのような仮定によってどのパラメータが一致推定できるだろうか？

一般にケースコントロール研究では，y も x もゼロイチの 2 値変数を考え，オッズ比

$$\frac{\Pr(y=1|x=1)}{\Pr(y=0|x=1)} \div \frac{\Pr(y=1|x=0)}{\Pr(y=0|x=0)} \tag{5.28}$$

を推定することを目的とする。ここで条件付き分布 $\Pr(y|x)$ をバイアスなく推定できれば上記のオッズ比を正しく計算できるが，実際には欠測確率(ここではケースコントロール研究の対象者が無作為抽出標本から選択される確率と置き換えることができる)がここでの目的変数 y に依存して抽出されていることは明らかである。なぜならケースコントロール研究では有病者 $(y=1)$ が高い確率で抽出され，逆に健常者 $(y=0)$ は低い確率で抽出されるからである。したがって $\Pr(y|x)$ を正しく推定できず，オッズ比もこのままでは正しく推定できない。

ただし，ベイズの定理より $\Pr(y|x)=\Pr(x|y)\Pr(y)/\Pr(x)$ であることから，式(5.28)のオッズ比は

$$\frac{\Pr(x=1|y=1)}{\Pr(x=0|y=1)} \div \frac{\Pr(x=1|y=0)}{\Pr(x=0|y=0)} \tag{5.29}$$

と一致する。したがって，$\Pr(x|y)$ の条件付き確率(あるいはそのパラメ

*13 疾病発生に関連する可能性のある要因(exposure)のこと。
*14 選択バイアスとも呼ばれる。

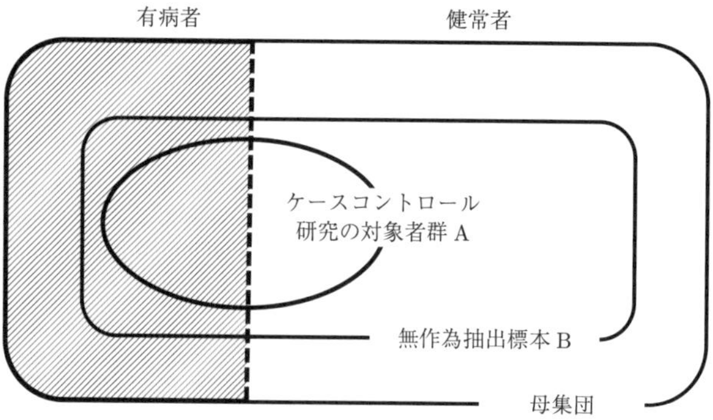

図 5.1 ケースコントロール研究。斜線は有病者。無作為抽出標本 B の中で，B−A の人々のデータが欠測すると考えればよい

ータ)が一致推定できれば，オッズ比は一致推定できる。$\Pr(x|y)$ の条件付き確率*15が完全ケース(ここではケースコントロール研究の標本)を用いて一致推定できる条件は，表 5.1 にも記載したように，欠測が x には依存しないことが必要条件であり，y には依存してよい。

したがって，ケースコントロール研究でオッズ比の一致推定が可能な条件は，欠測確率が x には依存しないことであり，たとえば母集団上の有病者群からランダムに有病者が，健常者群からランダムに健常者が抽出されていれば，対象者における有病者と健常者の比率が母集団上の比率に一致していなくてもよい。

ただし実際にはこのような仮定が満たされない場合が多く，たとえば関心のある x と y 以外の共変量 $\boldsymbol{v}$ に欠測確率(抽出確率)が依存する場合が多い。この場合には，式(5.28)の代わりに共変量 $\boldsymbol{v}$ の影響を考慮した**調整オッズ比**(adjusted odds ratio)

$$\frac{\Pr(y=1|x=1,\boldsymbol{v})}{\Pr(y=0|x=1,\boldsymbol{v})} \div \frac{\Pr(y=1|x=0,\boldsymbol{v})}{\Pr(y=0|x=0,\boldsymbol{v})} \tag{5.30}$$

を計算することを目的とする。この値は，y を x と $\boldsymbol{v}$ で説明するロジスティック回帰モデル $\Pr(y|x,\boldsymbol{v})$ での x に対する偏回帰係数 β_x の指数 $\exp(\beta_x)$ となる。ただし $\Pr(y|x,\boldsymbol{v})$ は欠測(抽出)確率が y に依存するた

*15 たとえば，ケース $(y=1)$ での要因 x の割合 $\Pr(x|y=1)$。

め，ケースコントロールの標本からは正しく推定ができない。一方，式(5.30)は先ほどと同様にベイズの定理を使った簡単な計算より

$$\frac{\Pr(x=1|y=1,\boldsymbol{v})}{\Pr(x=0|y=1,\boldsymbol{v})} \div \frac{\Pr(x=1|y=0,\boldsymbol{v})}{\Pr(x=0|y=0,\boldsymbol{v})} \tag{5.31}$$

に一致する。上記の調整オッズ比を計算するのに必要な「曝露要因 x を目的変数 y と共変量 $\boldsymbol{v}$ で説明するロジスティック回帰モデル」$\Pr(x|y,\boldsymbol{v})$ の回帰係数の推定は，欠測(抽出)確率が y と $\boldsymbol{v}$ に依存したとしても x に依存しないのであれば，ケースコントロールの標本から最尤推定法などを用いて正しく推定できる。したがって式(5.30)の調整オッズ比は，x を y と $\boldsymbol{v}$ で説明するロジスティック回帰モデル $\Pr(x|y,\boldsymbol{v})$ での y に対する偏回帰係数 β_y の指数 $\exp(\beta_y)$ が一致性のある推定量となる。

ただし，調整オッズ比をバイアスなく推定するための条件である「抽出が関心のある曝露要因 x には依存しない」という仮定には注意が必要である。もし曝露要因の候補が複数あり，$\boldsymbol{v}$ に入る曝露要因を x に入れ，代わりに x に入っていた曝露要因を $\boldsymbol{v}$ に入れるといった操作を繰り返し行いながら調整オッズ比の高い要因を同定しようとするならば，それは曝露要因の候補すべてに欠測(抽出)確率が依存しない，という仮定の下に解析を行っているのと同じことになる。

また他にもしばしば利用されるのは，関心のある(2 値の)説明変数 x への割り当てを $\boldsymbol{v}$ で説明する**傾向スコア**(Rosenbaum and Rubin, 1983)を用いて，x=1 と x=0 で $\boldsymbol{v}$ の分布が共通になるように傾向スコアを用いたマッチングや重み付けを行うという方法である*16(たとえば Karkouti et al. (2006))。この方法は傾向スコアの算出に利用した対象者群が母集団から無作為抽出された場合には正しい値を与えるが，通常はそのような仮定は成立しないため，あくまで x 以外で観測された説明変数 $\boldsymbol{v}$ の交絡を一部排除しているという理解にとどめるのがよい。

上記の条件設定は，ケースコントロール研究でのオッズ比の推定ないし調整オッズ比の推定では目的変数が 2 値であり，また関心のある曝露要

*16 このようなデザインは，2 段階ケースコントロール研究とも呼ばれる。

因 x も 2 値の場合であったが，より一般的な場合に利用できる解析法として Tang et al. (2003)の方法を簡単に紹介する。これは

$$f(\boldsymbol{x}|y,\boldsymbol{\beta},\boldsymbol{\alpha}) = f(y|\boldsymbol{x},\boldsymbol{\beta})f(\boldsymbol{x}|\boldsymbol{\alpha}) \Big/ \int f(y|\boldsymbol{x},\boldsymbol{\beta})f(\boldsymbol{x}|\boldsymbol{\alpha})d\boldsymbol{x}$$

の関係を利用することで，直接推定しようとするとランダムでない欠測によって推定にバイアスがかかる「本来関心がある回帰モデルのパラメータ $\boldsymbol{\beta}$」を，完全ケースのデータから推定できる「直接関心のない(逆の)条件付き分布 $f(\boldsymbol{x}|y)$ のパラメータ」の関数として表現することで一致推定する，というシンプルな方法である。ここで，説明変数の周辺分布が $f(\boldsymbol{x}|\boldsymbol{\alpha})$ のようにパラメトリックに特定でき，$\boldsymbol{\alpha}$ だけ未知であれば，まずはこれを推定してから「逆の条件付き分布」の完全ケースのデータから構成した尤度を最大化するように $\boldsymbol{\beta}$ を推定するという段階推定になる。また，この周辺分布を経験分布を用いて表現するセミパラメトリックな方法を利用しても，$\boldsymbol{\beta}$ の一致推定が可能なことが示されている。

5.3.2　内生的標本抽出での解析法

計量経済学ではケースコントロール研究でのオッズ比推定を一般化し，カテゴリカルな目的変数 y を説明する回帰分析モデルにおいて，目的変数の値によって対象者が抽出されている**選択に基づく抽出**(choice-based sampling)がある場合に一致性のある推定量を得る方法がいろいろと開発されている。より一般的には，抽出確率が目的変数を含むさまざまな値に依存する形で決まっている場合を**内生的標本抽出**(endogenous sampling)と呼び，先ほどのケースコントロール研究はこの特殊な場合に含まれる。

たとえば交通経済学などの観光行動の調査で目的地と観光目的，交通手段の関連をみたいとして，駅や高速道路のインターチェンジなど交通手段別にサンプリングを行う場合がある。この場合には抽出確率は調査場所(つまり交通手段)で異なることが自然であり，そのように得られたデータに対して単純な解析を行えば，一般的に推定結果にバイアスが生じるのは明らかである。

Manski and Lerman (1977)は，このようなサンプリングが行われた場

合に適切な推定を行うための推定量である**選択に基づく抽出での最尤推定量**(choice-based sampling maximum likelihood estimator)または**外生的標本抽出での重み付き最尤推定量**(weighted exogeneous sampling maximum likelihood estimator)*17と呼ばれる手法を提案している。

以下には一般化して内生的標本抽出での重み付き推定方程式*18を紹介する(Wooldridge, 2001)。目的変数 y が J カテゴリーの離散変数である ($y=1,\cdots,J$) とし，$\boldsymbol{\beta}$ を回帰モデルのパラメータとする。ここで，目的変数と説明変数の値が異なる S 層に母集団が分かれているとする。層 s から標本が抽出される確率を H_s，母集団における層 s の構成比率を Q_s とする。ここで

$$\sum_{i=1}^{n} \frac{Q_i}{H_i} \boldsymbol{m}(y_i, \boldsymbol{x}_i | \boldsymbol{\beta}) = \boldsymbol{0}$$

の解 $\hat{\boldsymbol{\beta}}$ を，重み付き推定方程式による推定量とする。ただし H_i と Q_i はユニット i が所属する層の抽出確率と母集団での構成比率とし，$E(\boldsymbol{m}(y, \boldsymbol{x}|\boldsymbol{\beta}))=\boldsymbol{0}$ とする。

このとき，内生的標本抽出の場合でも一致性を持つ推定量となり，$\hat{\boldsymbol{\beta}}$ の漸近分散は $n^{-1}\hat{A}^{-1}\hat{B}\hat{A}^{-1}$ で推定できる。ただし n はサンプルサイズ，および

$$\hat{A} = \frac{1}{n} \sum_{i=1}^{n} \frac{Q_i}{H_i} \frac{\partial}{\partial \boldsymbol{\beta}} \boldsymbol{m}(y_i, \boldsymbol{x}_i | \hat{\boldsymbol{\beta}}),$$
$$\hat{B} = \frac{1}{n} \sum_{i=1}^{n} \frac{Q_i^2}{H_i^2} \boldsymbol{m}(y_i, \boldsymbol{x}_i | \hat{\boldsymbol{\beta}}) \boldsymbol{m}(y_i, \boldsymbol{x}_i | \hat{\boldsymbol{\beta}})^t$$

である。またここで“外生的標本抽出での重み付き最尤推定量”は

$$\boldsymbol{m}(y_i, \boldsymbol{x}_i | \boldsymbol{\beta}) = \frac{\partial}{\partial \boldsymbol{\beta}} \log f(y_i | \boldsymbol{x}_i, \boldsymbol{\beta})$$

とすれば得られる。上記の方法は単にユニット i に Q_i/H_i の重みを付けるだけであり，通常のソフトウェアであっても Q_i/H_i の和がサンプルサ

---

*17 重みを付けた後は通常の(外生的抽出での)推定を行うという意味で，外生的という用語がついている。

*18 推定方程式については付録 A.3 を参照。

イズになるように基準化してサンプルの重みとして指定すればよく，簡単に実行可能である。

実際には Q_s は未知である場合が多いが，この場合は s 層に対応する y と x の領域を R_s とすると $Q_s(\boldsymbol{\beta})=\int_{R_s} f(y|\boldsymbol{x},\boldsymbol{\beta})p(\boldsymbol{x})dyd\boldsymbol{x}$ と表現できることから，Q_s がパラメータに依存するという問題が生じ，さらに説明変数の分布 $f(\boldsymbol{x})$ の特定も必要となる。Imbens (1992)は，分布の仮定を回避し，かつ上記の推定量よりも分散の小さい推定量を一般化モーメント推定法(generalized method of moments)の枠組みで提案している。これは本書の内容を超えるので詳細は説明しないが，Q_s が回帰モデル $f(y|\boldsymbol{x},\boldsymbol{\beta})$ や H, Q などの関数の平均で推定できるという制約を加えた，一種の制約付き最尤推定法として理解することができる。

5.4　回帰分析モデルでの重み付き推定方程式

5.4.1　周辺モデルに対する重み付き推定方程式

パラメトリックな回帰分析は，目的変数 $\boldsymbol{y}$ と説明変数 $\boldsymbol{x}$ の回帰関数 $g(\boldsymbol{x},\boldsymbol{\beta})$ または条件付き分布 $f(\boldsymbol{y}|\boldsymbol{x},\boldsymbol{\beta})$ のパラメータ $\boldsymbol{\beta}$ に関心がある状況では，表 5.1 で示したように，状況に応じて完全ケース分析や直接尤度最大化またはベイズ推定によって一致性のある推定が可能である。

しかし，しばしば回帰分析モデルで説明変数として利用しない共変量 $\boldsymbol{u}$ があり，この変数によって欠測確率が説明できる場合がある*19。具体的には，$\boldsymbol{y}$ と $\boldsymbol{x}$ のうち欠測が生じない要素を集めたベクトルを $\boldsymbol{z}_c$ とすると，

$$f(\boldsymbol{r}|\boldsymbol{y},\boldsymbol{x}) = f(\boldsymbol{r}|\boldsymbol{z}_c) \tag{5.32}$$

は成立しないが

*19　多重代入法でも代入モデルと解析モデルが異なる場合(4.5 節)があることを思い出そう。

$$f(\boldsymbol{r}|\boldsymbol{y}, \boldsymbol{x}, \boldsymbol{u}) = f(\boldsymbol{r}|\boldsymbol{z}_c, \boldsymbol{u}) \tag{5.33}$$

が成立するとする。もし回帰関数 $E(\boldsymbol{y}|\boldsymbol{x}, \boldsymbol{u})=h(\boldsymbol{x}, \boldsymbol{u})$ または条件付き分布 $f(\boldsymbol{y}|\boldsymbol{x}, \boldsymbol{u})$ のパラメータ推定に関心がある場合には，式(5.33)は「ランダムな欠測」を意味するので，直接尤度の最大化やベイズ推定などを利用することができ，さらには欠測確率が $\boldsymbol{y}$ の一部にも依存していなければ完全ケース分析を行っても一致性のある推定が可能である。しかし関心があるのは $\boldsymbol{u}$ をモデリングの要素としない回帰関数 $g(\boldsymbol{x}, \boldsymbol{\beta})$ または条件付き分布 $f(y|\boldsymbol{x}, \boldsymbol{\beta})$ のパラメータ $\boldsymbol{\beta}$ の推定である。このように，モデリングの要素と関連するが関心のない変数を周辺化して除去したモデルを一般的に周辺モデルと呼ぶ。ここで，周辺回帰分析モデルについて「ランダムな欠測」は成立しないため，$\boldsymbol{u}$ を考慮しない直接尤度最大化を行っても推定にはバイアスが生じる。

そこで，5.1 節でも紹介した推定方程式アプローチを考える。具体的には，式(5.3)の関数 $\boldsymbol{m}$ に式(5.33)の欠測確率[*20]を利用した重みを付ける**重み付き推定方程式**(weighted estimating equation)の 2 つの方法を説明する。

1　完全ケースに対する重み付け

完全ケースが得られる確率

$$w(\boldsymbol{z}_{ci}, \boldsymbol{u}_i, \boldsymbol{\alpha}) = \Pr(\boldsymbol{r}_i = \boldsymbol{1}|\boldsymbol{z}_{ci}, \boldsymbol{u}_i, \boldsymbol{\alpha}) = \Pr(I^{(1)} = 1|\boldsymbol{z}_{ci}, \boldsymbol{u}_i, \boldsymbol{\alpha}) \tag{5.34}$$

を各ユニット $(i=1, \cdots, n)$ に対して求める。具体的には $\boldsymbol{\alpha}$ の推定値 $\hat{\boldsymbol{\alpha}}$ は「完全ケースかそうでないか」についてのロジスティック回帰やプロビット回帰モデルなどを利用して求めればよい。そして完全ケースが得られる確率の逆数を重みとする推定方程式

*20　この確率は，統計的因果効果推定の文脈では**傾向スコア**(Rosenbaum and Rubin, 1983)として知られており，また逆確率による重み付き推定自体は Horvitz and Thompson (1952)にさかのぼる。

$$\frac{1}{n}\sum_{i=1}^{n}\frac{\delta(\boldsymbol{r}_i=\mathbf{1})}{w(\boldsymbol{z}_{ci},\boldsymbol{u}_i,\hat{\boldsymbol{\alpha}})}\boldsymbol{m}(\boldsymbol{y}_i,\boldsymbol{x}_i,\boldsymbol{\beta})$$
$$=\frac{1}{n}\sum_{i=1}^{n}\frac{I_i^{(1)}}{w(\boldsymbol{z}_{ci},\boldsymbol{u}_i,\hat{\boldsymbol{\alpha}})}\boldsymbol{m}(\boldsymbol{y}_i,\boldsymbol{x}_i,\boldsymbol{\beta})=\mathbf{0} \tag{5.35}$$

の解を $\boldsymbol{\beta}$ の推定量とすれば一致推定量が得られる。これは

$$E_{\boldsymbol{r}|\boldsymbol{z}_c,\boldsymbol{u}}\left[\frac{\delta(\boldsymbol{r}=\mathbf{1})}{w(\boldsymbol{z}_c,\boldsymbol{u},\boldsymbol{\alpha})}\right]=1 \tag{5.36}$$

である。また式(5.33)より，$f(\boldsymbol{y},\boldsymbol{x},\boldsymbol{u},\boldsymbol{r})=\Pr(\boldsymbol{r}|\boldsymbol{y},\boldsymbol{x},\boldsymbol{u})f(\boldsymbol{y},\boldsymbol{u}|\boldsymbol{x})f(\boldsymbol{x})$ $=\Pr(\boldsymbol{r}|\boldsymbol{z}_c,\boldsymbol{u})f(\boldsymbol{y},\boldsymbol{u}|\boldsymbol{x})f(\boldsymbol{x})$ となり，

$$E[\frac{\delta(\boldsymbol{r}=\mathbf{1})}{w(\boldsymbol{z}_c,\boldsymbol{u},\boldsymbol{\alpha})}\boldsymbol{m}(\boldsymbol{y},\boldsymbol{x},\boldsymbol{\beta})]$$
$$=E_{\boldsymbol{y},\boldsymbol{x},\boldsymbol{u}}\left[E_{\boldsymbol{r}|\boldsymbol{z}_c,\boldsymbol{u}}[\frac{\delta(\boldsymbol{r}=\mathbf{1})}{w(\boldsymbol{z}_c,\boldsymbol{u},\boldsymbol{\alpha})}]\boldsymbol{m}(\boldsymbol{y},\boldsymbol{x},\boldsymbol{\beta})\right]$$
$$=E_{\boldsymbol{y},\boldsymbol{x}}\left[\boldsymbol{m}(\boldsymbol{y},\boldsymbol{x},\boldsymbol{\beta})\right]=\mathbf{0} \tag{5.37}$$

と重み付き推定方程式が不偏推定方程式となるためである。

このような重み付き推定方程式は，一般に**確率の逆数による重み付き**(inverse probability weighting; IPW)**推定法**と呼ばれ，次節の Cox 比例ハザードモデルの周辺モデルに対する情報のある打ち切りでの推定や 6.2 節の「パネル調査における脱落のような単調欠測が起こっている場合」など，さまざまな場合に利用可能である。

2　欠測パターンごとの重み付け

完全ケースに対する重み付けは，各ユニットに対して「完全ケースとして観測される確率」のみ計算すればよいという簡便性，および要するに重みを付けた完全ケース分析であるという明快さからよく利用されるが，一部の変数のみ欠測したユニットの情報が利用されないという観点では，完全ケース分析と同じように情報を効率的に利用していない。そこで，一部の変数が欠測しているユニットの情報を効率的に利用するためには，欠測パターンごとに「その欠測パターンに該当する確率」を計算し，その確率の逆数で重みを付ける推定方程式を利用すればよい。ただしこの場合に

は，パラメータと推定方程式に制約が必要であり，たとえば以下の制約が存在する場合を考える。推定方程式として式(5.3)の代わりに，以下のように仮に完全データが入手できた場合に推定に利用できる不偏推定方程式

$$\frac{1}{n}\sum_{i=1}^{n}\sum_{k=1}^{K}\boldsymbol{m}_k(\boldsymbol{y}_i^{(k)},\boldsymbol{x}_i^{(k)},\boldsymbol{\beta})=\boldsymbol{0} \quad \text{ただし}$$
$$\int\sum_{k=1}^{K}\boldsymbol{m}_k(\boldsymbol{y}^{(k)},\boldsymbol{x}^{(k)},\boldsymbol{\beta}_0)f(\boldsymbol{y}^{(k)}|\boldsymbol{x}^{(k)})\boldsymbol{dy}^{(k)}=\boldsymbol{0} \tag{5.38}$$

を考える[*21]。ただしこの式には欠測値が入っているので実際には利用できず，単純に欠測パターンごとの情報を利用しようとすると

$$\frac{1}{n}\sum_{i=1}^{n}\sum_{k=1}^{K}\delta(\boldsymbol{r}_i=\boldsymbol{r}^{(k)})\boldsymbol{m}_k(\boldsymbol{y}_i^{(k)},\boldsymbol{x}_i^{(k)},\boldsymbol{\beta})=\boldsymbol{0} \tag{5.39}$$

を解くこと[*22]が自然と考えられる。しかしこの推定方程式が不偏であるための条件は，$\boldsymbol{r}$ と $\boldsymbol{y}^{(k)}$ が $\boldsymbol{z}_c$ を所与として条件付き独立であることであり，式(5.33)において右辺の確率が $\boldsymbol{u}$ に依存する場合には不偏にはならない。

そこで代わりに，以下の重み付き推定方程式

$$\frac{1}{n}\sum_{i=1}^{n}\sum_{k=1}^{K}\frac{\delta(\boldsymbol{r}_i=\boldsymbol{r}^{(k)})}{w_k(\boldsymbol{z}_{ci},\boldsymbol{u}_i,\hat{\boldsymbol{\alpha}}_k)}\boldsymbol{m}_k(\boldsymbol{y}_i^{(k)},\boldsymbol{x}_i^{(k)},\boldsymbol{\beta})=\boldsymbol{0} \tag{5.40}$$

の解を $\boldsymbol{\beta}$ の推定量とすれば，一致推定量が得られる。ただし $w_k(\boldsymbol{z}_{ci},\boldsymbol{u}_i,\boldsymbol{\alpha}_k)=\Pr(\boldsymbol{r}_i=\boldsymbol{r}^{(k)}|\boldsymbol{z}_{ci},\boldsymbol{u}_i,\boldsymbol{\alpha}_k)$ である。

この方法の問題点は，まず完全データが得られた場合には，自分が推定しようと考えているパラメータ $\boldsymbol{\beta}$ が式(5.38)から不偏推定できるかどうかを調べることが必要であることに加え，計算が煩雑であること，欠測パターンが多くかつ特定のパターンに該当するユニット数が少ない場合には不安定な結果を与える可能性があることである。

---

*21 具体例として，潜在的結果変数アプローチにおける因果効果推定の場合や GEE(第 6 章を参照)などがこの種の不偏推定方程式の形式をとる。
*22 欠測パターンを群とみなして多群の解析を行う場合が典型的である。

5.4.2 説明変数の欠測がある場合の重み付き推定方程式

この考え方は，上記のような周辺モデルの推定だけではなく，回帰分析モデルでの説明変数の分布仮定の回避にも利用できる。具体的には説明変数 $\boldsymbol{x}$(の一部 $\boldsymbol{w}$)に欠測があり，欠測確率が目的変数 $\boldsymbol{y}$(の一部 $\boldsymbol{y}^*$)に依存する

$$\Pr(\boldsymbol{r}|\boldsymbol{y},\boldsymbol{x},\boldsymbol{u}) = \Pr(\boldsymbol{r}|\boldsymbol{y}^*,\boldsymbol{v}) \tag{5.41}$$

場合である。この場合は5.1節で示したように，完全ケースを重みなしで利用する推定方程式の解にはバイアスが生じる。また共変量の分布 $f(\boldsymbol{x})$ または $f(\boldsymbol{w}|\boldsymbol{v})$ を正しく指定しないと直接尤度の最大化やベイズ推定は行えないが，$\boldsymbol{w}$ が多変量であればその分布を正しく仮定することは一般に難しい。このような場合には，たとえば完全ケースに観測確率の逆数の重みを掛けた推定方程式

$$\frac{1}{n}\sum_{i=1}^{n}\frac{\delta(\boldsymbol{r}_i=\boldsymbol{1})}{w(\boldsymbol{y}_i^*,\boldsymbol{v}_i,\hat{\boldsymbol{\alpha}})}\boldsymbol{m}(\boldsymbol{y}_i,\boldsymbol{x}_i,\boldsymbol{\beta}) = \boldsymbol{0} \tag{5.42}$$

の解を $\boldsymbol{\beta}$ の推定量とすれば一致推定量が得られる。

5.4.3 二重にロバストな推定

上記のような重み付き推定は，欠測データメカニズムのモデルを誤設定した場合には推定にバイアスが生じる。さらには，欠測のある変数については完全ケースのみのデータを利用しているため，欠測のある変数の情報も利用できればより効率のよい(=推定値の分散が小さい)推定量を構築することが期待できる(Robins et al., 1994; Scharfstein et al., 1999)[*23]。そこで式(5.35)のように「欠測データメカニズムのモデル」だけではなく，「直接尤度の構成に必要なパラメトリックなモデル」も仮定し，どちらのモデルも利用した推定方程式

*23 単調欠測の場合などは Robins et al. (1994)を参照。

$$\begin{aligned}
&\frac{1}{n}\sum_{i=1}^{n}\Big[\frac{\delta(\boldsymbol{r}_i=\mathbf{1})}{w(\boldsymbol{z}_{ci},\boldsymbol{u}_i,\hat{\boldsymbol{\alpha}})}\boldsymbol{m}(\boldsymbol{y}_i,\boldsymbol{x}_i,\boldsymbol{\beta})\\
&\quad+\Big[1-\frac{\delta(\boldsymbol{r}_i=\mathbf{1})}{w(\boldsymbol{z}_{ci},\boldsymbol{u}_i,\hat{\boldsymbol{\alpha}})}\Big]E_{\boldsymbol{z}_{mi}|\boldsymbol{z}_{ci},\boldsymbol{u}_i}\big[\boldsymbol{m}(\boldsymbol{z}_{mi},\boldsymbol{z}_{ci},\boldsymbol{\beta})\big]\Big]\\
&=\frac{1}{n}\sum_{i=1}^{n}\Big[E_{\boldsymbol{z}_{mi}|\boldsymbol{z}_{ci},\boldsymbol{u}_i}\big[\boldsymbol{m}(\boldsymbol{z}_{mi},\boldsymbol{z}_{ci},\boldsymbol{\beta})\big]\\
&\quad+\frac{\delta(\boldsymbol{r}_i=\mathbf{1})\{\boldsymbol{m}(\boldsymbol{y}_i,\boldsymbol{x}_i,\boldsymbol{\beta})-E_{\boldsymbol{z}_{mi}|\boldsymbol{z}_{ci},\boldsymbol{u}_i}\big[\boldsymbol{m}(\boldsymbol{z}_{mi},\boldsymbol{z}_{ci},\boldsymbol{\beta})\big]\}}{w(\boldsymbol{z}_{ci},\boldsymbol{u}_i,\hat{\boldsymbol{\alpha}})}\Big]\\
&=\mathbf{0}
\end{aligned}\tag{5.43}$$

の解を$\boldsymbol{\beta}$の推定量とすると，これは「欠測確率のモデル」と「パラメトリックなモデル」のどちらかが正しく特定されていれば一致推定量となる。ここでいずれかのユニットで欠測が生じる要素を集めたベクトルが$\boldsymbol{z}_m$である。これが二重にロバストな推定法である。ここで上記の場合，パラメトリックモデルを仮定するということは$f(\boldsymbol{z}_m|\boldsymbol{z}_c,\boldsymbol{u})$を仮定することに対応し，結果として上の式で$E_{\boldsymbol{z}_{mi}|\boldsymbol{z}_{ci},\boldsymbol{u}_i}$の期待値が計算できる。

この方法が一致性を持つことを示すには，式(5.43)の期待値がゼロである，つまり不偏推定方程式であることを示せばよい。たとえ「パラメトリックなモデル」が正しくなくても，「欠測確率のモデル」が正しい場合には式(5.36)より式(5.43)の1段目の第1項の($r|\boldsymbol{z}_c,\boldsymbol{u}$についての)期待値は(式(5.37)より)ゼロ，第2項の1から逆確率の重みを引いた部分の期待値がゼロとなり，全体の期待値がゼロであることが示せる。一方，「欠測確率のモデル」が正しくなくても，「パラメトリックなモデル」が正しい場合には，2段目の第2項の分子$\{\boldsymbol{m}(\boldsymbol{y}_i,\boldsymbol{x}_i,\boldsymbol{\beta})-E_{\boldsymbol{z}_{mi}|\boldsymbol{z}_{ci}}\big[\boldsymbol{m}(\boldsymbol{z}_{mi},\boldsymbol{z}_{ci},\boldsymbol{\beta})\big]\}$の期待値はゼロとなり，結果として全体の期待値はゼロとなる。

上記は完全ケースに対する二重にロバストな推定方程式であるが，欠測パターンごとに重みと期待値計算を行う方法の方が効率がよい。具体的には式(5.43)の代わりに

$$\frac{1}{n}\sum_{i=1}^{n}\sum_{k=1}^{K}\Big[\frac{\delta(\boldsymbol{r}_i=\boldsymbol{r}^{(k)})}{w_k(\boldsymbol{z}_{ci},\boldsymbol{u}_i,\hat{\boldsymbol{\alpha}}_k)}\boldsymbol{m}_k(\boldsymbol{y}_i^{(k)},\boldsymbol{x}_i^{(k)},\boldsymbol{\beta})$$
$$+\Big[1-\frac{\delta(\boldsymbol{r}_i=\boldsymbol{r}^{(k)})}{w_k(\boldsymbol{z}_{ci},\boldsymbol{u}_i,\hat{\boldsymbol{\alpha}}_k)}\Big]E_{\boldsymbol{y}_i^{(-k)},\boldsymbol{x}_i^{(-k)}|\boldsymbol{y}_i^{(k)},\boldsymbol{x}_i^{(k)},\boldsymbol{u}_i}[\boldsymbol{m}_k(\boldsymbol{y}_i^{(k)},\boldsymbol{x}_i^{(k)},\boldsymbol{\beta})]\Big]=\boldsymbol{0} \tag{5.44}$$

とすればよい。

また式(5.42)を，完全ケースの重み付けの代わりに二重にロバストな推定方程式にするには

$$\frac{1}{n}\sum_{i=1}^{n}\Big[\frac{\delta(\boldsymbol{r}_i=\boldsymbol{1})}{w(\boldsymbol{y}_i^*,\boldsymbol{v}_i,\hat{\boldsymbol{\alpha}})}\boldsymbol{m}(\boldsymbol{y}_i,\boldsymbol{x}_i,\boldsymbol{\beta})$$
$$+\Big[1-\frac{\delta(\boldsymbol{r}_i=\boldsymbol{1})}{w(\boldsymbol{y}_i^*,\boldsymbol{v}_i,\hat{\boldsymbol{\alpha}})}\Big]E_{\boldsymbol{w}_i|\boldsymbol{y}_i,\boldsymbol{v}_i}\big[\boldsymbol{m}(\boldsymbol{y}_i,\boldsymbol{w}_i,\boldsymbol{v}_i,\boldsymbol{\beta})\big]\Big]=\boldsymbol{0} \tag{5.45}$$

とすればよい(たとえば Lipsitz et al. (1999))。

ただし二重にロバストな方法は，どちらのモデルも誤っている場合に，どちらかのモデルを利用するよりも必ずしも推定誤差の少ない結果を与えるわけではないこと(Kang and Schafer, 2007)に注意する。

例 5.5(目的変数が欠測する場合の二重にロバストな推定の例)

周辺回帰モデル $y=\boldsymbol{\beta}^t\boldsymbol{x}+\boldsymbol{e}$ の係数 $\boldsymbol{\beta}$ の推定に関心があるとする。ただし目的変数 y は一部欠測するとしよう。ここで y の欠測指標 r が $\boldsymbol{x}$ と $\boldsymbol{u}$ にのみ依存する

$$\Pr(r|y,\boldsymbol{x},\boldsymbol{u})=\Pr(r|\boldsymbol{x},\boldsymbol{u}) \tag{5.46}$$

場合には，周辺回帰モデルの推定を(もし完全データが得られた場合には一致性のある推定法を利用して)完全ケース分析で行ったとしても一致性はない。そこで最小 2 乗推定の際の関数 $\boldsymbol{m}=(y-\boldsymbol{\beta}^t\boldsymbol{x})\boldsymbol{x}$ を利用して

$$\frac{1}{n}\sum_{i=1}^{n}\frac{\delta(\boldsymbol{r}_i=\boldsymbol{1})}{w(\boldsymbol{x}_i,\boldsymbol{u}_i,\hat{\boldsymbol{\alpha}})}(y_i-\boldsymbol{\beta}^t\boldsymbol{x}_i)\boldsymbol{x}_i=\boldsymbol{0} \tag{5.47}$$

の解を $\boldsymbol{\beta}$ の推定量 $\hat{\boldsymbol{\beta}}_{\mathrm{IPW}}$ とすれば，一致推定量が得られる。ただし $w(\boldsymbol{x}_i,\boldsymbol{u}_i,\hat{\boldsymbol{\alpha}})$ は，ユニット i において完全ケースが得られる確率の推定

値である。結果としてこれは

$$\hat{\boldsymbol{\beta}}_{\mathrm{IPW}} = \left\{ \sum_{i=1}^{n} \frac{\delta(\boldsymbol{r}_i = \mathbf{1})}{w(\boldsymbol{x}_i, \boldsymbol{u}_i, \hat{\boldsymbol{\alpha}})} \boldsymbol{x}_i \boldsymbol{x}_i^t \right\}^{-1} \left\{ \sum_{i=1}^{n} \frac{\delta(\boldsymbol{r}_i = \mathbf{1})}{w(\boldsymbol{x}_i, \boldsymbol{u}_i, \hat{\boldsymbol{\alpha}})} y_i \boldsymbol{x}_i \right\} \tag{5.48}$$

となる。またここで，$\boldsymbol{u}$ も加わったパラメトリックなモデル $y|\boldsymbol{x}, \boldsymbol{u} \sim N(\boldsymbol{\gamma}_x^t \boldsymbol{x} + \boldsymbol{\gamma}_u^t \boldsymbol{u}, \sigma^2)$ をとりあえず仮定し，そのモデルでの偏回帰係数の一致推定量 $\hat{\boldsymbol{\gamma}}_x, \hat{\boldsymbol{\gamma}}_u$ が得られれば，二重にロバストな推定量として

$$\frac{1}{n} \sum_{i=1}^{n} \Bigg[\frac{\delta(\boldsymbol{r}_i = \mathbf{1})}{w(\boldsymbol{x}_i, \boldsymbol{u}_i, \hat{\boldsymbol{\alpha}})} (y_i - \boldsymbol{\beta}^t \boldsymbol{x}_i) \boldsymbol{x}_i + \left[1 - \frac{\delta(\boldsymbol{r}_i = \mathbf{1})}{w(\boldsymbol{z}_{ci}, \boldsymbol{u}_i, \hat{\boldsymbol{\alpha}})} \right] (\hat{\boldsymbol{\gamma}}_x^t \boldsymbol{x}_i + \hat{\boldsymbol{\gamma}}_u^t \boldsymbol{u}_i - \boldsymbol{\beta}^t \boldsymbol{x}_i) \boldsymbol{x}_i \Bigg] = \mathbf{0} \tag{5.49}$$

の解が $\boldsymbol{\beta}$ の推定量 $\hat{\boldsymbol{\beta}}_{\mathrm{DR}}$

$$\hat{\boldsymbol{\beta}}_{\mathrm{DR}} = \left(\sum_{i=1}^{n} \boldsymbol{x}_i \boldsymbol{x}_i^t \right)^{-1} \left\{ \sum_{i=1}^{n} \frac{\delta(\boldsymbol{r}_i = \mathbf{1})}{w(\boldsymbol{x}_i, \boldsymbol{u}_i, \hat{\boldsymbol{\alpha}})} y_i \boldsymbol{x}_i + \frac{w(\boldsymbol{x}_i, \boldsymbol{u}_i, \hat{\boldsymbol{\alpha}}) - \delta(\boldsymbol{r}_i = \mathbf{1})}{w(\boldsymbol{x}_i, \boldsymbol{u}_i, \hat{\boldsymbol{\alpha}})} \boldsymbol{x}_i \left[\boldsymbol{x}_i^t \hat{\boldsymbol{\gamma}}_x + \boldsymbol{u}_i^t \hat{\boldsymbol{\gamma}}_u \right] \right\} \tag{5.50}$$

となる。 □

5.5 生存時間分析における欠測

生存時間分析（あるいは**継続時間分析**）は製品の故障や患者の死亡，消費者の来店，企業の倒産などのイベントが起きるまでの時間がどのような確率で分布するのかを調べる分析であり，特に Cox 比例ハザードモデルやワイブル分布モデルなどは，どのような説明変数によって「イベントまでの時間」が長くなるのか，あるいは短くなるのかを説明する解析であり，広義の回帰分析といえる*24。ここで，目的変数である「イベントまでの時間」そのものや説明変数が欠測する場合には，本章のこれまでの議論が

*24 生存時間分析自体の解説については，たとえば Klein and Moeschberger (2003), Kalbfleisch and Prentice (2002), Collett（宮岡訳，2013）などを参照されたい。

回帰モデルとして成立し，表 5.1 にあるように，欠測が「イベントまでの時間」に依存しないならば完全ケース分析を行っても一致性がある。また 5.2 節で説明したように，説明変数が欠測する場合には，完全ケースよりも直接尤度の最大化を行った方が推定値の分散を小さくすることができる。ここでは詳細には触れないが，たとえば Cox 比例ハザードモデルで説明変数の欠測がある場合に EM アルゴリズムを利用して推定を行う方法(Chen and Little, 1999)や，欠測確率と欠測値の事後分布による期待値の両方を利用する二重にロバストな推定法(Wang and Chen, 2001)などが開発されており，完全ケース分析よりも優れた性質を持つことが示されている。

5.5.1 欠測としての打ち切り

ただし，欠測の観点において生存時間分析が通常の回帰分析と異なるのは，「イベントまでの時間」そのものが欠測するという場合よりも，ユニット i の死亡や来店といった事象の終了までの真の時間間隔 t_i が観測される前に観察が終了してしまうという**打ち切り**(censoring)が起こる場合がほとんどであるという点にある。実際，工業製品の検査であれば，耐久時間は事前に決めた特定の時間数だけ検査する。患者や消費者であれば，死亡や購入を確認する前に調査から脱落してしまう，あるいはそういった事象が起きる前に調査期間が終了してしまう，という場合も多い。このように事象が本当に終了するまでの時間が得られないことを(時間軸は左が過去で右が未来だと考えて)右側打ち切りといい，病気の発生や前回の来店など事象の開始時間がわからないことを左側打ち切りという。通常は開始時間がわかり終了時間がわからないことが多いので，右側打ち切りを考えるが，このときユニット i の打ち切り時間を c_i とすると，実際に観測される継続時間 y_i と打ち切り指標 r_i は

$$y_i = \min\{t_i, c_i\}, \quad r_i = \delta(t_i < c_i) \tag{5.51}$$

となる。

ここで，打ち切り c が確率変数でない場合には**ランダムでない打ち切り**

(non-random censoring)*25，そして c が確率変数である場合を**ランダムな打ち切り**(random censoring)と呼ぶ。

ここで，打ち切り c を無視して単純に y だけで生存時間分析を行うと推定結果にバイアスが生じる可能性があることを示すために尤度を考える。簡単のため，欠測は存在せず，打ち切りのみが存在する通常の状況を考える。説明変数 $\boldsymbol{x}$ を所与とした t の密度関数を $f(t|\boldsymbol{x},\boldsymbol{\theta})$，分布関数を $\Pr(T<t)=F(t|\boldsymbol{x},\boldsymbol{\theta})=\int_0^t f(v|\boldsymbol{x},\boldsymbol{\theta})dv$ とする。また，説明変数 $\boldsymbol{x}$ を所与とした c の密度関数を $g(c|\boldsymbol{x},\boldsymbol{\theta})$，分布関数を $\Pr(C<c)=G(c|\boldsymbol{x},\boldsymbol{\theta})=\int_0^c g(w|\boldsymbol{x},\boldsymbol{\theta})dw$ とする。また，説明変数 $\boldsymbol{x}$ を所与とした t と c の同時密度関数を $q(t,c|\boldsymbol{x},\boldsymbol{\theta})$，同時生存関数を $\Pr(T>t,C>c)=S(t,c|\boldsymbol{x},\boldsymbol{\theta})=\int_c^\infty\int_t^\infty q(v,w|\boldsymbol{x},\boldsymbol{\theta})dvdw$ とする。

$\Pr(Y=t,r=1)=\Pr(T=t,C>t)=\dfrac{\partial}{\partial t}\int_0^t[\int_v^\infty q(v,w|\boldsymbol{x},\boldsymbol{\theta})dw]dv$ および $\Pr(Y=c,r=0)=\Pr(T>c,C=c)=\dfrac{\partial}{\partial c}\int_0^c[\int_w^\infty q(v,w|\boldsymbol{x},\boldsymbol{\theta})dv]dw$ より，尤度は

$$
\begin{aligned}
&L(\boldsymbol{\theta}|\boldsymbol{y},\boldsymbol{r},\boldsymbol{x})\\
&=\prod_{i=1}^n\Bigl(-\frac{\partial}{\partial t}S(t,c|\boldsymbol{x},\boldsymbol{\theta})\Big|_{t=c=y_i}\Bigr)^{r_i}\times\Bigl(-\frac{\partial}{\partial c}S(t,c|\boldsymbol{x},\boldsymbol{\theta})\Big|_{t=c=y_i}\Bigr)^{1-r_i}
\end{aligned}
\tag{5.52}
$$

と表現できる。

確率変数である打ち切り c と真の時間間隔 t が独立，あるいは説明変数 $\boldsymbol{x}$ を所与とすると条件付き独立であり，$g(c|\boldsymbol{x})$ がパラメータ $\boldsymbol{\theta}$ に依存しない場合を(狭義の)**ランダムな打ち切り***26と呼び，逆に c が t に依存する，あるいは $g(c|\boldsymbol{x})$ が $\boldsymbol{\theta}$ に依存する場合を**情報のある打ち切り**(informative censoring)と呼ぶ。

情報のない打ち切りの場合には $q(t,c|\boldsymbol{x},\boldsymbol{\theta})=f(t|\boldsymbol{x},\boldsymbol{\theta})g(c|\boldsymbol{x},\boldsymbol{\theta})$ となる

---

*25 この用語を，情報のある打ち切りの意味で使う文献もあるので注意が必要である。

*26 本来のランダムな打ち切りはすでに紹介したものが定義だが，ランダムな欠測と同様の感覚でこの定義が利用されることも多いので注意が必要である。

ため，尤度は

$$L(\boldsymbol{\theta}|\boldsymbol{y},\boldsymbol{r},\boldsymbol{x}) = \prod_{i=1}^{n}\left[f(t_i|\boldsymbol{x}_i,\boldsymbol{\theta})(1-G(c_i|\boldsymbol{x}_i))\right]^{r_i}\times\left[(1-F(t_i|\boldsymbol{x}_i,\boldsymbol{\theta}))g(c_i|\boldsymbol{x}_i)\right]^{1-r_i} \tag{5.53}$$

と表現することができ，結果として打ち切りについての密度関数や分布関数を含まない

$$\prod_{i=1}^{n}\left(f(t_i|\boldsymbol{x}_i,\boldsymbol{\theta})\right)^{r_i}\times\left(1-F(t_i|\boldsymbol{x}_i,\boldsymbol{\theta})\right)^{1-r_i} \tag{5.54}$$

つまり生存時間分析での通常の尤度に対応する部分を最大化すれば，パラメータ $\boldsymbol{\theta}$ の一致推定を行うことができる。また Cox 比例ハザードモデルでは，部分尤度(partial likelihood)*27の最大化に対応する。この場合には「ランダムな欠測」で目的変数や説明変数の一部が欠測している場合の完全ケース分析にも一致性がある。

個々のユニットごとに観測期間が決まっている場合，さらに極端な場合としてすべてのユニットに対して同じ時間 c だけ観測する場合を**タイプI打ち切り**(Type I censoring)と呼ぶが，これはランダムでない欠測であり，また c_i は t_i に依存しないため情報のない欠測である。

また，n ユニットのうち事前に決められた n_0 ユニットにイベントが起きたら観測を終了するという場合を**タイプII打ち切り**(Type II censoring)と呼ぶが，これは c が t と異なる確率変数ではなく，t のうち n_0 番目に短い値そのもの $t_{(n_0)}$ であると理解すればよく，式(5.54)において $c=t_{(n_0)}$ を代入すればよい。

5.5.2 情報のある打ち切りでの解析法

情報のある打ち切りは一般に同時密度関数 $f(t,c|\boldsymbol{x},\boldsymbol{\theta})$ のモデリングが必要であり，通常は処理が難しい。打ち切りが明確な原因によると考えら

*27 尤度のうち関心のあるパラメータのみの部分のこと。Cox 回帰モデルでは基準ハザード関数が除外された形式になる。

れる場合には競合リスクモデルが利用される。たとえば，目的変数がある病気Aに罹患してからの生存時間であれば，その病気以外の病気Bで死亡した場合には，病気Bが病気Aにとっての競合リスク要因となる。結婚から第1子が生まれるまでの期間に関心がある場合には，離婚が起きると「結婚している夫婦における結婚から第1子誕生までの期間」の観測としては打ち切りが起きると考えられるので，離婚が競合リスクになる。他にも，特定の治療法での治癒までの時間(関心のある変数)と状態変化に伴う治療法変更(打ち切り)，顧客の契約継続時間(関心のある変数)と別サービス契約(打ち切り)などさまざまな解析において，打ち切りの発生までの時間は，関心のある継続時間と相関があると考えることができる場合が多い。ここで競合リスク要因が2つあり，本来の継続時間を t_1, t_2 とすると，観測される継続時間 y は $y{=}\min\{t_1, t_2\}$ になり，本来は t_1 に関心があるとすると，$c{=}t_2$ とするならばランダムな(そして情報のある)打ち切りになると考えてよい。したがって，情報のある打ち切りは競合リスクモデルの一種として表現することができる。

Cox比例ハザードモデルなど，継続時間 t を特定の要因で説明するモデルにおいて，説明変数 $\boldsymbol{x}$ だけでは打ち切りと継続時間が条件付き独立にはならないが，別の変数 $\boldsymbol{w}$ も所与とすれば条件付き独立になるという仮定が成立する場合には，競合リスクを明示的にモデリングしない別の方法を利用できる。ここで，$\boldsymbol{w}$ は継続時間の説明変数に含めたくない場合*28には，打ち切り確率を $\boldsymbol{x}$ と $\boldsymbol{w}$ で説明するモデルを作成し，その確率を用いた**打ち切り確率の逆数による重み付き**(inverse probability of censoring weighting; IPCW)**推定法**を行うことで，一致性のある推定を行うことが可能である(Robins, 2007; Robins and Finkelstein, 2000)。

例 5.6(Cox比例ハザードモデルでのIPCW)

Cox比例ハザードモデルでは，継続時間 t の密度関数 $f(t)$ を生存関数 $S(t){=}1{-}F(t)$ で割ったハザード関数 $h(t)$ を以下のように表現する。

---

*28 このようなモデルを周辺(構造)モデルと呼ぶ。

$$h(t)=\frac{f(t)}{S(t)}=h_0(t)\exp(\boldsymbol{x}^t\boldsymbol{\beta}) \tag{5.55}$$

ここで $h_0(t)$ は説明変数 $\boldsymbol{x}$ がゼロベクトルの時のハザード関数であり，これを基準ハザード関数と呼ぶが，このモデルの利点は基準ハザード関数を特定しなくてよいという点にある。さて，ここで打ち切りと継続時間が $\boldsymbol{x}$ のみを所与とすると条件付き独立ではないが，$\boldsymbol{x}$ と $\boldsymbol{w}$ の両方を所与とすると独立である場合を考える。具体的には継続時間をある病気の患者の生存時間，$\boldsymbol{x}$ は観測開始時点での時間に依存しない説明変数としてたとえば薬の種類とすると，薬の種類だけで治療法の変更などの打ち切りを説明できるとは考えにくい。そこで $\boldsymbol{w}$ として各時点 t によって値が変化する時変共変量，たとえば各種の生化学的指標 $\boldsymbol{w}=\boldsymbol{w}(t)$ とすると，これらの指標を利用して医師は治療法を変更するため，$\boldsymbol{x}$ だけでなく $\boldsymbol{w}(t)$ の情報があると，打ち切りと継続時間は条件付き独立と言ってよいとする。このときもし下記の 2 つのモデルのどちらか(ただし後者は $\boldsymbol{x}$ がカテゴリカルな 1 変数の時)

$$\begin{aligned} h(t)^* &= h_0(t)\exp\{\boldsymbol{x}^t\boldsymbol{\beta}^*+\boldsymbol{w}(t)^t\boldsymbol{\gamma}\} \quad \text{or} \\ h(t)^{**} &= h_0(t)_x\exp\{\boldsymbol{w}(t)^t\boldsymbol{\gamma}\} \end{aligned} \tag{5.56}$$

を推定するのでよければ，情報のない打ち切りとなり，これらの推定は通常の部分尤度を用いればよい。しかし通常は $\boldsymbol{\gamma}$ には関心はなく，また時変共変量 $\boldsymbol{w}(t)$ は $\boldsymbol{x}$ の値によって変わる中間変数であるため，通常は式(5.55)での係数 $\boldsymbol{\beta}$ に関心がある。そこで IPCW 推定を行う。具体的には式(5.55)での係数 $\boldsymbol{\beta}$ のための部分尤度を $\boldsymbol{\beta}$ で微分してゼロとした推定方程式そのものを利用するのではなく，重み付けを行った推定方程式

$$\sum_{i=1}^n z_iW_i(t_i)\times\left[\boldsymbol{x}_i-\frac{\sum_{j=1}^n R_j(t_i)W_j(t_i)\boldsymbol{x}_j\exp(\boldsymbol{x}_j^t\boldsymbol{\beta})}{\sum_{j=1}^n R_j(t_i)W_j(t_i)\exp(\boldsymbol{x}_j^t\boldsymbol{\beta})}\right]=\mathbf{0} \tag{5.57}$$

の解を $\boldsymbol{\beta}$ の推定量とすればよい。ここで z_i は打ち切りがなければ 1，あれば 0 をとる打ち切り指標，$R_j(t_i)$ は t_i 時点でまだユニット j が継続していれば 1，そうでなければ 0 をとる(リスク集合に入っているかを示す)指標とする。また重み $W_j(t)$ は，ユニット j が t 時点まで打ち切られな

い確率の逆数の重みを基準化したものである。具体的には，$\boldsymbol{w}(t)$ で(本来の継続時間ではなく)打ち切りまでの時間を説明する比例ハザードモデル

$$\lambda(t|\boldsymbol{w}(t), \boldsymbol{\alpha}) = \lambda_0(t)\exp(\boldsymbol{w}(t)^t\boldsymbol{\alpha}) \tag{5.58}$$

で

$$K_i(t, \alpha) = \prod_{j:t_j<t, z_j=0} [1-\lambda(t_j|\boldsymbol{w}_i(t_j), \boldsymbol{\alpha})] \tag{5.59}$$

とすると，重みは $W_j(t)=K_i(t,0)/K_i(t,\hat{\alpha})$ となる[*29]。またここで，式(5.57)において重み $W_j(t_i)$ がすべて 1 の場合が，通常の部分尤度に基づく推定方程式である。 □

5.6 回帰分析モデルにおける連鎖式による多重代入

第 4 章で紹介した連鎖式による多重代入(FCS)では，同時分布と FCS で利用する条件付き分布の互換性や準互換性をチェックしないと推定にバイアスが生じ，また標準誤差も信頼できないとすでに述べた。ただし，通常の誤差が正規分布にしたがうと仮定した回帰分析モデルやロジスティック回帰，比例ハザードモデルによる生存時間分析などの回帰分析モデルにおいて説明変数のみに欠測がある場合では，以下の工夫を行うことで，FCS で MCMC 同様の事後分布を発生させることができる(Bartlett et al., 2015)。まず，「ランダムな欠測」にしたがう欠測を仮定する。すなわち，説明変数ベクトル $\boldsymbol{x}$ を $\boldsymbol{x}=(\boldsymbol{v}^t, \boldsymbol{w}^t)^t$ と分けると $\boldsymbol{w}$ のみ欠測が起こり，欠測確率が $\boldsymbol{w}$ には依存しない(式(5.10))場合を考える。

パラメトリックな回帰分析モデル $f(y|\boldsymbol{x}, \boldsymbol{\beta})$ のパラメータ $\boldsymbol{\beta}$ の推定が目的で FCS を行う場合には，第 4 章で示したように，$\boldsymbol{w}$ の欠測値の代入をその事後予測分布 $f(\boldsymbol{w}|y, \boldsymbol{v})$ から行えばよい。または 5.2 節に示したよ

---

*29 これを安定化された重み(stabilized weight)と呼び，分子が 1 の場合を安定化されていない重み(unstabilized weight)と呼ぶ。

うに，最尤推定やベイズ推定を行えばよい。ただしその際には共変量の分布 $f(\boldsymbol{x})$ または $f(\boldsymbol{w}|\boldsymbol{v})$ の仮定が必要であり，$\boldsymbol{w}$ の次元が多いときにはその分布を仮定することが難しく，また本来の回帰分析モデルのパラメータ推定を行うという目的からは不要である。そこで，$\boldsymbol{w}$ の各要素（その次元を J とすると第 j 要素は w_j，$j=1,\cdots,J$）ごとに1次元ずつ，正規分布やロジスティック回帰モデルなどを用いて代入するのがFCS（特にMICE）である。ただしMICEでは，各要素ごとに恣意的に決めた条件付き分布 $f(w_j|w_1,\cdots,w_J,y,\boldsymbol{v})$ と同時分布は互換性がなく，推定値にバイアスが生じる可能性がある。そこで，説明変数の条件付き分布 $f(w_j|w_1,\cdots,w_J,y,\boldsymbol{v})$ そのものではなく，$f(w_j|w_1,\cdots,w_J,\boldsymbol{v})$ を $f(\boldsymbol{w}|\boldsymbol{v})$ と互換性があるように設定した上で

$$f(y|\boldsymbol{x},\boldsymbol{\beta})f(w_j|w_1,\cdots,w_J,\boldsymbol{v}) \tag{5.60}$$

に比例するように欠測値を発生させて代入を行えばよい。具体的には以下の**棄却サンプリング**（rejection sampling）を利用する*30。つまり，条件付き分布 $f(w_j|w_1,\cdots,w_J,\boldsymbol{v})$ からまず欠測値 w_j^* を発生し，それを

$$\frac{f(y|w_1,\cdots,w_j^*,\cdots,w_J,\boldsymbol{v})}{\max\limits_{w_j} f(y|w_1,\cdots,w_j,\cdots,w_J,\boldsymbol{v})} \tag{5.61}$$

の確率で受容する。もし受容されない場合は，受容されるまで発生する。

この方法は，主要なモデルと互換性のあるFCS（substantive model compatible FCS; SMCFCS）と呼ばれる。上記の簡単な工夫により，FCSは互換性を有する代入法となるため，4.7節に示したようにMCMCと漸近的には同じ統計的性質を有する。

ただし前提条件としては，全ての j での $f(w_j|w_1,\cdots,w_J,\boldsymbol{v})$ は $f(\boldsymbol{w}|\boldsymbol{v})$ と互換性がある必要がある。これは，MICEでは目的変数と欠測のある説明変数の同時分布の（準）互換性が一致性の条件であるのに比べると弱い仮定であり，たとえば説明変数のうち1つが2値変数，他が連続変数で

*30　メトロポリス・ヘイスティングスアルゴリズムを利用してもよい。

あれば，例 4.6 に記載したように説明変数の同時分布には互換性が成立するため，回帰モデルがどのようなものであれ全体として互換性を有するような代入法となる。

この方法が MICE より優れている点として，たとえ MICE と同様に説明変数の代入モデルの互換性を無視して FCS を実施したとしても，回帰分析モデル $f(y|\boldsymbol{x}, \boldsymbol{\beta})$ の回帰関数に説明変数の高次項や交互作用項が存在する場合，生存時間分析の Cox 回帰などでは MICE よりも回帰係数の推定でのバイアスが小さいことがシミュレーションから示されている (Bartlett et al., 2015)。

5.7　まとめ

これまでに記載した内容を踏まえ，応用上の注意点を列挙する。

1　欠測確率が目的変数に依存しなければ，回帰分析モデルでは完全ケース分析は一致性を有する。

2　完全ケース分析ではサンプルサイズが小さくなり，データの有する情報を有効に利用していないため，モデルが正しく特定できる場合には EM アルゴリズムや MCMC を用いた推定を行うことが望ましい。

3　欠測が目的変数にのみ依存する場合には，関心のある回帰分析モデルの逆の回帰モデルを解くという方法が利用されることがある。その最も有名な例はケースコントロール研究でのオッズ比の推定である。ただしさまざまな制約があることから，現在では他の方法も開発されている。

4　回帰分析モデルで FCS を行う場合には，通常の MICE よりも互換性の仮定の弱い SMCFCS を利用することができる。互換性の仮定が成立すれば，得られた推定量は MCMC を用いた推定と同様に一致性があり，完全ケース分析より標準誤差を大幅に小さくすることができる。

5.7.1 ソフトウェア

全て連続変数の場合には，SAS の proc calis はまず回帰ではなく同時分布に多変量正規分布を仮定した直接尤度を最大化する最尤推定を行い，それにより回帰分析モデルの係数を推定することができる。ソフトウェア Amos も同様である。これらは実際には，(パラメータの制約を設けた)欠測パターンを群とみなした多群モデルを背後で推定している。

説明変数に欠測がある場合の一般化線形モデルでの解析で，EM アルゴリズムを用いた最尤推定が可能なのは，現時点でソフトウェア LogXact のみである。一方，MCMC を用いたベイズ推定であれば，欠測が目的変数と説明変数の両方にある場合であっても，ランダムな欠測が成立する場合には 5.2 節に記載したアルゴリズムで比較的容易にプログラムが書ける。SAS の proc mcmc では，目的変数はもちろん欠測のある説明変数も，その変数を目的変数とするモデル($f(\boldsymbol{w}|\boldsymbol{v})$ の分布) を指定することで欠測値を生成して，5.2 節のタイプの MCMC を実行する。

生存時間分析での IPCW を利用した解析を実施する場合には，R のパッケージ ipw，回帰モデルでの FCS としては Stata および R の smcfcs パッケージ(モジュール)が良い。R の mice や mi，Stata の ice よりも互換性の仮定がより成立しやすいためである。

6

脱落を伴う経時測定データの解析

6.1 経時測定データの解析

経時的な繰り返し測定を伴う，縦断的研究・パネル調査においては，対象となるすべての測定時点において，計画されていた通りに完全なデータの測定を行うことは，現実的には難しく，欠測の問題に悩まされることが多い。特に，これらの研究では，同一個人に対して繰り返し測定されるデータの時点間の相関を適切に考慮した解析が必要となり，これらの局外要因の影響にロバストなセミパラメトリック推測などの方法論が研究の対象とされてきた。

本章では，経時測定データの表記法として，n 人の対象者の追跡が行われ，T 時点における目的変数 $\boldsymbol{y}_i=(y_{i1},\cdots,y_{iT})^t\,(i=1,2,\cdots,n)$ が測定されるものとする。また，それぞれの対象者に観測される共変量のうち，y_{it} の回帰関数 $\boldsymbol{\mu}_i=E(\boldsymbol{y}_i|\boldsymbol{X}_i)$ の説明変数に含まれる共変量行列を $\boldsymbol{X}_i=(\boldsymbol{x}_{i1}^t,\cdots,\boldsymbol{x}_{in}^t)^t;\boldsymbol{x}_{it}=(x_{it1},\cdots,x_{itp})$，それ以外のものを $\boldsymbol{W}_i=(\boldsymbol{w}_{i1}^t,\cdots,\boldsymbol{w}_{in}^t)^t;\boldsymbol{w}_{it}=(w_{it1},\cdots,w_{itq})$ とする。本章では，まず，欠測が含まれない経時測定データに対する 2 つの代表的な解析方法を概説する。

6.1.1 周辺モデル

経時測定データの解析方法の代表的な方法のひとつとして，古典的な一般化線形モデルを多変量モデルに拡張した，周辺回帰モデルが挙げられる。このモデルでは，$\boldsymbol{y}_i$ と共変量 $\boldsymbol{X}_i$ の周辺的な関連のみを回帰関数 $\boldsymbol{\mu}_i=E(\boldsymbol{y}_i|\boldsymbol{X}_i)$ によってモデル化する。すなわち，回帰関数については，リンク関数 g により，$g(\boldsymbol{\mu}_i)=(g(\boldsymbol{\mu}_{i1}),\cdots,g(\boldsymbol{\mu}_{iT}))^t=\boldsymbol{X}_i\boldsymbol{\beta}$ というモデルの仮定をおく（$\boldsymbol{\beta}$ は p 次の回帰係数ベクトル）。Liang and Zeger (1986) は，こ

の回帰モデルに対して，以下の推定方程式から得られる推定量が，$\boldsymbol{\beta}$ のセミパラメトリックな一致推定量となることを示した。

$$U_{\mathrm{GEE}}(\boldsymbol{\beta}) = \sum_{i=1}^{n} \boldsymbol{D}_i^t \boldsymbol{\Sigma}_i^{-1}(\boldsymbol{y}_i - \boldsymbol{\mu}_i) = \boldsymbol{0}$$

ここで，$\boldsymbol{D}_i = \boldsymbol{D}_i(\boldsymbol{\beta}) = (\partial\boldsymbol{\mu}_i/\partial\boldsymbol{\beta})^t$，$\boldsymbol{\mu}_i = \boldsymbol{\mu}_i(\boldsymbol{\beta}) = g^{-1}(\boldsymbol{X}_i\boldsymbol{\beta})$ であり，$\boldsymbol{\Sigma}_i$ は目的変数間の共分散行列を表す。また，$\boldsymbol{\Sigma}_i = \boldsymbol{V}(\boldsymbol{y}_i|\boldsymbol{X}_i) = \phi\boldsymbol{A}_i(\boldsymbol{\beta})^{1/2}\boldsymbol{C}_i(\alpha)\boldsymbol{A}_i(\boldsymbol{\beta})^{1/2}$ と分解できるものとして，$\boldsymbol{A}_i(\boldsymbol{\beta})$ は分散関数 $a(\boldsymbol{\mu}_{i1}), \cdots, a(\boldsymbol{\mu}_{iT})$ を対角成分に持つ対角行列，$\boldsymbol{C}_i = \boldsymbol{C}_i(\alpha)$ は目的変数間の相関構造を表す作業相関行列，ϕ は尺度パラメータである。この推定方法では，上記の推定方程式に含まれる，1 次と 2 次のモーメントについてのみパラメトリックな制約が置かれ，それ以外の分布型についての仮定は必要とされない。すなわち，セミパラメトリックな推測の方法と解釈できる。また，仮に，分散関数や目的変数の時点間の相関構造など，2 次モーメントについての仮定が誤っていたとしても，推定関数全体の期待値はゼロであり，付録 A.3 の議論における不偏な推定方程式となる。すなわち，$\boldsymbol{\beta}$ の推定量の一致性は保持される[*1]。Liang and Zeger (1986) は，この推定方程式を**一般化推定方程式**(generalized estimating equation; GEE)と呼んだ。ただし，GEE は尤度に基づく推測とは異なるセミパラメトリックな推測方法であるため，第 2 章で示したような MAR のもとでの無視可能性は一般的には成り立たないので注意が必要である。

例 6.1(正規線形回帰モデル)

第 1 章の ACTG193A 試験のように，連続変量の目的変数の経時測定データを解析する場合のひとつの例としては，リンク関数を恒等関数 $g(\boldsymbol{\mu}) = \boldsymbol{\mu}$ とした多変量正規線形回帰モデル $\boldsymbol{\mu}_i = \boldsymbol{X}_i\boldsymbol{\beta}$ がよく用いられる。時点間の作業相関構造の仮定には，時点間の目的変数が独立(independent)であるという単純な構造から，時点間の相関が共通であることを仮定した交換可能(exchangeble; EXC)，1 次の自己回帰(autoregres-

＊1 実際には，一致性が成り立つためには，平均構造にも一定の条件が必要になる(Fitzmaurice et al., 1993; Pepe and Anderson, 1994)。

sion; AR(1))，また，すべての時点間の相関係数が異なることを仮定した無構造(unstructured; UN)などが用いられる(下記は3時点の場合)。

$$C_{\mathrm{EXC}} = \begin{pmatrix} 1 & \rho & \rho \\ \rho & 1 & \rho \\ \rho & \rho & 1 \end{pmatrix}, \qquad C_{\mathrm{AR(1)}} = \begin{pmatrix} 1 & \rho & \rho^2 \\ \rho & 1 & \rho \\ \rho^2 & \rho & 1 \end{pmatrix},$$

$$C_{\mathrm{UN}} = \begin{pmatrix} 1 & \rho_{12} & \rho_{13} \\ \rho_{12} & 1 & \rho_{23} \\ \rho_{13} & \rho_{23} & 1 \end{pmatrix}$$

ただし，ρ は，隣り合った時点の同点変数の相関である。

上記の通り，作業相関構造は誤っていても，$\boldsymbol{\beta}$ の推定量の一致性は保持される。ただし，妥当な検定・信頼区間を構成するためには，ロバスト分散の推定量を用いる必要がある。真の相関構造を正しく採用した場合，推定量の漸近的な精度は最良のものとなる。 □

6.1.2 変量効果モデル

もうひとつの代表的な方法として，反復測定データ $\boldsymbol{y}_i=(y_{i1},\cdots,y_{iT})^t$ における相関構造を，変量効果によってモデル化する方法がある。いわゆる**一般化線形混合モデル**(generalized linear mixed model)は，個人ごとの変量効果 $\boldsymbol{\eta}_i$ が与えられたもとで，$\{y_{it}\}$ が条件付き独立となるという仮定のもと，その条件付き平均が，

$$g\{E(\boldsymbol{y}_i|\boldsymbol{X}_i,\boldsymbol{Z}_i,\boldsymbol{\eta}_i)\} = \boldsymbol{X}_i\boldsymbol{\beta}+\boldsymbol{Z}_i\boldsymbol{\eta}_i$$

と表されるモデルになる。ここで $\boldsymbol{y}_{it}$ は指数型分布族に属する確率分布に従う確率変数とする。$\boldsymbol{Z}_i$ は個人ごとの変量効果に対応する共変量行列であり，$\boldsymbol{\eta}_i$ は何らかの確率分布(一般的には，正規分布)に従う変量効果である。パラメータの推測においては，変量効果 $\boldsymbol{\eta}_i$ を積分した周辺尤度についての最尤法が一般的に用いられる。前項の周辺モデルとは異なり，原則として，すべての分布形についての仮定が正しくなければ，推定量の一致性は失われる。また，最尤法に基づく推測となるため，第2章で示し

たMARのもとでの無視可能性などの議論はそのまま成立する。変量効果モデルの具体的な例としては，6.3節で，**MMRM**(mixed effect models for repeated measures)(Mallinckrodt et al., 2001)の紹介を行う。

6.2　脱落に関する欠測データメカニズム

一般的な縦断研究では，$\{\boldsymbol{y}_i, \boldsymbol{X}_i, \boldsymbol{W}_i\}$ のいずれにおいても，さまざまなパターンの欠測が起こり得るが，ここでは，単純のため，目的変数 $\boldsymbol{y}_i$ のみが欠測する状況を考える。縦断研究における典型的な欠測パターンのひとつが，脱落・追跡不能による欠測である。脱落による欠測は**単調な欠測**(単調欠測)と呼ばれ，追跡開始時点から，ある時点 t までのデータは観測されるが，それ以降(時点 $t+1$ から)のデータは観測されなくなるという欠測パターンである。慣習的には，これ以外の欠測パターンは，非単調(non-monotone)な欠測と呼ばれてきたが，脱落による欠測に加え，不規則的・間欠的な欠測も含むような複雑な欠測パターンとなるため，当然ながら，欠測データメカニズムのモデル化も複雑なものとなる。単調な欠測は，ある一時点における「**脱落**」というイベントのメカニズムをモデル化する問題と定式化することができ，比較的明快な枠組みのもとでの取り扱いが可能であるため，縦断データにおける欠測の取り扱いに関する方法論は，これまで単調な欠測を中心に発展してきた。本章でも，脱落による欠測を対象とした解説を行う。非単調な欠測の取り扱いについては，今後の重要な方法論の研究課題ともされている(National Research Council, 2010)。

6.2.1　MCAR

ここでは，第2章の表記法にしたがって，目的変数 $\boldsymbol{y}_i$ のうち，観測データの成分を $\boldsymbol{y}_{\mathrm{obs},i}$，欠測データの成分を $\boldsymbol{y}_{\mathrm{mis},i}$ と表記する。また，それぞれの時点での欠測指標を $\boldsymbol{r}_i=(r_{i1},\cdots,r_{iT})^t$ とする。第2章に示した通り，$\boldsymbol{y}$ の欠測データメカニズムが **MCAR** であるとは，脱落が起こる確率が，目的変数 $\boldsymbol{y}$，共変量 $(\boldsymbol{X}, \boldsymbol{W})$ のいずれにも依存しない，すなわち，

$\boldsymbol{r}$ と $(\boldsymbol{y}, \boldsymbol{X}, \boldsymbol{W})$ が独立であることをいう。この場合，欠測を無視した解析を行っても，精度の損失は生じるものの，妥当な結果が得られることとなる。しかし，一般的な縦断調査で，この仮定が支持されることはほとんどない。

一方，先述のような回帰モデルによる解析を行う際，モデルに投入される共変量 $\boldsymbol{X}$ が与えられたもとで，この MCAR の仮定が条件付きで成立するとすれば，単純な MCAR と同じく，完全ケース分析で妥当な結果が得られることとなる。この MCAR を少し緩めた仮定は，**共変量に依存した MCAR**(covariate-dependent MCAR; Little, 1995) といわれる。この仮定は，$\boldsymbol{y}_i$ の完全データから，$\boldsymbol{X}$ のそれぞれの水準ごとに，観測データ $\boldsymbol{y}_{\mathrm{obs},i}$ がランダムサンプルとして得られることを意味する。しかしながら，縦断研究では一般的に，脱落のメカニズムが，目的変数と独立であるという状況はそれほど多くはなく(たとえば，第 1 章の AIDS の臨床試験のように，試験期間中に，症状の悪化した患者ほど脱落を起こすというような例が多い)，これも依然としてかなり強い前提であるといえる。

6.2.2　MAR

MAR は，第 2 章に与えられた定義の通り，脱落のメカニズムが観測されているデータによって説明できるという仮定である。すなわち，脱落のメカニズムが，回帰モデルにモデル化される共変量 $\boldsymbol{X}$ のみではなく，目的変数 $\boldsymbol{y}$ の観測された成分および補助的な共変量 $\boldsymbol{W}$ に依存する場合をいう。

また，Robins et al. (1994)は，IPW 法によるセミパラメトリック推測を正当化するために，**sequential MAR**(S-MAR) というメカニズムを定義している。これは，生存時間解析の情報のない打ち切りと類似した仮定で，時点 t において $\boldsymbol{y}$ が欠測を起こす確率が，$(t-1)$ 時点までの目的変数の履歴と，t 時点までの $(\boldsymbol{X}, \boldsymbol{W})$ の共変量履歴(これらをまとめて $\mathcal{F}_{it}$ と表記する)が与えられたもとで，t 時点以降の $\boldsymbol{y}$ の値に依存しないという仮定である。単調な欠測を想定したもとでは，MAR との違いは，$(\boldsymbol{X}, \boldsymbol{W})$ について，脱落時点より後のデータに欠測データメカニズムが依存する可能性を省いている点にある。

6.2.3 NMAR

NMARは，これまでと同様，MAR, S-MARの仮定が崩れたもとでの欠測・脱落のことをいう。**情報のある脱落**(informative drop-out)とも呼ばれる。NMARのもとでは，脱落を起こした後の(欠測している)目的変数にも，欠測データメカニズムが依存することになる。

6.3 MCAR, MARのもとでの推測

6.3.1 尤度に基づく推測

前述の通り，尤度に基づく推測を行う場合には，MCARとMARは無視可能な欠測データメカニズムであり，直接尤度のみに基づいて推測を行うことができる。すなわち，最尤法による変量効果モデルによる推測を行う場合には，$f(\boldsymbol{y}|\boldsymbol{x})$のモデルが正しく特定できれば，この周辺尤度に基づいて，妥当な推測を行うことができる。

例 6.2(MMRMとACTG193A試験の解析)

医薬品開発の臨床試験においては，試験期間の途中で脱落を起こした対象者の欠測データを脱落が起こる直前(試験期間中，観測された最後の時点)の観測データで補完するという**LOCF**(last observation carried forward)法が長らく慣用されてきたが，近年の全米学術研究会議の報告書における議論などによって(付録A.4を参照)，その科学的妥当性には厳しい疑問が呈されている。一方で，MARのもとでの妥当な解析方法として，近年実践でも普及しつつあるのが，先述の**MMRM** (Mallinckrodt et al., 2001)を用いた尤度に基づく推測方法である。MMRMは，連続変量を目的変数とした線形混合モデルに基づくモデルである。線形混合モデルの一般的なモデルは，6.1.2で紹介した一般化線形混合モデルの特別なケースとして，

$$\boldsymbol{y}_i = \boldsymbol{X}_i\boldsymbol{\beta}+\boldsymbol{Z}_i\boldsymbol{\eta}_i+\boldsymbol{\epsilon}_i, \quad \boldsymbol{\eta}_i \sim N(0,\boldsymbol{S}), \quad \boldsymbol{\epsilon}_i \sim N(0,\boldsymbol{\Sigma})$$

と表される。$\boldsymbol{\epsilon}_i$ は対象者 i についての誤差ベクトルを表す。このとき，目的変数の周辺分布は，以下のように表記することができる。

$$\boldsymbol{y}_i \sim N(\boldsymbol{X}_i\boldsymbol{\beta},\boldsymbol{V}_i), \quad \boldsymbol{V}_i = \boldsymbol{Z}_i\boldsymbol{S}\boldsymbol{Z}_i^t+\boldsymbol{\Sigma}$$

一般的な線形混合モデルでは，回帰関数と，変量効果の構造・分布型を仮定したもとで得られるこの周辺尤度をもとに，尤度に基づく推測が行われる。

一方，臨床試験において，治療効果を表す主たる関心があるパラメータは，固定効果のパラメータ $\boldsymbol{\beta}$ であり，必ずしも，モデルのパラメタライズの方法を，上記の構造モデルに限る必要はない。MMRM は，同じ線形混合モデルを想定しつつも，$\boldsymbol{y}_i \sim N(\boldsymbol{X}_i\boldsymbol{\beta},\boldsymbol{V}_i)$ という周辺分布そのものをパラメタライズするというモデルである。すなわち，目的変数の周辺分散 $\boldsymbol{V}_i$ を，変量効果と誤差項の 2 つの要素に明示的に分離することなく，まとめて 1 つのパラメータと見なして，直接，推定の対象にするというモデルである。この場合，仮に $\boldsymbol{y}_i$ に欠測が含まれていたとしても，古典的な多変量正規分布モデルに基づく周辺尤度の直接最大化の問題と見なすことができる。$\boldsymbol{V}_i$ のパラメタライズにおいては，時点間の周辺的な相関構造のモデル化を行う必要がある。時点間の相関係数行列のモデルには，例 6.1 で示した交換可能(複合対称；compound symmetry ともいう)，1 次の自己回帰，無構造などが用いられる[*2]。MMRM では，回帰関数のモデルと周辺分散 $\boldsymbol{V}_i$ の構造さえ正しく特定すれば，欠測データメカニズムなどについての付加的な仮定は不要であり，MAR の仮定のもとで $\boldsymbol{\beta}$ についての妥当な推測を行うことができる。ただし，先述の通り，この方法は，尤度に基づく推測の方法であるため，いずれかのモデルを誤特定してしまうと，$\boldsymbol{\beta}$ の推定量の一致性と，検定・信頼区間の妥当性が失われる可能性がある。

ここでは，第 1 章で挙げた ACTG193A 試験の解析例を示す。治療の有効性を評価する目的変数を，全参加者，試験治療を完了したと想定した

*2 相関構造の誤特定を防ぐために，一般的には無構造のモデルが用いられることが多い。

表 6.1 ACTG193A 試験の解析結果。32 週時点での log(CD4+1) の群間差

	推定値	標準誤差	95%信頼区間	p 値
共分散分析(完全ケース分析)	0.387	0.075	(0.240, 0.533)	<0.001
共分散分析(LOCF)	0.407	0.055	(0.299, 0.515)	<0.001
MMRM(完全ケース分析)	0.391	0.075	(0.244, 0.537)	<0.001
MMRM	0.454	0.070	(0.316, 0.591)	<0.001

場合の 32 週時点での CD4 細胞数の対数値とし，3 剤併用群とそれ以外の 3 群における差を評価する。まず，単純な完全ケース分析として，32 週時点において，脱落を起こさず，CD4 細胞数が観測された対象者に限定をして，群間差を評価する。ここでは，追跡開始時点での CD4 細胞数を調整した共分散分析を行う。結果を表 6.1 に示す。有意な群間差が認められているが，脱落を起こした 4 割前後の対象者を除外した解析となっており，脱落に何らかの欠測データメカニズムが関連している場合には，バイアスが生じる可能性がある。次に，観測された最終時点の CD4 細胞数を便宜的に 32 週目のデータと見なして解析を行う，LOCF の解析結果を示す。これも，追跡開始時点での CD4 細胞数を調整した共分散分析による結果を示している。完全ケース分析では除外された 4 割前後の対象者のデータもすべて含まれるため，見かけ上は推定精度も向上しているが，これも先述の通り，解析の妥当性が担保されるためには強い前提が必要とされる。続いて，尤度に基づく推測方法である MMRM による解析結果を示している。ここでは，目的変数の時点間の相関構造に，無構造を仮定した結果を示している。説明変数としては，追跡開始時点での CD4 細胞数と，時点の効果(8 週，16 週，24 週，32 週)，および，治療と時点の交互作用をダミー変数によってモデル化している。脱落を起こした対象者の影響を評価するため，完全ケース分析も行っているが，MMRM を用いた解析により，群間差の推定値はやや大きめの値が得られている。MMRM は，非単調な欠測のもとでも，同じ原理で直接尤度法による推測を行うことができ，MAR の仮定が正しければ，同様に妥当な推測の結果が得られる。 □

6.3.2 セミパラメトリック推測

IPW 推定量

脱落を伴う経時データに対する重み付け推定法は，第 5 章に示した方法と同様，観測データに対して，欠測を起こさない確率の逆数を重みとして付与した IPW 推定方程式によって，セミパラメトリック推測を行う方法である。IPW 法は，6.1.1 の GEE などのセミパラメトリック推測の方法にも適用することができる。すなわち，対象者 i が時点 t において，脱落を起こす確率を $\lambda_{it}(\boldsymbol{\alpha})=\Pr(r_{it}=0|r_{i,t-1}=1,\mathcal{F}_{it})$ とすると，時点 t までに脱落を起こさない周辺確率は，

$$\pi_{it}(\boldsymbol{\alpha}) = \Pr(r_{it} = 1|\mathcal{F}_{it}) = \prod_{j=1}^{t}\{1-\lambda_{ij}(\boldsymbol{\alpha})\}$$

と表記することができ，以下の不偏な IPW 推定方程式で推測を行うことができる[*3]。

$$U_{\mathrm{IPW}}(\boldsymbol{\beta},\hat{\boldsymbol{\alpha}}) = \sum_{i=1}^{n}\boldsymbol{D}_i^t\boldsymbol{\Sigma}_i^{-1}\Delta_i(\hat{\boldsymbol{\alpha}})\{\boldsymbol{y}_i-g^{-1}(\boldsymbol{X}_i,\boldsymbol{\beta})\} = 0$$

ここで $\Delta_i(\boldsymbol{\alpha})$ は，$\{r_{i1}/\pi_{i1}(\boldsymbol{\alpha}),\cdots,r_{iT}/\pi_{iT}(\boldsymbol{\alpha})\}$ を対角成分に持つ対角行列である。ただし，$\boldsymbol{\beta}$ の一致性を保証するためには，単純な MAR の仮定よりも強い仮定が必要とされ，(1) S-MAR が成り立つこと，(2) ある時点 t までの履歴 $\mathcal{F}_{it}$ に基づく，時点 t での y_{it} の観測確率が 0 とならないこと，(3) 欠測データメカニズムを表す $\lambda_{it}(\boldsymbol{\alpha})$ のモデルが正しく特定されていること，の 3 つの仮定が必要とされる (Robins et al., 1994)。

例 6.3（ACTG193A 試験の解析）

重み付き推定法によって，ACTG193A 試験のデータを解析することを考える。主解析のモデルは，例 6.1 の多変量正規線形回帰モデルとして，結果変数は 8 週，16 週，24 週，32 週時点における結果変数のベク

*3 IPW 推定方程式には，2 つの代表的な不偏な推定方程式の構成方法があり，上記の IPW 推定方程式は，観測データを単位とした重み付けによるものである。もう 1 つは，完全ケースを単位とした重み付けを行う方法であり，これは次項に示す。

トルとする。説明変数は，治療群(3剤併用群，それ以外)を表す指示変数，追跡開始時点のCD4細胞数，時点を表すダミー変数(32週目を参照レベルとする)と，治療群を表す変数と時点の交互作用項とする。作業相関行列には，無構造を仮定したモデルを用いた。欠測データメカニズムを表すモデル $\lambda_{it}(\boldsymbol{\alpha})$ には，ロジスティック回帰モデルを用いた。説明変数には，治療群を表す指示変数，時点を表すダミー変数，年齢，性別，1時点前の目的変数の値(CD4細胞数)を用いている。$\lambda_{it}(\boldsymbol{\alpha})$ のモデルにおける推定結果を，表6.2に示す。8週目の時点を表すダミー変数については，推定値が得られていないが，これは，8週目において脱落を起こした患者が0名であるためである。結果としては，第1章に示した通り，時点ごとの欠測の割合の差異を反映して，脱落確率のモデルでは，時点の効果が有意となった(いずれも，$p<0.001$)。また，1時点前のCD4細胞数も脱落の発生と有意な関連を示しており($p<0.001$)，これは，「追跡期間中，疾患の進行が認められた患者ほど脱落を起こしやすい」といった欠測データメカニズムを示唆するものであると考えられる。また，表6.3に，32週時点におけるCD4細胞数の群間差についての推定・検定の結果を示した。欠測を無視したGEEの完全ケース分析と，IPW法による解析結果を示している。結果としては，いずれも有意な群間差が認められたが，GEEの完全ケース分析のほうが，治療効果の群間差を大きく推定しており，先述のMMRMの結果に近い推定値が得られた。一方，IPW法では，逆にLOCFなどに近い控えめの推定値が得られた。当然ながら，これらの結果から，いずれの結果が妥当なものであるかの識別は不可能である。しかし，いくつかの想定されうるシナリオは考慮することができ(MMRM，IPW法のいずれかにモデルの仮定の誤りがあった，あるいは，欠測データメカニズムがNMARであり，いずれの結果にもバイアスが入っていたなど)，実践においては，これらの感度分析が重要なものとなる。 □

二重にロバストな推定量

一方，5.4節に示された通り，上記のIPW推定方程式から得られる推定量は，一致性は持つが，一般的に漸近有効性は持たない。漸近有効な

表 6.2 欠測データメカニズムのモデル $\lambda_{it}(\boldsymbol{\alpha})$ の推定結果。ロジスティック回帰モデルの回帰係数

	推定値	95%信頼区間	p 値
切片項	0.827	(0.236, 1.417)	0.006
治療群(3 剤併用群, それ以外)	−0.006	(−0.240, 0.253)	0.959
時点(8 週目)	—	—	—
時点(16 週目)	1.023	(0.755, 1.291)	<0.001
時点(24 週目)	0.536	(0.293, 0.780)	<0.001
年齢(歳)	−0.004	(−0.017, 0.009)	0.508
性別(男性=1, 女性=0)	0.311	(−0.000, 0.622)	0.050
1 時点前の目的変数	0.667	(0.454, 0.880)	<0.001

表 6.3 ACTG193A 試験の解析結果。欠測を無視した GEE と IPW 解析。32 週時点での log(CD4+1) の群間差

	推定値	標準誤差	95%信頼区間	p 値
GEE(完全ケース分析)	0.456	0.072	(0.316, 0.597)	<0.001
IPW-GEE	0.366	0.078	(0.214, 0.517)	<0.001

推定量は，第 5 章で示した二重にロバストな推定法の枠組みのもとで得られる。ここでは，i 番目の対象者の推定関数の要素を $\boldsymbol{u}_i(\boldsymbol{\beta})=\boldsymbol{D}_i^t\boldsymbol{\Sigma}_i^{-1}(\boldsymbol{y}_i-\boldsymbol{\mu}_i)$ と表記することとすると，最終時点までの完全なデータが観測された対象者の情報に基づく，もう 1 つの不偏な推定方程式として，

$$U_{\mathrm{IPWCC}}(\boldsymbol{\beta}) = \sum_{i=1}^{n}\left\{\frac{r_{iT}}{\pi_{iT}}\boldsymbol{u}_i(\boldsymbol{\beta})\right\} = \mathbf{0}$$

という，最終時点までの完全データが得られた対象者を単位とした IPW 推定方程式を構成することができる。ここで，r_{iT} は i 番目の対象者に最終時点までの完全データが観測されたかどうかを表す欠測指標，π_{iT} は最終時点まで脱落を起こさない確率を表す。IPW 推定関数の不偏性は，

$$\sum_{i=1}^{n} E\left[\frac{r_{iT}\boldsymbol{u}_i(\boldsymbol{\beta})}{\pi_{iT}}\right] = \sum_{i=1}^{n} E\left[\frac{E[r_{iT}|\mathcal{F}_{iT}]E[\boldsymbol{u}_i(\boldsymbol{\beta})|\mathcal{F}_{iT}]}{\pi_{iT}}\right] = \sum_{i=1}^{n} E[\boldsymbol{u}_i(\boldsymbol{\beta})]$$

から成り立つため，この推定方程式から得られる推定量には一致性が成り立つ。しかし，この推定関数には，途中で脱落を起こした対象者の情報が

寄与しない。これらの情報は，適当な拡大項 $F(\boldsymbol{c}, \mathcal{F}_C, \boldsymbol{\beta})$ を付加することによって加えることができる。ここで，$\boldsymbol{c}_i=(c_{i1}, \cdots, c_{iT})^t$ は，i 番目の対象者の観測値が最後に得られた時点においてのみ 1 をとる指示変数のベクトルであり，$\mathcal{F}_{C,i}$ はその時点までの履歴の情報を表す。推定関数の不偏性を満たすための条件として，$E\{F(\boldsymbol{c}, \mathcal{F}_C, \boldsymbol{\beta})|\boldsymbol{y}_{\mathrm{obs},CC}\}=\boldsymbol{0}$ である。ここで，$\boldsymbol{y}_{\mathrm{obs},CC}$ は，最終時点までの完全データが観測された対象者についての結果変数のデータを表す。この拡大項を加えた推定方程式は，

$$\sum_{i=1}^{n}\left\{\frac{r_{iT}}{\pi_{iT}}\boldsymbol{u}_i(\boldsymbol{\beta})+F(\boldsymbol{c}_i, \mathcal{F}_{C,i}, \boldsymbol{\beta})\right\}=\boldsymbol{0}$$

と表され，拡大 IPW 推定方程式といわれる。推定関数の不偏性から，拡大推定量は，IPW 推定量を含む一致推定量のクラスとなる。このセミパラメトリックモデルのもとでの一致推定量のクラスの中で最も漸近分散の小さな推定量を，**セミパラメトリック有効**な推定量という (Tsiatis, 2006)。セミパラメトリック有効な推定量は，$F(\boldsymbol{c}, \mathcal{F}_C, \boldsymbol{\beta})$ が以下の型であるときに得られる (Seaman and Copas, 2009)。

$$F_{opt}(\boldsymbol{c}_i, \mathcal{F}_{C,i}, \boldsymbol{\beta}) = \sum_{t=1}^{T-1}\left\{\frac{c_{it}-\lambda_{i,t+1}(\boldsymbol{\alpha})r_{it}}{\pi_{i,t+1}(\boldsymbol{\alpha})}\boldsymbol{H}_{it}(\boldsymbol{\beta})\right\}$$

ここで，$\boldsymbol{H}_{it}(\boldsymbol{\beta})=E\{\boldsymbol{u}_i(\boldsymbol{\beta})|\mathcal{F}_{C,i}, r_{it}=1\}(t=1, 2, \cdots, T-1)$ である。この期待値計算は，時点 i までの履歴が所与のもとで，将来のデータの条件付き分布によって行われる。この場合にも，上記の推定方程式から得られるセミパラメトリック有効な推定量は，二重のロバスト性を持ち，$\boldsymbol{y}$ の回帰モデルと欠測確率のモデル $\lambda_{it}(\boldsymbol{\alpha})$ のいずれかが正しく特定されれば，一致性が成り立つ。セミパラメトリック有効性は，これらの 2 つのモデルがどちらも正しく特定された場合に成り立つ。

6.4 NMAR のもとでの推測

MAR や S-MAR が成り立たないもとでは，尤度に基づく推測でも，第

2章のような尤度関数の分解ができないため，解析上の取り扱いもより困難なものとなる。したがって，推測を行う上でも，目的変数のモデルと脱落のメカニズムのモデルを同時に考慮する必要がある。

6.4.1 選択モデル

第2章で述べた通り，**選択モデル**による方法とは，以下の分解に基づくモデル化の方法である。

$$f(\boldsymbol{y},\boldsymbol{r}|\boldsymbol{x};\boldsymbol{\theta},\boldsymbol{\psi}) = f(\boldsymbol{y}|\boldsymbol{x};\boldsymbol{\theta})f(\boldsymbol{r}|\boldsymbol{y},\boldsymbol{x};\boldsymbol{\theta},\boldsymbol{\psi})$$

すなわち，この場合には，回帰モデル $f(\boldsymbol{y}|\boldsymbol{x};\boldsymbol{\theta})$ と，脱落を起こす確率についてのモデル $f(\boldsymbol{r}|\boldsymbol{y},\boldsymbol{x};\boldsymbol{\theta},\boldsymbol{\psi})$ についてのモデル化を行う必要がある。一般的に，後者を選択モデルといい，以下の欠測確率のモデルを想定することとなる。

$$\lambda_{it} = \Pr(r_{it} = 0|r_{i,t-1} = 1, y_{i1}, \cdots, y_{iT})$$

MARとは異なり，脱落を起こした後の欠測した目的変数も依存するモデルとなっていることに注意が必要である。代表的なモデル化の方法としては，Diggle and Kenward (1994)によるものがあり，回帰関数のモデルが多変量回帰モデル

$$y_{it} = \boldsymbol{X}_{it}\boldsymbol{\beta}+e_{it}, \quad t = 1, \cdots, T$$

である場合に，選択モデルが，目的変数の観測された成分・欠測した成分の両方と，適当な共変量でモデル化される2項回帰モデルで表されるモデルが考えられている。たとえば，以下のようなロジスティック回帰モデル

$$\mathrm{logit}(\lambda_{it}) = \boldsymbol{\alpha}_t+\boldsymbol{X}_{it}\boldsymbol{\gamma}+y_{i,t-1}\psi_1+y_{it}\psi_2$$

である。Diggle and Kenward (1994)のモデルでは，MCAR, MARも特殊な場合として表現することができ，たとえば，y_{it} が時点 t で脱落を起こす場合，ψ_2=0 のときに，脱落データメカニズムはMARとなる。

6.4.2　パターン混合モデル

本項では簡便さのため，r を脱落を起こした時点を表す変数$(=1, 2, \cdots, T+1)$とする。**パターン混合モデル**とは，$(\boldsymbol{y}^t, r)^t$ の同時分布を

$$f(\boldsymbol{y}, r|\boldsymbol{x}; \boldsymbol{\theta}, \boldsymbol{\psi}) = f(\boldsymbol{y}|r, \boldsymbol{x}; \boldsymbol{\theta}) f(r|\boldsymbol{x}; \boldsymbol{\psi})$$

と分解し，$f(\boldsymbol{y}, r|\boldsymbol{x})$ が，欠測パターン別の $\boldsymbol{y}$ の周辺分布 $f(\boldsymbol{y}|r{=}d, \boldsymbol{x}; \boldsymbol{\theta})$ $(d{=}1, 2, \cdots, T{+}1)$の混合分布になっていると見なすモデルである。ここでは，単調な欠測のみを考えているため，T 時点の観測時点のいずれにおいて欠測が起こるか，もしくは最終時点までの完全なデータが得られるかで，欠測パターンは合計 T パターンとなる*4。すなわち，T 成分の混合分布モデルを考えることになる。しかしながら，このモデルでは，最終時点まで脱落を起こさなかった対象者の成分以外では，$\boldsymbol{y}_{\mathrm{mis}}$ に対応するデータがそもそも観測されないため，これだけの仮定では，パラメータは推定不可能である。

パラメータの推定可能性を担保するためには，付加的なモデルの制約を置く必要がある。代表的なものとしては，Little (1993)による **CCMV** (complete case missing variable)，Molenberghs et al. (1998)による **ACMV**(available case missing variable) といった制約が考えられている。CCMV は，以下のような制約であり，

$$f(y_{is}|y_{i1}, \cdots, y_{i,t-1}, r_i = t) = f(y_{is}|y_{i1}, \cdots, y_{i,t-1}, r_i = T{+}1) \quad (s = t, t{+}1, \cdots, T)$$

時点 t で脱落を起こした対象者集団の脱落時点以降の(観測されていない)目的変数の条件付き分布が，最終時点まで脱落を起こさなかった対象者集団のものと同一であることを意味する。一方，ACMV は，この条件付き分布が，それぞれの時点で観測されている(利用可能な)すべてのデータの分布と同一であるという仮定である。

---

*4　ただし，該当する対象者が 1 人もいないパターンがある場合は，その成分は除く。

$$f(y_{is}|y_{i1},\cdots,y_{i,t-1},r_i=t)=f(y_{is}|y_{i1},\cdots,y_{i,t-1},r_i>t)$$
$$(s=t,t+1,\cdots,T)$$

ACMVの仮定は，単調な欠測においては，選択モデルのもとでのMARの仮定に相当する(Molenberghs et al., 1998)。他にも，脱落を起こした対象者の目的変数の条件付き分布が，最も近い脱落パターンを持つ対象者集団のものと同一であるというNCMV(neighboring case missing variable)という制約もよく用いられる。また，Little (1994)は，選択モデルのもとでのNMARに対応する，ある時点での欠測が，その時点で欠測している値そのものに依存することまで許した制約を提案している。

6.4.3 共有パラメータモデル

共有パラメータモデルは，第2章に示した通り，目的変数 $\boldsymbol{y}$ のモデルと脱落のメカニズム r のモデルの両方を，共通の潜在変数によってモデル化したものであり，脱落を伴う経時データの解析においても，有用なアプローチのひとつとして検討が行われてきた(Wu and Bailey, 1988; Wu and Carroll, 1988; Follmann and Wu, 1995)。Little (1995) では，共有パラメータモデルは，目的変数の測定誤差が大きく，脱落のメカニズムに目的変数の値が関連するというより，病態の進行の程度のような潜在的な要因が関係すると思われる状況において有用なアプローチと考えられると述べられている。

6.4.4 セミパラメトリックモデル

NMARの脱落データメカニズムのもとでのセミパラメトリック選択モデルに基づく感度分析の方法は，Rotnitzky et al. (1998)，Scharfstein et al. (1999)によって開発された。モデル化の枠組みは，6.3.2のS-MARのもとでのIPW推定法を拡張したものと考えることができる。たとえば，単純な欠測データメカニズムをモデル化した2項確率モデルとして，

$$\mathrm{logit}\lambda_{it}=h(\mathcal{F}_{it};\psi)+q(y_{it},\cdots,y_{iT};\tau)$$

というモデルを考えるとする。このとき，h, q はパラメータ ψ, τ によって規定される，既知の関数である。h は，時点 t までの履歴が脱落にどの程度関連するかを表す関数であり，q は時点 t 以降の目的変数(欠測した目的変数のデータも含む)の関連を示す関数である。ここでは単純な例として，$q(y_{it}, \cdots, y_{iT}; \tau) = \tau y_{iT}$ といったモデルを考える。すなわち，時点 t 以降の目的変数の中で，最終時点の目的変数のみが，各時点での脱落に関連するというモデルである。$\tau=0$ の場合には，S-MAR の仮定が成り立つので，従来の IPW 法の枠組みで，妥当なセミパラメトリック推測を行うことができる。$\tau \neq 0$ の場合には，S-MAR の仮定が崩れることになる。Rotnitzky et al. (1998)，Scharfstein et al. (1999) は，このような場合，この選択バイアスパラメータ τ をデータから推定するのではなく，想定されうる値の範囲で動かしたときに，最終的な結果がどの程度の影響を受けるのかという感度分析を行うための方法を提案している。

6.5　ソフトウェアと関連資料の紹介

脱落を伴う経時データの解析は，さまざまな研究領域において重要な問題であり，すでに多くの解析ソフトウェアが開発されている。本項ではそのすべてを紹介することはできないが，邦文による資料としては，日本製薬工業協会医薬品評価委員会データサイエンス部会によって，本章で紹介したような一連の解析方法について，平易かつ網羅的な解説が行われた報告書が作成されている*[5,6]。医薬品開発の臨床試験を主たる応用の対象としているが，ソフトウェアの情報も含め，医学系以外の専門家にも大いに参考になると思われる。MAR の仮定のもとでの解析方法については，SAS などの標準的な統計ソフトウェアに，すでに実装されている

---

*5　日本製薬工業協会医薬品評価委員会データサイエンス部会 臨床試験の欠測データの取り扱い(2014 年 7 月)。
http://www.jpma.or.jp/information/evaluation/allotment/missing_data.html

*6　日本製薬工業協会医薬品評価委員会データサイエンス部会 欠測のある連続量経時データに対する統計手法について ver 1.0(2016 年 1 月)。
http://www.jpma.or.jp/information/evaluation/allotment/statistics.html

ものも多い(例えば，本章で解説したMMRMはSASのPROC MIXED，IPW法はPROC GEEで実行することができる)。NMARのもとでの感度分析の方法についても，DIA (Drug Information Association) Scientific Working Group on Missing DataによるSASマクロが作成されており，London School of Hygiene and Tropical MedicineのWebページwww.missingdata.org.ukに公開されている。同Webページには，その他にも，脱落を伴う経時データ解析に関する多くの研究資源やソフトウェアの情報が掲載されている。先述の日本製薬工業協会による報告書では，これらのSASの解析プログラムやマクロについても，邦文で平易な解説が行われている。

本章で紹介した，ACTG193A試験のデータの解析についても，SASの解析プログラム例を，本書のWebページhttp://www2.itc.kansai-u.ac.jp/~takai/Book/index.htmlに公開している。併せて，本文中では紹介できなかったが，NMARの仮定のもとでの選択モデル，パターン混合モデル，共有パラメータモデルによる感度分析のSASによる実行例も掲載している。

7
欠測データメカニズムの検討

第2章において，3種類の欠測データメカニズム(MCAR，MAR，NMAR)を導入した。欠測値を含む実際のデータを分析するときには，これら3つのうちどのメカニズムが原因で欠測値が生じているのかを判断する必要がある。本章では，手元にあるデータの欠測値がどのメカニズムで発生しているのかを検討する方法について述べる。そして，想定している欠測データメカニズムが結果にどんな影響を及ぼすのかを調べるための感度分析について述べる。

7.1 MCARとMARの検討

データがMCARであるということは，欠測指標と変数の間が独立であるということであった。言い換えると，各欠測パターンにおけるデータの分布が共通しているということである。この性質を利用して，MCARを検定することができる。いくつかのMCARの検定方法が提唱されてきたが，まず t 検定による方法とLittle (1988)の方法を紹介する。この2つの方法は，帰無仮説を「データはMCARである」，対立仮説を「データはMCARではない」としている。したがって，帰無仮説が棄却されると，MCARでないことがわかるだけで，MARかNMARかどうかをさらに検討しなければならない。そこで，最後にHausman検定(e.g., Hausman, 1978)を用いた方法を紹介する。この検定では，帰無仮説を「データはMCARである」とし，対立仮説を「データはMARである」とすることも，帰無仮説を「データはMAR」とし，対立仮説を「データはNMAR」とすることもできる。

なお，ここで紹介する検定は，MCARやMARそのものを検定しているわけではなく，MCAR や MAR の論理的な帰結を検定していることに注意が必要である。そのため，帰無仮説を棄却できなくても，論理的には MCAR や MAR であると断定できるわけではない。ここで紹介する検定方法は，あくまでも欠測データメカニズムに対する実質科学的検討を経た後に，念のために行うものであることに留意してほしい。

7.1.1 t 検定による方法

MCAR ならば $\boldsymbol{y}$ とその欠測指標 $\boldsymbol{r}$ は独立なので，$\boldsymbol{r}$ の値にかかわらず，$\boldsymbol{y}$ の分布は等しくなるのであった(第 2 章 2.5.1 を参照)：

$$f(\boldsymbol{y}) = f(\boldsymbol{y}|\boldsymbol{r}^{(k)}) = f(\boldsymbol{y}|\boldsymbol{r}^{(k')}), \quad (k \neq k'). \tag{7.1}$$

したがって，異なる欠測パターンにおける 1 次モーメントも等しい：

$$E(y_j) = E(y_j|\boldsymbol{r}^{(k)}) = E(y_j|\boldsymbol{r}^{(k')}), \quad k, k' = 1, \cdots, K. \tag{7.2}$$

つまり，MCAR ならば，異なる欠測パターン間の平均が等号で結べるということである。言い換えれば，この等号が成立しないということは MCAR ではないということである。この関係性を利用して，MCAR が成立するかどうかを検定する。なお，実際にこの等号が成立しているかどうかを検定できるのは，対応するデータが観測できる場合に限られていることに注意する必要がある。

MCAR が真ならば式(7.2)が成立するので，式(7.2)を検定する方法を考えよう。$\boldsymbol{y}$ は正規分布に従っているものとする。表 7.1 において，y_1 が MCAR で欠測しているとすると，y_1 が欠測しているときと，y_1 が観測されているときの y_2 と y_3 の母平均は等しいはずである。つまり，

$$E(y_2|\boldsymbol{r}^{(1)}) = E(y_2|\boldsymbol{r}^{(2)}),$$
$$E(y_3|\boldsymbol{r}^{(2)}) = E(y_3|\boldsymbol{r} \neq \boldsymbol{r}^{(2)})$$

などが成立する。たとえば，$E(y_2|\boldsymbol{r}^{(1)})=E(y_2|\boldsymbol{r}^{(2)})$ を検定するときには，第 1 欠測パターンの y_2 のデータを 1 つの群，第 2 欠測パターンにおける y_2 のデータをもう 1 つの群とみなして，2 つの群の母平均を t 検定を用い

表 7.1　欠測データの例(再掲)

番号	y_1	y_2	y_3
1	○	○	○
⋮	⋮	⋮	⋮
n_1	○	⋮	⋮
n_1+1	×	⋮	⋮
⋮	⋮	⋮	⋮
$\sum_{k=1}^{2} n_k$	×	○	⋮
$\sum_{k=1}^{2} n_k+1$	○	×	⋮
⋮	⋮	⋮	⋮
$\sum_{k=1}^{3} n_k$	○	×	○

○：観測値　　×：欠測値
欠測パターンにおけるサンプルサイズは上から n_1, n_2, n_3 である。

て比較すればよい。帰無仮説が棄却されれば，データが MCAR でないということになる。同様に

$$E(y_3|\boldsymbol{r}^{(2)}) = E(y_3|\boldsymbol{r} \neq \boldsymbol{r}^{(2)})$$

も t 検定(あるいは分散分析)によって検定できる。

例 7.1(t 検定による MCAR の検討)

第 3 章でも使った表 7.2 のデータに対して，t 検定を用いて欠測データメカニズムの検定を行う。y_2 の欠測指標を r と書き，y_2 が観測されるとき $r=1$，y_2 が欠測しているとき $r=0$ としよう。全変数が観測されている欠測パターンを第 1 欠測パターン，$r=0$ となる欠測パターンを第 2 欠測パターンと呼ぶことにする。

データが MCAR であれば，第 1 欠測パターンの y_1 の平均 $E(y_1|r=1)$ と，第 2 欠測パターンの y_1 の平均 $E(y_1|r=0)$ が等しくなる，つまり

$$E(y_1|r=1) = E(y_1|r=0) = E(y_1)$$

が成り立つ。これを t 検定を用いて検証しよう。$r=0$ の群と $r=1$ の群があると考える。両群の分散が等しいことを仮定する t 検定(MCAR な

表 7.2　リンゴの収穫量と虫害の割合(再掲)

樹木番号	1 樹の収穫量(100 果)(y_1)	虫害果実の 100 分率(y_2)	欠測指標の値(r)
1	8	59	1
2	6	58	1
3	11	56	1
4	22	53	1
5	14	50	1
6	17	45	1
7	18	43	1
8	24	42	1
9	19	39	1
10	23	38	1
11	26	30	1
12	40	27	1
13	4	?	0
14	4	?	0
15	5	?	0
16	6	?	0
17	8	?	0
18	10	?	0

右の列に欠測指標の値を加えてある。

らば両群の分散は等しい)を用いると，t=3.326(df=16) となる。有意確率は 0.4% であるので，有意水準 5% で帰無仮説「データは MCAR である」は棄却される。□

この t 検定を用いるときには，各欠測パターンで平均や分散を計算するので，各欠測パターンに十分なサンプルサイズがあることを確認しておかねばならない。たとえば，表 7.1 において y_2 が MCAR かどうかを検定するとき，y_2 が欠測している欠測パターンにおけるサンプルサイズが 3 以上ないと分散が計算できなくなってしまう。

7.1.2　Little の検定

t 検定を使った方法では，正規分布にしたがうデータの欠測パターン間の一部の平均を比較した。一方，次に紹介する **Little の検定**は，正規分布にしたがうとは限っていないデータの(推定可能な)全変数の平均の欠測パターン間による違いを比較する方法である。

全ての欠測パターンにおけるサンプルサイズ n の欠測データを用いた正規分布モデル[*1]にもとづく平均 $\boldsymbol{\mu}=E(\boldsymbol{y})$ と分散 $\Sigma=V(\boldsymbol{y})$ の最尤推定値を，$\hat{\boldsymbol{\mu}}$ と $\hat{\Sigma}$ と書く。第 k 欠測パターンにおける観測される変数の数を J_k と書く。第 2 章と同様にその欠測パターンにおける観測変数を $\boldsymbol{y}^{(k)}$ と書く。たとえば，表 7.1 において上から第 1，第 2，第 3 欠測パターンとすると，第 1 欠測パターンでは $J_1=3$，$\boldsymbol{y}^{(1)}=(y_1,y_2,y_3)^t$ であり，第 2 欠測パターンでは $J_2=2$，$\boldsymbol{y}^{(2)}=(y_2,y_3)^t$，第 3 欠測パターンでは $J_3=2$，$\boldsymbol{y}^{(3)}=(y_1,y_2)^t$ となる。また $\boldsymbol{\mu}=(\mu_1,\mu_2,\mu_3)^t$ の各欠測パターンに対応した部分ベクトルを $\boldsymbol{\mu}^{(k)}$ と書くことにする。たとえば，$E(\boldsymbol{y}^{(1)})=\boldsymbol{\mu}^{(1)}=\boldsymbol{\mu}$，$E(\boldsymbol{y}^{(2)})=\boldsymbol{\mu}^{(2)}=(\mu_2,\mu_3)^t$，$E(\boldsymbol{y}^{(3)})=\boldsymbol{\mu}^{(3)}=(\mu_1,\mu_3)^t$ である。同様に $\Sigma^{(k)}$ も定義する。つまり，$V(\boldsymbol{y}^{(1)})=\Sigma^{(1)}=\Sigma$，$V(\boldsymbol{y}^{(2)})=\Sigma^{(2)}$，$V(\boldsymbol{y}^{(3)})=\Sigma^{(3)}$ である。同様に $\hat{\boldsymbol{\mu}}^{(k)}$ と $\hat{\Sigma}^{(k)}$ も，$\hat{\boldsymbol{\mu}}$ と $\hat{\Sigma}$ の要素から選出された各欠測パターンにおけるパラメータの要素を示すものとする。

以上の設定の下で，Little (1988) による「データは MCAR である」を検定するための統計量を導出しよう。まず $\boldsymbol{y}$ が平均未知，分散既知の正規分布 $N(\boldsymbol{\mu},\Sigma)$ にしたがうという状況を考えよう[*2]。MCAR が真であれば，$\boldsymbol{y}$ と $\boldsymbol{r}$ は独立なので，どの欠測パターンにおいても，パターン混合モデルの性質から（第 2 章 2.5.1 を参照），

$$\boldsymbol{y}^{(k)}|\boldsymbol{r}^{(k)} \sim N(\boldsymbol{\mu}^{(k)},\Sigma^{(k)})$$

となる。ここで，この表記は $\boldsymbol{r}=\boldsymbol{r}^{(k)}$ に条件付けた下での $\boldsymbol{y}^{(k)}$ が正規分布 $N(\boldsymbol{\mu}^{(k)},\Sigma^{(k)})$ にしたがうという意味である。一方，MCAR でないならば，

$$\boldsymbol{y}^{(k)}|\boldsymbol{r}^{(k)} \sim N(\boldsymbol{\nu}_k,\Sigma^{(k)})$$

である（共分散は MCAR であってもなくても共通であると仮定してい

*1　正規分布「モデル」という言い方は，データを発生させる分布が正規分布であると想定しているという意味である。真のデータの発生分布は，正規分布かもしれないが，そうでないかもしれない，という状況を考えるということである。
*2　つまり，モデルの分布と真の分布が一致するという状況を考える。

る)。ここで，$\boldsymbol{\nu}_k$ は欠測パターンによって異なる平均であり，各欠測パターンの観測データから最尤推定することができる。各欠測パターンにおける $\boldsymbol{\nu}^{(k)}$ の最尤推定値は，$\boldsymbol{r}=\boldsymbol{r}^{(k)}$ における観測データにもとづく算術平均になる。それを $\overline{\boldsymbol{y}}^{(k)}$ と書くことにする。MCAR の下での直接尤度を分子，MCAR でないときの直接尤度を分母とする尤度比を作って −2 倍すると，検定統計量として，

$$d_0^2 = \sum_{k=1}^{K} n_k(\overline{\boldsymbol{y}}^{(k)}-\hat{\boldsymbol{\mu}}^{(k)})'(\Sigma^{(k)})^{-1}(\overline{\boldsymbol{y}}^{(k)}-\hat{\boldsymbol{\mu}}^{(k)})$$

を得る。この d_0^2 は帰無仮説の下で，自由度 $\sum_{k=1}^{K} J_k-J_1$ のカイ 2 乗分布にしたがうことが知られている。

より現実的に，分散が既知であることや $\boldsymbol{y}$ が正規分布にしたがっているという条件を緩めることを考えよう。分散が未知で，真の分布が正規分布であるとは限らないとする。サンプルサイズ n の欠測データを用いて，正規分布モデルにもとづき最尤推定値 $\hat{\boldsymbol{\mu}}$ と $\hat{\Sigma}$ を計算する。$\tilde{\Sigma}=n\hat{\Sigma}/(n-1)$ とおき，$\tilde{\Sigma}^{(k)}=n\hat{\Sigma}^{(k)}/(n-1)$ とする。このとき，Little (1988)は検定統計量として

$$d^2 = \sum_{k=1}^{K} n_k(\overline{\boldsymbol{y}}^{(k)}-\hat{\boldsymbol{\mu}}^{(k)})'(\tilde{\Sigma}^{(k)})^{-1}(\overline{\boldsymbol{y}}^{(k)}-\hat{\boldsymbol{\mu}}^{(k)}) \tag{7.3}$$

を使うことを提唱した。この d^2 は，帰無仮説の下で，漸近的に自由度 $\sum_{k=1}^{K} J_k-J_1$ のカイ 2 乗分布にしたがうことが知られている。この統計量を用いた MCAR の検定を Little の検定という。

例 7.2（MCAR の検定）

表 7.2 のデータに Little の検定を適用しよう。まず，$n_1=12$，$n_2=6$ である。また，

$$\overline{\boldsymbol{y}}^{(1)} = \begin{pmatrix} 19 \\ 45 \end{pmatrix}, \quad \overline{\boldsymbol{y}}^{(2)} = 6.17$$

である。第 3 章の 3.6.2 の例から，

$$\hat{\boldsymbol{\mu}}^{(1)} = \begin{pmatrix} 14.72 \\ 49.33 \end{pmatrix}, \quad \tilde{\Sigma}^{(1)} = \frac{18}{17}\begin{pmatrix} 89.53 & -90.70 \\ -90.70 & 114.69 \end{pmatrix},$$

$$\hat{\boldsymbol{\mu}}^{(2)} = 14.72, \quad \tilde{\Sigma}^{(2)} = \frac{18}{17}\times 89.53$$

であった。これらを式(7.3)に代入すると，$d^2=6.949$ となる。自由度は $2+1-2=1$ であるから有意水準 5% の有意点は 3.841 となり，帰無仮説は棄却される。これは例 7.1 と同じ結論である。 □

なお例 7.2 が例 7.1 と同じ結論になったのは単なる偶然ではない。表 7.2 のような 2 変量で一方のみが欠測する単調欠測データに対しては，t 検定と Little の検定は同じ結論を出すことが知られているからである。

この検定方法は非常に魅力的であるが，問題がないわけではない。第 1 の問題は，MCAR でないときにも異なる欠測パターン間で分散が共通であると仮定している点にある。実際にこの仮定が満たされていないときには適用できない。この点を改良して，MCAR でないときには，

$$\boldsymbol{y}^{(k)}|\boldsymbol{r}^{(k)} \sim N(\boldsymbol{\nu}_k, \Gamma_k)$$

を仮定することもできる。ここで，Γ_k は欠測パターンごとに異なる分散である。このとき，$\hat{\Gamma}_k$ によって第 k 欠測パターンにおける標本分散行列を表すと，尤度比の (-2) 倍は

$$d_{\text{aug}}^2 = d^2 + \sum_{k=1}^{K}\left[n_k \text{tr}\left(\hat{\Gamma}_k\left(\hat{\Sigma}^{(k)}\right)^{-1}\right) - J_k - \log|\Gamma_k^{-1}| + \log\left|\left(\hat{\Sigma}^{(k)}\right)^{-1}\right|\right]$$

となり，漸近的に自由度 $\sum_{k=1}^{K} J_k(J_k+3)/2 - J_1(J_1+3)/2$ のカイ 2 乗分布にしたがう。ただし，$\hat{\Gamma}_k$ の逆行列が一意に定まることを仮定している。第 2 の問題は，データが正規分布にしたがっていないときにも低次モーメントのみを用いている点である。本当は MCAR でなかったとしても，異なる欠測パターンの間で 1 次モーメントだけなら一致することがありうる。その場合には，帰無仮説は棄却されず，間違った結論に至ってしまう。

7.1.3 Hausman 検定を利用した方法

ここまで紹介した検定では，帰無仮説は「データは MCAR である」であり，対立仮説は「データは MCAR でない」であった。帰無仮説が棄却されると，データが MAR か NMAR かはさらに検討を要する。そこで，**Hausman 検定**を用いる手続きを紹介しよう。この検定法を欠測データメカニズムの検定に用いると，帰無仮説を「データは MCAR」とし，対立仮説を「データは MAR」とすることも，帰無仮説を「データは MAR」とし，対立仮説を「データは NMAR」とすることもできる。

Hausman 検定とは，想定されているモデルが正しいかどうかを検定する方法である。帰無仮説は「想定しているモデルが正しい」であり，対立仮説は帰無仮説の否定である。いま，パラメータ $\boldsymbol{\theta}(s\times 1)$ について 2 つの推定量 $\tilde{\boldsymbol{\theta}}$ と $\hat{\boldsymbol{\theta}}$ が得られたとする。ただし，$\tilde{\boldsymbol{\theta}}$ は，帰無仮説の下でも，対立仮説の下でも，真のパラメータ値 $\boldsymbol{\theta}_0$ への一致性を持ち，他の $\boldsymbol{\theta}$ のどの推定量よりも分散が小さいものとする。たとえば，最尤推定量がこの条件を満たす。一方，$\hat{\boldsymbol{\theta}}$ は帰無仮説の下では真のパラメータ値への一致性を持ち $\tilde{\boldsymbol{\theta}}$ よりも漸近分散が大きいが，対立仮説の下では一致性を持たないものとする。このとき，帰無仮説が真であればパラメータの推定量の差 $(\tilde{\boldsymbol{\theta}}-\hat{\boldsymbol{\theta}})$ は $\mathbf{0}$ に収束する。もしこの差が $\mathbf{0}$ に収束しないのであれば，それは帰無仮説が真でないことを意味する。以上のことを利用して，帰無仮説を検定することができる。これを Hausman 検定という。

この Hausman 検定を用いて，

帰無仮説：「欠測データは MCAR である」，

対立仮説：「欠測データは MAR である」

を検定しよう。このような帰無仮説と対立仮説になるのは，MAR であることがわかっていて，その中の特殊な状況である MCAR なのか，MCAR ではない MAR であるかを検定したいときである。推定量 $\tilde{\boldsymbol{\theta}}$ は MAR のときに一致性を持つ推定量，$\hat{\boldsymbol{\theta}}$ は MCAR のときにのみ一致性を持つ推定量であるとする。MCAR の下では，漸近的に，

表 7.3　表 7.2 の変数による表現

番号	y_1	y_2
1	○	○
⋮	⋮	⋮
m	○	○
$m+1$	⋮	×
⋮	⋮	⋮
n	○	×

×：欠測値(色をつけて強調してある)
○：観測値(y_1=1 樹の収穫量，y_2= 虫害果実の 100 分率)

$$\sqrt{n}\begin{pmatrix}\tilde{\boldsymbol{\theta}}-\boldsymbol{\theta}_0\\ \hat{\boldsymbol{\theta}}-\boldsymbol{\theta}_0\end{pmatrix}\sim N\left(\mathbf{0},\begin{pmatrix}\Omega_{11} & \Omega_{12}\\ \Omega_{21} & \Omega_{22}\end{pmatrix}\right)$$

と正規分布にしたがっているものとしよう。このとき，

$$\sqrt{n}(\tilde{\boldsymbol{\theta}}-\hat{\boldsymbol{\theta}})=\sqrt{n}\Big((\tilde{\boldsymbol{\theta}}-\boldsymbol{\theta}_0)-(\hat{\boldsymbol{\theta}}-\boldsymbol{\theta}_0)\Big)$$

は漸近的に平均 $\mathbf{0}$，分散 $\Omega_{22}-\Omega_{11}$ の正規分布にしたがう。したがって，

$$n(\tilde{\boldsymbol{\theta}}-\hat{\boldsymbol{\theta}})^t(\Omega_{22}-\Omega_{11})^{-1}(\tilde{\boldsymbol{\theta}}-\hat{\boldsymbol{\theta}})$$

は MCAR が真ならば，自由度 s のカイ 2 乗分布にしたがう。一般に分散は未知であるから，分散 Ω_{22} と Ω_{11} をそれぞれ一致推定量 $\hat{\Omega_{22}}$ と $\hat{\Omega_{11}}$ で置き換えた

$$H_n=n(\tilde{\boldsymbol{\theta}}-\hat{\boldsymbol{\theta}})^t(\hat{\Omega_{22}}-\hat{\Omega_{11}})^{-1}(\tilde{\boldsymbol{\theta}}-\hat{\boldsymbol{\theta}})$$

を用いて検定する。この統計量も，帰無仮説の下で自由度 s のカイ 2 乗分布にしたがうことが知られている。

実用上の問題は，どちらの仮説の下でも一致性を持つ推定量を見出すことであろう。表 7.3 の欠測データにおいて，この問題を考えてみよう。$\boldsymbol{\theta}$ の候補としては，平均値や回帰係数を考えることができる。

例 7.3(推定量の例)

表 7.2 の変数表現である表 7.3 を利用して，y_1 の平均 $\mu_1=E(y_1)$ に対

して 2 つの推定量を作ってみよう：

$$\tilde{\mu}_1 = \frac{1}{n}\sum_{i=1}^{n} y_{i1},\ \hat{\mu}_1 = \frac{1}{m}\sum_{i=1}^{m} y_{i1}.$$

MCAR のときには，この 2 つの推定量は μ_1 に対する一致性を持つ。一方，MAR のときには，$\tilde{\mu}_1$ は一致性を持つが，$\hat{\mu}_1$ は一致性を持たない。

次に，y_2 を y_1 による線形回帰式で説明するときの，回帰係数 β の 2 つの推定量を作ってみよう：

$$\tilde{\beta} = \frac{\dfrac{1}{\sum_{i=1}^{n} r_i}\sum_{i=1}^{n} r_j(y_{i1}-\overline{y}_1)(y_{i2}-\overline{y}_2)}{\dfrac{1}{\sum_{i=1}^{n} r_i}\sum_{i=1}^{n} r_i(y_{i1}-\overline{y}_1)^2},$$

$$\hat{\beta} = \frac{\dfrac{1}{\sum_{i=1}^{n} r_i}\sum_{i=1}^{n} r_i(y_{i1}-\overline{y}_1)(y_{i2}-\overline{y}_2)}{\dfrac{1}{n}\sum_{i=1}^{n}(y_{i1}-\tilde{\mu}_1)^2}.$$

ただし，$(\overline{y}_1,\overline{y}_2)$ は (y_1,y_2) の両方が観測されているデータにもとづく (y_1,y_2) の算術平均であり，$\tilde{\mu}_1$ は y_1 の全データを用いた算術平均である。MCAR のときには，この 2 つの推定量は β に対する一致性を持つ。前者が一致性を持つことについては，第 2 章の例 2.8 を参照のこと。一方，MAR のときには，$\tilde{\beta}$ は一致性を持つが，$\hat{\beta}$ は一致性を持たない。 □

例 7.4(Hausman 検定を用いる例)

表 7.2 におけるデータに対して，y_1 の平均の推定量を用いた検定を行おう。例 7.3 で作った 2 つの検定統計量 $\tilde{\mu}$ と $\hat{\mu}$ にもとづく検定統計量を計算すると，

$$H_n = \frac{n(\tilde{\mu}-\hat{\mu})^2}{\dfrac{n-m}{nm}\sum_{i=1}^{n}(y_{i1}-\hat{\mu})^2}$$

となる [*3]。この統計量は，帰無仮説の下で自由度 1 のカイ 2 乗分布にしたがう。表 7.2 のデータを用いて計算すると，H_n=7.358 となる。有意水準 5% の有意点は 3.841 なので，帰無仮説は棄却される。これは，デー

タが(MCAR ではない)MAR であることを示している。 □

同様の考え方により，帰無仮説を「欠測データは MAR である」とし，対立仮説を「欠測データは NMAR である」とすることもできる。この帰無仮説の検定では，MAR の場合でも NMAR の場合でも，一致性を持つ推定量を構築することが難しい。欠測データメカニズムのモデリングを行い，その下での最尤推定量であれば，MAR の下でも，NMAR の下でも一致性を持つという条件を満たす。ただし，このような検定は，モデリングした欠測データメカニズムが正しいという下での検定になっていることに注意しなければならない。

7.2　感度分析

欠測データ解析では，しばしば得られたデータだけからは検証不可能な仮定に依存した分析を行う。MAR の場合には，直接尤度法を用いて一致推定量が得られるのであった。また，NMAR の場合には，欠測データメカニズムをモデリングすれば一致推定量が得られたのであった。これらの主張は，「MAR が正しければ」，「尤度を作るのに想定している確率分布が正しければ」，「NMAR が正しければ」，「想定している欠測データメカニズムが正しければ」などの条件の下で成り立つものであった。尤度を作るための確率分布の想定が正しいかどうかは，データに対するフィッティングから確かめることができる。しかし，他の仮定に関してはデータからは確認することができない。第 2 章の例 2.12 では，ある閾値以上では欠測が起き，それ以外では観測されるという欠測データメカニズムのモデリングが正しいとして議論した。実際には，観測されたデータだけから，このようなメカニズムを想定することが正しいのかどうかは検証できない。さらに，そのメカニズムのパラメータである閾値の推定ができるかどうか

---

*3　$\sqrt{n}(\tilde{\mu}-\hat{\mu})$ の漸近分散は，$\pi^{-1}\sigma_1^2-\sigma_1^2$ である。$\pi^{-1}\sigma_1^2$ は $\sqrt{n}(\tilde{\mu}-\mu)$ の漸近分散であり，σ_1^2 は $\sqrt{n}(\hat{\mu}-\mu)$ の漸近分散である。各項に対して別個の推定量を作ることもできるが，ここでは計算と表記を簡単にするため $(\pi^{-1}-1)\sigma_1^2$ 全体の推定量を採用している。

も検証できない。このように，欠測データ解析は，さまざまな検証不可能な仮定にもとづいてなされている。

欠測データメカニズムのモデリングを経て得られた結果は，そのモデリングによって表現される仮定に多かれ少なかれ依存している。そこで生じる疑問は，結果がそういった仮定にどの程度・どのように依存するかということである。たとえば，複数のほとんど同等にもっともらしいモデルに対して，興味あるパラメータ値が同じような値であれば，モデルに対する依存の程度が低く，その値に信頼を置くことができるであろう。このように，欠測データに対する仮定がどの程度・どのように結果に影響を及ぼすかを調べることを，**感度分析**という。

注意すべきことは，感度分析には他の統計の分析法とは異なり，何らかの決まった手続きがあるわけではないことである。感度分析とは，一般には入力の変化に対して出力がどのように反応するかを調べる方法である。欠測データ分析では，入力として複数の欠測データメカニズムやさまざまなパラメータ値などを用い，出力としてはそれらに対するパラメータ値や統計値などが用いられることが多い。どのような入力を選ぶか，どのような出力を選ぶかは，その分析の目的や状況に依存して柔軟に選択していかなければならない。

以下では，1 変数の NMAR 欠測データに対する感度分析の例を示す。まず選択モデルによる感度分析の例を示す。選択モデルでは，欠測データメカニズムをモデリングすることにより，興味あるパラメータの推定を試みる。次に，パターン混合モデルを導入し，パターン混合モデルによる感度分析の例を示す。パターン混合モデルでは，欠測データメカニズムを直接的にはモデリングしていないことに注目してほしい。

例 7.5（選択モデルによる感度分析）

y を n 回測定したとき，y の値に依存して y に欠測が発生する状況を考えよう。y に対する欠測指標を r とし，

$$r = \begin{cases} 1 & (y\text{が観測されるとき}), \\ 0 & (y\text{が欠測するとき}) \end{cases}$$

と定める。我々の目的は，欠測値を含む y_i と欠測指標 $r_i\,(i=1,\cdots,n)$ にもとづいて，$\mu=E(y)$ を推定することであるとする。

μ は，y_i に欠測が含まれているため算術平均では一致推定ができない。そこで，逆確率による重み付き推定量(IPW 推定量)を用いて，μ の推定量 $\hat{\mu}_{\mathrm{IPW}}$ を作る。パラメータを省略した欠測データメカニズムを $f(r_i=1|y_i)$ と書くと，IPW 推定量は

$$\hat{\mu}_{\mathrm{IPW}} = \frac{1}{n}\sum_{i=1}^{n}\frac{r_i y_i}{\Pr(r_i=1|y_i)} \tag{7.4}$$

である。欠測データメカニズムには，ロジスティックモデルを想定する：

$$\Pr(r_i=0|y_i) = \frac{e^{-\alpha-\beta y_i}}{1+e^{-\alpha-\beta y_i}}.$$

ただし，このロジスティックモデルのパラメータは推定できない。y_i が欠測しているとき($r_i=0$ のとき)にはデータが利用できないからである。

欠測データメカニズムをこのように想定することは，直感的には α の値によって NMAR の度合いを表現していることを意味する。簡単な計算により，

$$\frac{\Pr(y_i|r_i=0)}{\Pr(y_i|r_i=1)} = \frac{\Pr(r_i=0|y_i)}{\Pr(r_i=1|y_i)}\times\frac{\Pr(r_i=1)}{\Pr(r_i=0)} \propto \exp(\beta y_i)$$

となる。たとえば，もし $\beta=0$ であれば，$\exp(\beta y_i)=1$ となり，$f(y_i|r_i=0)=f(y_i|r_i=1)$ である。つまり，欠測しようとしまいと，y_i の分布は同じである(MCAR)。一方，$\beta\neq 0$ ならば β の(絶対)値が大きくなればなるほど，$f(y_i|r_i=0)$ と $f(y_i|r_i=1)$ は異なる，つまり NMAR の程度が強くなっていくことを意味している。欠測データメカニズムを見ても，このことが確認できるであろう。

式(7.4)によって μ を推定するとき，$\hat{\mu}_{\mathrm{IPW}}$ は明らかに欠測データメカニズムに依存している。このモデリングの背後にある仮定としては，欠測データメカニズムがロジスティックモデルであること，y 以外の変数には依存していないことなどがある。これらの仮定を反映させているモデルが変化することにより，$\hat{\mu}_{\mathrm{IPW}}$ も変化するはずである。ここでは，ロジ

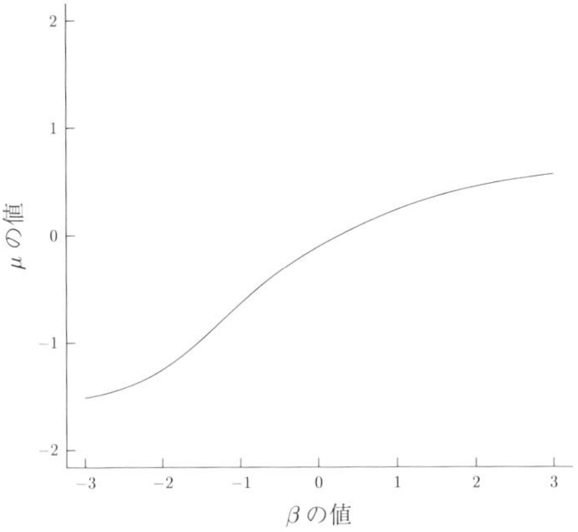

図 7.1　感度分析の結果

スティックモデルが正しいとして，β の値が変化することにより，$\hat{\mu}_{\mathrm{IPW}}$ がどのように変化するかを見る感度分析を行う。β が入力，$\hat{\mu}_{\mathrm{IPW}}$ が出力ということである。使用したデータは，人工的に作ったサンプルサイズ $n=100$ の欠測データ(NMAR)である。なお，α の値については，次のようにして求めた。

$$E\left(\frac{r}{\Pr(r|y)}-1\right)=0$$

が成り立つので，このサンプルバージョン：

$$\frac{1}{n}\sum_{i=1}^{n}\left\{\frac{r_i}{\Pr(r_i|y_i)}-1\right\}=0$$

を作って，α を求める。β を -3 から 3 まで動かしたときの $\hat{\mu}_{\mathrm{IPW}}$ の値を調べた結果を図 7.1 に与えた。β の値が負のとき $\hat{\mu}_{\mathrm{IPW}}$ の値は急激に変化する一方で，β の値が正のとき $\hat{\mu}_{\mathrm{IPW}}$ の変化が緩やかになっている。このことから，たとえば過去の知見から $0<\beta<3$ であることが知られていれば，$\hat{\mu}_{\mathrm{IPW}}$ についての推定結果は安定していることがわかる。　□

7.2.1　パターン混合モデルと感度分析

ランダムでない欠測がある場合には，選択モデル以外のアプローチも有

効である。選択モデルの場合，一致性のある最尤推定量を構築するには欠測データメカニズム $f(\boldsymbol{r}|\boldsymbol{y};\boldsymbol{\theta},\boldsymbol{\psi})$ をモデリングする必要があった。現実的には，$f(\boldsymbol{r}|\boldsymbol{y};\boldsymbol{\theta},\boldsymbol{\psi})$ を正しくモデリングするのは難しいことが多い。上の例では，欠測データメカニズムをロジスティックモデルによってモデリングしている。上の例は，パラメータの推定が可能な例であったが，パラメータ推定が可能でない場合もある。そもそも，欠測データメカニズムのパラメータは本来的には興味のないものである。上の例であれば，本当に知りたいのは，y の期待値であった。欠測データメカニズムの(直接的な)モデリングを避ける方法の 1 つは，パターン混合モデルを使うことである。ここではごく簡単にパターン混合モデルについて説明しよう。より詳しくは Little (1993) を参照のこと。

7.2.2 パターン混合モデル

パターン混合モデルは，各欠測パターンごとに $\boldsymbol{y}$ の分布のモデルを考えるモデルである。表 7.3 のデータで考えよう。このデータは，母集団から独立にとられているとする。ここでの目的は，$\boldsymbol{y}$ の平均 $\boldsymbol{\mu}=(\mu_1,\mu_2)^t$ と分散 $\Sigma=\begin{pmatrix}\sigma_{11} & \sigma_{12}\\ \sigma_{21} & \sigma_{22}\end{pmatrix}$ を推定することである。$(r_1,r_2)=(1,1)$ となる欠測パターンを P_1 と表し，$(r_1,r_2)=(1,0)$ となる欠測パターンを P_2 と表そう。$P_k\,(k=1,2)$ において，(y_1,y_2) は平均 $\boldsymbol{\mu}^{(k)}=(\mu_1^{(k)},\mu_2^{(k)})^t$，分散 $\Sigma^{(k)}=\begin{pmatrix}\sigma_{11}^{(k)} & \sigma_{12}^{(k)}\\ \sigma_{21}^{(k)} & \sigma_{22}^{(k)}\end{pmatrix}$ を持つ 2 変量正規分布にしたがうものとしよう。ここで，$\boldsymbol{\mu}^{(1)}$ と $\boldsymbol{\mu}^{(2)}$ は同値であるとは限らない。$\Sigma^{(1)}$ と $\Sigma^{(2)}$ についても同様である。したがって，各欠測パターンの観測データにもとづく尤度は

$$
\begin{aligned}
P_1 &: f(y_1,y_2|r_1=1,r_2=1;\boldsymbol{\mu}^{(1)},\Sigma^{(1)}),\\
P_2 &: f(y_1|r_1=1,r_2=0;\mu_1^{(2)},\sigma_{11}^{(2)})
\end{aligned}
$$

である。ただし，$f(\cdot)$ はここでは適切な次元の正規分布であるとする。また，

$$f(y_1|r_1=1,r_2=0;\mu_1^{(2)},\sigma_{11}^{(2)})=\int f(y_1,y_2|r_1=1,r_2=0,\boldsymbol{\mu}^{(2)},\Sigma^{(2)})dy_2$$

である。ここに登場するパラメータ $\boldsymbol{\mu}^{(1)}$, $\Sigma^{(1)}$, $\mu_1^{(2)}$, $\sigma_{11}^{(2)}$ は，各欠測パターンに十分なサンプルサイズがあれば推定可能である。

パターン混合モデルのパラメータと全体のパラメータの関係

各欠測パターンにおけるパラメータ $(\boldsymbol{\mu}^{(k)},\Sigma^{(k)})$ と，本来知りたいパラメータ $(\boldsymbol{\mu},\Sigma)$ の間の関係を見ておこう。$(\boldsymbol{\mu},\Sigma)$ をパラメータ(の一部)として持つ分布を $f(\boldsymbol{y}|\boldsymbol{\mu},\Sigma)$ と書くと，

$$\begin{aligned}f(\boldsymbol{y}|\boldsymbol{\mu},\Sigma)&=\pi_1 f(\boldsymbol{y}|r_1=1,r_2=1;\boldsymbol{\mu}^{(1)},\Sigma^{(1)})\\&\quad+\pi_2 f(\boldsymbol{y}|r_1=1,r_2=0;\boldsymbol{\mu}^{(2)},\Sigma^{(2)})\end{aligned}$$

である。ここで，$\pi_1=\Pr(r_1=1,r_2=1)$，$\pi_2=\Pr(r_1=1,r_2=0)$ である。したがって，

$$\boldsymbol{\mu}=\pi_1\boldsymbol{\mu}^{(1)}+\pi_2\boldsymbol{\mu}^{(2)},\quad \Sigma=\pi_1\Sigma^{(1)}+\pi_2\Sigma^{(2)}$$

となる。なお，7.2.1 でのパラメータ $\boldsymbol{\theta}$ は $\boldsymbol{\mu}^{(k)}$ と $\Sigma^{(k)}$ $(k=1,2)$ とに対応し，$\boldsymbol{\psi}$ は π_1(と $\pi_2=1-\pi_1$)と対応していることに注意されたい。

この関係式により推定したい $\boldsymbol{\mu}$ と Σ を推定するには，$(\pi_1,\pi_2,\boldsymbol{\mu}^{(1)},\boldsymbol{\mu}^{(2)},\Sigma^{(1)},\Sigma^{(2)})$ を推定すればよいことがわかる。各欠測パターンの割合である π_1 と π_2 は，m/n と $(n-m)/n$ によって推定できる。また，P_1 と P_2 の尤度に登場するパラメータ $(\boldsymbol{\mu}^{(1)},\Sigma^{(1)},\mu_1^{(2)},\sigma_{11}^{(2)})$ もデータから推定できる。しかし，これでは本当に推定したい $\boldsymbol{\mu}$ と Σ を推定することができない。なぜなら $(\mu_2^{(2)},\sigma_{22}^{(2)},\sigma_{12}^{(2)})$ をデータから推定することができないからである。

推定できないパラメータに対する取り扱い

このような推定できないパラメータがあるときには，推定可能なパラメータと推定不可能なパラメータの間に何らかの制約をおくというのが1つの解決策となる。制約にはさまざまなものが考えられる。たとえば，

最も簡単な制約は $\boldsymbol{\mu}^{(1)}=\boldsymbol{\mu}^{(2)}$，$\Sigma^{(1)}=\Sigma^{(2)}$ とするものである。あるいは，P_2 における推定できないパラメータのみを P_1 の値と等しいとおくなどの制約をおくこともできる。解析者が想定する欠測データメカニズムによって制約を変えることが必要となる。

まとめ

以上のように，パターン混合モデルは，欠測データメカニズムのモデリングを避けることができるという点において優れている。また，選択モデルであれば，尤度関数が複雑な形になり，最尤推定値を求めるのに数値計算が必要になる場面でも，パターン混合モデルであれば各欠測パターンに対してそれぞれ異なるパラメータを推定するため容易に推定できるという利点がある。しかし同時に，パターン混合モデルには，推定のできないパラメータが存在してしまうという問題があり，パラメータを推定するには制約をおくなどの工夫が必要となるのであった。

7.2.3 感度分析の例

以下では，NMAR の場合の感度分析の例を示す。選択モデルの感度分析と対比するために例 7.5 と同じ状況を考える。

例 7.6(パターン混合モデルによる感度分析)

パターン混合モデルの場合，平均は

$$\mu = \pi E(y|r=0)+(1-\pi)E(y|r=1)$$

と表される。ここで，π は $r=0$ の確率である。π は欠測している割合なので，推定可能である。$r=1$ のときの y の条件付き期待値も，観測されているデータの平均値によって推定できる。一方，$r=0$ のときの y の条件付き期待値は推定できない。そこで，

$$E(y|r=0) = E(y|r=1)+d$$

という関係を想定して，$E(y|r=0)$ を推定することを考えよう。d は，欠

測したデータの平均値と，観測されたデータの平均値の差である。この d は推定できない。$d=0$ のときは MCAR に対応しており，d の絶対値としての大きさは MAR(MCAR) からの距離を表していると言える。この場合の感度分析としては，もっともらしいと考えられるさまざまな d の値(入力)に対して，μ の推定値(出力)がどのように変動するのかを調べるということが考えられる。 □

ここまでの例では，共変量がない場合を考えていた。共変量がある場合には，感度分析はより複雑になる。とはいえ，基本的には，欠測データメカニズムに関する仮定が推定結果に対してどのような影響を及ぼすのかを調べることに変わりはない。共変量がある場合の感度分析の例や多変量の例については，全米学術研究会議の報告書(National Research Council, 2010)の第 5 章を参照のこと。

付　録

A.1　周辺平均と周辺分散

独立でない確率変数 z と w について，以下の関係が常に成立する。

$$E(w)=E_z[E(w|z)], \qquad V(w)=E_z[V(w|z)]+V_z[E(w|z)] \tag{A.1}$$

周辺平均については自明なので，周辺分散の証明を行う。分散の定義より，z を所与とする w の分散について

$$V(w|z)=E(w^2|z)-[E(w|z)]^2 \tag{A.2}$$

を z で期待値をとり，周辺平均の公式を使うと

$$E_z[V(w|z)]=E(w^2)-E_z[[E(w|z)]^2] \tag{A.3}$$

また分散の定義より，確率変数 z の関数である $E(w|z)$ について

$$V_z[E(w|z)]=E_z[[E(w|z)]^2]-[E_z[E(w|z)]]^2 \tag{A.4}$$

が成立し，右辺第 2 項について周辺平均の公式を使い，その上で式(A.3)と式(A.4)を足し合わせることで，式(A.1)の周辺分散の公式が得られる。

ベイズ事後予測分布の平均と分散も，上記の公式を用いて求めることができる。データベクトルを $\boldsymbol{y}$，同一の分布から発生している未来の値を y^{new} としパラメータを $\boldsymbol{\theta}$ とすると，$f(y^{new}|\boldsymbol{\theta},\boldsymbol{y})=f(y^{new}|\boldsymbol{\theta})$ より

$$\begin{aligned} E(y^{new}|\boldsymbol{y}) &= E_{\boldsymbol{\theta}|\boldsymbol{y}}[E(y^{new}|\boldsymbol{\theta})], \\ V(y^{new}|\boldsymbol{y}) &= E_{\boldsymbol{\theta}|\boldsymbol{y}}[V(y^{new}|\boldsymbol{\theta})]+V_{\boldsymbol{\theta}|\boldsymbol{y}}[E(y^{new}|\boldsymbol{\theta})] \end{aligned} \tag{A.5}$$

となる。

A.2　多変量正規分布の性質

$\boldsymbol{z}=(\boldsymbol{z}_1^t, \boldsymbol{z}_2^t)^t$ が以下の多変量正規分布にしたがっているとする。

$$\begin{pmatrix} \boldsymbol{z}_1 \\ \boldsymbol{z}_2 \end{pmatrix} \sim N\left(\begin{pmatrix} \boldsymbol{\mu}_1 \\ \boldsymbol{\mu}_2 \end{pmatrix}, \begin{pmatrix} \boldsymbol{\Sigma}_{11} & \boldsymbol{\Sigma}_{12} \\ \boldsymbol{\Sigma}_{21} & \boldsymbol{\Sigma}_{22} \end{pmatrix}\right) \tag{A.6}$$

このとき，$\boldsymbol{z}_2$ を条件付けた $\boldsymbol{z}_1$ の分布は以下のようになる。

$$\boldsymbol{z}_1 | \boldsymbol{z}_2 \sim N\left(\boldsymbol{\mu}_1 + \boldsymbol{\Sigma}_{12}\boldsymbol{\Sigma}_{22}^{-1}(\boldsymbol{z}_2 - \boldsymbol{\mu}_2), \boldsymbol{\Sigma}_{11} - \boldsymbol{\Sigma}_{12}\boldsymbol{\Sigma}_{22}^{-1}\boldsymbol{\Sigma}_{21}\right) \tag{A.7}$$

A.3　推定方程式について

$\boldsymbol{y}_1, \cdots, \boldsymbol{y}_n$ が独立かつ同一に分布 F にしたがうとする。また $\boldsymbol{\theta}$ を F に関するパラメータベクトルとし，その真値を $\boldsymbol{\theta}_0$ とする。このとき関数 $\boldsymbol{m}$ を，パラメータをその真値で置き換えた場合に期待値がゼロ

$$E_F\left[\boldsymbol{m}(\boldsymbol{y}, \boldsymbol{\theta}_0)\right] = \int \boldsymbol{m}(\boldsymbol{y}, \boldsymbol{\theta}_0) dF(\boldsymbol{y}) = \mathbf{0} \tag{A.8}$$

となる関数とし，**推定関数**と呼ぶ。もしここで $\boldsymbol{\theta}_0$ が式(A.8)の唯一の解ならば，式(A.8)での期待値を観測平均に置き換えたもの，すなわち

$$U(\boldsymbol{\theta}) = \frac{1}{n}\sum_{i=1}^{n} \boldsymbol{m}(\boldsymbol{y}_i, \boldsymbol{\theta}) = \mathbf{0} \tag{A.9}$$

を不偏な（式(A.8)を満たす）**推定方程式**（estimating equation）と呼ぶ。そしてこの解 $\hat{\boldsymbol{\theta}}$ には一致性があり，漸近正規性を有することが知られている。つまり

$$\sqrt{n}(\hat{\boldsymbol{\theta}} - \boldsymbol{\theta}_0) \sim N(\mathbf{0}, V(\boldsymbol{\theta}_0)) \tag{A.10}$$

ただし

$$V(\boldsymbol{\theta}_0) = A(\boldsymbol{\theta}_0)^{-1}B(\boldsymbol{\theta}_0)\{A(\boldsymbol{\theta}_0)^{-1}\}^t,$$
$$A(\boldsymbol{\theta}_0) = E_F\left[-\frac{\partial}{\partial\boldsymbol{\theta}^t}\boldsymbol{m}(\boldsymbol{y},\boldsymbol{\theta}_0)\right], B(\boldsymbol{\theta}_0) = E_F\left[\boldsymbol{m}(\boldsymbol{y},\boldsymbol{\theta}_0)\boldsymbol{m}(\boldsymbol{y},\boldsymbol{\theta}_0)^t\right] \tag{A.11}$$

である。実際の推定の際には期待値をとるのが難しい場合が多いため，$A(\boldsymbol{\theta}_0)$ や $B(\boldsymbol{\theta}_0)$ を

$$\hat{A}(\hat{\boldsymbol{\theta}}) = \frac{1}{n}\sum_{i=1}^{n} -\frac{\partial}{\partial\boldsymbol{\theta}^t}\boldsymbol{m}(\boldsymbol{y},\hat{\boldsymbol{\theta}}),$$
$$\hat{B}(\hat{\boldsymbol{\theta}}) = \frac{1}{n}\sum_{i=1}^{n}\boldsymbol{m}(\boldsymbol{y},\hat{\boldsymbol{\theta}})\boldsymbol{m}(\boldsymbol{y},\hat{\boldsymbol{\theta}})^t \tag{A.12}$$

で代入すればよい。

不偏推定方程式による推定は，最尤推定や最小 2 乗推定などさまざまな推定法を含む枠組みである。たとえば最尤法の場合，$\boldsymbol{y}$ の確率(密度)関数が $f(\boldsymbol{y}|\boldsymbol{\theta})$ とするとき，式(A.9)を

$$\frac{1}{n}\sum_{i=1}^{n}\frac{\partial}{\partial\boldsymbol{\theta}}\log f(\boldsymbol{y}_i,\boldsymbol{\theta}) = \boldsymbol{0} \tag{A.13}$$

とするとこれはスコア関数がゼロになるという条件であり，これは不偏な推定方程式であるといえる。同様に，ベクトルと行列で表記した回帰分析モデル $\boldsymbol{y}=\boldsymbol{X}\boldsymbol{\beta}+\boldsymbol{e}$ に対して，最小 2 乗基準を $\boldsymbol{\beta}$ で微分した式

$$\frac{1}{n}\sum_{i=1}^{n}(\boldsymbol{y}-\boldsymbol{X}\boldsymbol{\beta})^t\boldsymbol{X} = \boldsymbol{0} \tag{A.14}$$

の $\boldsymbol{\beta}$ についての解が最小 2 乗推定量であるが，上記の式も不偏推定方程式である。より一般的には，目的変数 y の期待値が説明変数 $\boldsymbol{x}$ の関数 $g(\boldsymbol{x},\boldsymbol{\beta})$ で表現でき，そのパラメータが $\boldsymbol{\beta}$ であるとき，

$$\frac{1}{n}\frac{\partial}{\partial\boldsymbol{\beta}}\sum_{i=1}^{n}(y_i-g(\boldsymbol{x}_i,\boldsymbol{\beta}))^2 = 0 \tag{A.15}$$

は不偏な推定方程式である。

他にも，一般化最小 2 乗基準の 1 次微分や一般化推定方程式(generalized estimating equation, Liang and Zeger (1986))も不偏推定方程式である。

多重代入の議論を行う時に参考となる事実として，$\boldsymbol{y}_i=(\boldsymbol{y}_{i1}^t, \cdots, \boldsymbol{y}_{iD}^t)^t$ を独立かつ同一な分布にしたがうとし，D 個の不偏推定方程式

$$\frac{1}{n}\sum_{i=1}^{n}\boldsymbol{m}(\boldsymbol{y}_{id}, \boldsymbol{\theta}) = \boldsymbol{0} \tag{A.16}$$

の解 $\hat{\boldsymbol{\theta}}_d$ が得られるとする。このとき

$$\sum_{d=1}^{D}\frac{1}{n}\sum_{i=1}^{n}\boldsymbol{m}(\boldsymbol{y}_{id}, \boldsymbol{\theta}) = \boldsymbol{0} \tag{A.17}$$

の解 $\hat{\boldsymbol{\theta}}_{all}$ と，不偏な推定方程式の解 $\hat{\boldsymbol{\theta}}_1, \cdots, \hat{\boldsymbol{\theta}}_D$ の平均 $\bar{\hat{\boldsymbol{\theta}}}$ は同一の漸近分布を有する。このことは，式(A.17)を真値の周りでテイラー展開してスラツキーの定理を適用すれば容易に示すことができる。

A.4　全米学術研究会議報告書における推奨事項

2010 年，全米学術研究会議によって組織された，「臨床試験における欠測データの取り扱い」に関する調査委員会(委員長：Roderick Little 教授)から，“The Prevention and Treatment of Missing Data in Clinical Trials” と題された調査報告書(Little et al., 2012; National Research Council, 2010)が公表された。本報告書は，米国食品医薬品局(Food and Drug Administration; FDA)からの依頼によって作成されたもので，医薬品開発の臨床試験における欠測データの取り扱いについて，統計解析の方法のみならず，試験の計画・実施段階から，欠測を最小化するための系統立った詳細な指針がまとめられている(ただし，FDA の公式見解ではない)。本付録には，本報告書において，主要な推奨事項とされた 18 の事項をまとめる。

1　試験のプロトコルにおいては，以下の 4 つの点が明確に定められるべきである。(a)試験の目的，(b)主要な目的変数，および，副次的な目的変数，(c)いつ，誰の，どのような目的変数を測定するか，(d)主たる関心のある，推定の対象(estimands)となる介入効果の指標。これらの事項は，すべての対象者について意味のあるべきもの

で，最小の理論的仮定によって推定できるものであるべきである。後述のことにも関連して，プロトコルには，それらの仮定の潜在的な影響と欠測データの取り扱いについて明記されるべきである。

2　試験実施者，スポンサー，規制当局は，目的変数のデータが収集されるまでに，割り付けられた治療が遵守される参加者の数が最大となるように，試験の計画を行うべきである。

3　試験のスポンサーは，原則として，試験期間全体を通して，プロトコルにしたがって割り付けられた治療が中止された患者に対しても，目的変数情報の収集を継続するべきである。これらの情報は最終的な解析において，有効に活用されるべきである。

4　試験計画を行う段階では，参加者が，割り付けられた治療を中止する場合に使用する代替的な治療法をあらかじめ定めておくべきである。可能な限り，参加者には，それらの治療法を使用できるように，また，実際に使用するように，依頼がされるべきである。

5　試験開始段階のすべての参加者について，仮に割り付けられた治療が途中で中止されたとしても，重要な治療や共変量に関する情報は，可能な限り収集されるべきである。

6　試験のスポンサーは，欠測データが生じることによる潜在的な問題を明確に予想しておく必要がある。特に，プロトコルには，どの程度の欠測データが発生するかの見積もりや，欠測データの影響を最小限に留めるための試験計画，実施段階でのモニタリングの手順について明記した章も設けるべきである。

7　インフォームドコンセントの文書でも，試験期間全体を通して，割り付けられた治療を中止した参加者からの目的変数のデータを収集することの重要性について明記されるべきである。また，これらの文書では，計画された治療を完遂できた場合にも，そうでない場合にも，これらの情報を提供してもらえるように，依頼がされるべきである。

8　すべての試験のプロトコルは，欠測データを最小化することの重要性についての理解のもと，作成されるべきである。特に，過去の同様の試験の情報をもとにして，主要な目的変数の情報の収集における最低限の達成目標を明確に定めるべきである。

9　試験のスポンサーは，欠測データの取り扱いに関する統計解析の方法について，プロトコルに明確に定めるべきである。また，それに関連する理論的な仮定についても，統計家だけではなく，臨床家が理解することができるように説明がされるべきである。

10　Last observation carried forward（LOCF）や baseline observation carried forward（BOCF）などの単一補完法は，それらの背景にある理論的仮定が科学的に正当化されない場合には，主要な解析方法として用いられるべきではない。

11　パラメトリックモデルによる解析，特に，変量効果モデルによる解析は，それらの前提となる理論的な仮定について，明確に説明ができ，またそれが正当化できるように，注意して用いられるべきである。また，パラメトリックな仮定に依存するモデルは，適合度（goodness-of-fit）の評価の結果とともに報告を行うべきである。

12　主要な解析においては，欠測データに関する理論的仮定のもとで，統計的な推測の妥当性（有意性検定が第 1 種の過誤確率を適切に制御できるか，また，信頼区間が名目の被覆確率を保持できるか）を保証するために，欠測データの寄与する不確実性がどの程度のものであるか，明確に説明されることが重要である。確率の逆数による重み付き推定法や最尤法では，漸近的な方法やブートストラップ法などを用いて，適切な標準誤差の推定を行うことができる。また，単一補完法による解析では，統計的な不確実性が適切に説明されないため，多重補完法を用いて，統合された結果のもとで，その標準誤差を適切に評価するための方法を用いる必要がある。

13　重み付き一般推定方程式（generalized estimating equations）は，MAR の仮定が正当化でき，安定的な重みのモデルを構築することができれば，パラメトリックな方法の代替的な方法として，より広く用いられるべきである。

14　欠測データの発生が予想される場合，欠測データメカニズムや関心のある目的変数に関連すると思われる補助的な情報を収集するべきである。これらの情報は，MAR の仮定のもとで，解析モデルの構築に利用することができ，推測の妥当性と精度の改良のために有用な情報となる。また，感度解析においても，治療効果の推定における欠測データの影響を評価するために利用することができる。加えて，脱落を起こした参加者の全員，もしくは，ランダムに選択された一部の者に対して，なぜ脱落を起こしたかの理由を調べることも検討されるべきである。また，もし承諾が得られるのであれば，その脱落を起こした後の目的変数の情報も収集するべきである。

15　感度解析は，臨床試験の主要な報告の一部として位置づけられるべきである。欠測データのメカニズムに関する理論的仮定の感度を評価することは，必須の報告事項とされるべきである。

16　米国 FDA と，国立衛生研究所(National Institute of Health; NIH)は，所有する臨床試験のデータベースを用いて，疾患領域ごとの欠測データの発生頻度とその理由，また，異なる条件下でどのような異なるモデルが使われているかについての調査を実施するべきである。これらの研究から得られる結果は，将来行われる試験の計画やプロトコルの作成において有益な情報となる。

17　米国 FDA と，臨床試験のスポンサーとなる製薬企業，医療機器・生物学的製剤の製造販売企業は，所属する統計解析担当者が，欠測データの解析における最新の方法論に関する知見をフォローできるように，継続的にトレーニングを行うべきである。FDA は同様に臨床担当の審査官に対して，欠測データに関する専門用語や方法論に広く馴染めるように，継続的なトレーニングを行うことを推奨するべきである。

18　臨床試験における欠測データの取り扱いは，極めて重要な問題であり，米国 NIH や NSF(National Science Foundation)などの統計学の研究の公的な資金援助機関は，より重要性の高い領域として位置づけるべきである。現状でも，研究の進展が必要とされる以下のような重要な問題がある。(1)感度分析の方法，および，感度分析から得られた結果に基づく意思決定の原理，(2)欠測のパターンが非単調である場合の解析方法，(3)欠測データが存在するもとでのサンプルサイズの計算方法，(4)臨床試験のデザインの問題，特に，脱落が起こったあとでの追跡を行う際のデザイン(サンプリングを行うのであれば，その割合，どの程度の参加者に対して行われるべきか，など)，(5)ロバストな方法論について，実践的な条件のもとで，それらの利点・欠点をより明確に理解すること。加えて，一貫した欠測データの解析をサポートするためのソフトウェアの開発もまた，優先的な課題である。

引用文献

Agresti, A. (2012) *Categorical Data Analysis*, 3rd ed., New York, NY: Wiley.

Allison, P. D. (2001) *Missing Data (Sage University Papers Series on Quantitative Applications in the Social Sciences, series no. 07-136)*, Thousand Oaks, CA: Sage.

Amemiya, T. (1985) *Advanced Econometrics*, Cambridge, MA: Harvard University Press.

Anderson, T. W. (1957) "Maximum likelihood estimates for a multivariate normal distribution when some observations are missing," *Journal of the American Statistical Association*, Vol. 52, pp. 200–203.

Andridge, R. R. and R. J. A. Little (2010) "A review of hot deck imputation for survey non-response," *International Statistical Review*, Vol. 78, pp. 40–64.

Bartlett, J. W. et al. (2015) "Multiple imputation of covariates by fully conditional specification: accommodating the substantive model," *Statistical Methods in Medical Research*, Vol. 24, pp. 462–487.

van Buuren, S. (2012) *Flexible Imputation of Missing Data*, Boca Raton, FL: CRC Press.

Chen, H. Y. and R. J. Little (1999) "Proportional hazards regression with missing covariates," *Journal of the American Statistical Association*, Vol. 94, pp. 896–908.

Chen, Q. et al. (2008) "Theory and inference for regression models with missing responses and covariates," *Journal of Multivariate Analysis*, Vol. 99, pp. 1302–1331.

Cheng, P. E. (1994) "Nonparametric estimation of mean functionals with data missing at random," *Journal of the American Statistical Association*, Vol. 89, pp. 81–87.

Collett, D. (2003) *Modelling Survival Data in Medical Research*, 2nd ed., New York, NY: Springer(宮岡悦良訳,『医薬統計のための生存時間データ解析 原著第 2 版』, 共立出版, 2013 年)

Collins, L. M. et al. (2001) "A comparison of inclusive and restrictive strategies in modern missing data procedures," *Psychological Methods*, Vol. 6, pp. 330–351.

Dette, H. et al. (1998) "Estimating the variance in nonparametric regression: what is a reasonable choice?" *Journal of the Royal Statistical Society, series B*, Vol. 60, pp. 751–764.

Diggle, P. and M. G. Kenward (1994) "Informative drop-out in longitudinal data analysis," *Applied Statistics*, Vol. 43, pp. 49–93.

Enders, C. K. (2010) *Applied Missing Data Analysis* (*Methodology in the Social Sciences*), New York, NY: Guilford Press.

Fitzmaurice, G. et al. (1993) "Regression models for discrete longitudinal responses," *Statistical Science*, Vol. 8, pp. 284–309.

Fitzmaurice, G. M. et al. (2011) *Applied Longitudinal Analysis*, New York, NY: Wiley.

Follmann, D. and M. C. Wu (1995) "An approximate generalized linear model with random effects for informative missing data," *Biometrics*, Vol. 51, pp. 151–168.

Gelman, A. and D. B. Rubin (1992) "Inference from iterative simulation using multiple sequences," *Statistical Science*, Vol. 7, pp. 457–472.

Graham, J. W. et al. (2007) "How many imputations are really needed? some practical clarifications of multiple imputation theory," *Prevention Science*, Vol. 8, pp. 206–213.

Greenland, S. and W. D. Finkle (1995) "A critical look at methods for handling missing covariates in epidemiologic regression analyses," *American Journal of Epidemiology*, Vol. 142, pp. 1255–1264.

Hall, P. and J. S. Marron (1990) "On variance estimation in nonparametric regression," *Biometrika*, Vol. 77, pp. 415–419.

Hausman, J. A. (1978) "Specification tests in econometrics," *Econometrica*, Vol. 46, pp. 1251–1271.

Heckman, J. J. (1979) "Sample selection bias as a specification error," *Econometrica*, Vol. 47, pp. 153–161.

Henry, K. et al. (1998) "A randomized, controlled, double-blind study comparing the survival benefit of four different reverse transcriptase inhibitor therapies (three-drug, two-drug, and alternating drug) for the treatment of advanced AIDS. AIDS Clinical Trial Group 193A Study Team," *Journal of Acquired Immune Deficiency Syndromes and Human Retrovirology*, Vol. 19, pp. 339–349.

Horton, N. J. and K. P. Kleinman (2007) "Much ado about nothing: a comparison of missing data methods and software to fit incomplete data regression models," *American Statistician*, Vol. 61, pp. 79–90.

Horvitz, D. G. and D. J. Thompson (1952) "A generalization of sampling without replacement from a finite universe," *Journal of the American Statistical Association*, Vol. 47, pp. 663–685.

Hui, S. K. et al. (2009) "Testing behavioral hypotheses using an integrated model of grocery store shopping path and purchase behavior," *Journal of Consumer Research*, Vol. 36, pp. 478–493.

Ibrahim, J. G. et al. (2005) "Missing data methods for generalized linear models: a comparative review," *Journal of the American Statistical Association*, Vol. 100, pp. 332–346.

Imbens, G. W. (1992) "An efficient method of moments estimator for discrete choice models with choice-based sampling," *Econometrica*, Vol. 60, pp. 1187–1214.

Kadane, J. B. (1985) "Is victimization chronic? A Bayesian analysis of multinomial missing data," *Journal of Econometrics*, Vol. 29, pp. 47–67.

Kalbfleisch, J. D. and R. L. Prentice (2002) *Statistical Analysis of Failure Time Data*, 2nd ed., New York, NY: Wiley.

Kang, J. D. Y. and J. L. Schafer (2007) "Demystifying double robustness: a comparison of alternative strategies for estimating a population mean from incomplete data," *Statistical Science*, Vol. 22, pp. 523–539.

Karkouti, K. et al. (2006) "A propensity score case-control comparison of Aprotinin and Tranexamic Acid in High-transfusion-risk cardiac surgery," *Transfusion*, Vol. 46, pp. 327–338.

Kenward, M. G. and G. Molenberghs (1998) "Likelihood based frequentist inference when data are missing at random," *Statistical Science*, Vol. 13, pp. 236–247.

Kim, J. K. (2002) "A note on approximate Bayesian bootstrap imputation," *Biometrika*, Vol. 89, pp. 470–477.

Kim, J. K. and J. Shao (2014) *Statistical Methods for Handling Incomplete Data*, Boca Raton, FL: CRC Press.

Kim, S. et al. (2007) "Potential implications of missing income data in population-based surveys: an example from a postpartum survey in California," *Public Health Reports*, Vol. 122, pp. 753–763.

Klein, J. P. and M. L. Moeschberger (2003) *Survival Analysis*, 2nd Edition, New York, NY: Springer (打波守訳,『生存時間分析』, シュプリンガー・ジャパン, 2009 年).

Lange, K. (1995) "A quasi-Newton acceleration of the EM algorithm," *Statistica Sinica*, Vol. 5, pp. 1-18.

Lashoff, M. E. and L. Ryan (2004) "An EM algorithm for estimating equations," *Journal of Computational and Graphical Statistics*, Vol. 13, pp. 48-65.

Liang, K.-Y. and S. L. Zeger (1986) "Longitudinal data analysis using generalized linear models," *Biometrika*, Vol. 73, pp. 13-22.

Lipsitz, S. R. et al. (1999) "A weighted estimating equation for missing covariate data with properties similar to maximum likelihood," *Journal of the American Statistical Association*, Vol. 94, pp. 1147-1160.

Little, R. J. A. (1988) "A test of missing completely at random for multivariate data with missing values," *Journal of the American Statistical Association*, Vol. 83, pp. 1198-1202.

—— (1993) "Pattern-mixture models for multivariate incomplete data," *Journal of the American Statistical Association*, Vol. 88, pp. 125-134.

—— (1994) "A class of pattern-mixture models for normal incomplete date," *Biometrika*, Vol. 81, pp. 471-483.

—— (1995) "Modeling the drop-out mechanism in repeated-measures studies," *Journal of the American Statistical Association*, Vol. 90, pp. 1112-1121.

Little, R. J. A. and D. B. Rubin (1983) "On jointly estimating parameters and missing data by maximizing the complete-data likelihood," *Journal of the American Statistical Association*, Vol. 37, pp. 218-220.

—— (2002) *Statistical Analysis with Missing Data*, New York, NY: Wiley.

Little, R. J. et al. (2012) "The prevention and treatment of missing data in clinical trials," *New England Journal of Medicine*, Vol. 367, pp. 1335-1360.

Liu, J. L. et al. (2014) "On the stationary distribution of iterative imputations," *Biometrika*, Vol. 101, pp. 155-173.

Louis, A. T. (1982) "Finding the observed information matrix when using the EM algorithm," *Journal of the Royal Statistical Society, Series B (Methodological)*, Vol. 44, pp. 226-233.

Lu, G. and J. B. Copas (2004) "Missing at random, likelihood ignorability and model completeness," *Annals of Statistics*, Vol. 32, pp. 754-765.

Magnus, J. R. and H. Neudecker (1999) *Matrix Differential Calculus with*

Applications in Statistics and Econometrics, 2nd ed., New York, NY: Wiley.

Mallinckrodt, C. H. et al. (2001) "Accounting for dropout bias using mixed-effects models," *Journal of Biopharmaceutical Statistics*, Vol. 11, pp. 9–21.

Manski, C. F. and S. R. Lerman (1977) "The estimation of choice probabilities from choice based samples," *Econometrica*, Vol. 45, pp. 1977–1988.

Meng, X. L. (1994) "Multiple-imputation inferences with uncongenial sources of input," *Statistical Science*, Vol. 9, pp. 538–558.

Meng, X. L. and D. B. Rubin (1992) "Performing likelihood ratio tests with multiply-imputed data sets," *Biometrika*, Vol. 79, pp. 103–111.

—— (1993) "Maximum likelihood estimation via the ECM algorithm: a general framework," *Biometrika*, Vol. 80, pp. 267–278.

Molenberghs, G. and M. G. Kenward (2007) *Missing Data in Clinical Studies* (*Statistics in Practice*), New York, NY: Wiley.

Molenberghs, G. et al. (1998) "Monotone missing data and pattern-mixture models," *Statistica Neerlandica*, Vol. 52, pp. 153–161.

Nadaraya, E. A. (1964) "On estimating regression," *Theory of Probability and Its Applications*, Vol. 10, pp. 186–190.

National Research Council (2010) *The Prevention and Treatment of Missing Data in Clinical Trials*, Washington, DC: National Academic Press.

Parzen, M. et al. (2005) "A note on reducing the bias of the approximate Bayesian bootstrap imputation variance estimator," *Biometrika*, Vol. 92, pp. 971–974.

Pepe, M. S. and G. L. Anderson (1994) "A cautionary note on inference for marginal regression models with longitudinal data and general correlated response data," *Communication in Statistics, Simulation and Computation*, Vol. 23, pp. 939–951.

Raghunathan, T. E. et al. (2001) "A multivariate technique for multiply imputing missing values using a sequence of regression models," *Survey Methodology*, Vol. 27, pp. 85–95.

Robins, J. M. (2007) "Information recovery and bias adjsutment in proportional hazards regression analysis of randomized trials using surrogate markers," in *Proceedings of the International Conference on Machine Learning*, Oregon State University in Corvallis, Oregon.

Robins, J. M. and D. M. Finkelstein (2000) "Correcting for noncompliance and dependent censoring in an AIDS clinical trial with inverse probability of censoring weighted (IPCW) log-rank tests," *Biometrics*, Vol. 56, pp. 779–788.

Robins, J. M. and N. Wang (2000) "Inference for imputation estimators," *Biometrika*, Vol. 87, pp. 113–124.

Robins, J. M. et al. (1994) "Estimation of regression-coefficients when some regressors are not always observed," *Journal of the American Statistical Association*, Vol. 89, pp. 846–866.

Rosenbaum, P. R. and D. B. Rubin (1983) "The central role of the propensity score in observational studies for causal effects," *Biometrika*, Vol. 70, pp. 41–55.

Rotnitzky, A. et al. (1998) "Semiparametric regression for repeated outcomes with nonignorable nonresponse," *Journal of the American Statistical Association*, Vol. 93, pp. 1321–1339.

Rubin, D. B. (1976) "Inference and missing data," *Biometrika*, Vol. 63, No. 3, pp. 581–592.

—— (1987) *Multiple Imputation for Nonresponse in Surveys*, New York, NY: Wiley.

—— (1996) "Multiple imputation after 18+ years," *Journal of the American Statistical Association*, Vol. 91, pp. 473–489.

Rubin, D. B. and X. L. Meng (1991) "Using EM to obtain asymptotic matrices: the SEM algorithm," *Journal of the American Statistical Association*, Vol. 86, pp. 899–909.

Rubin, D. B. and N. Schenker (1986) "Multiple imputation for interval estimation from simple random samples with ignorable nonresponse," *Journal of the American Statistical Association*, Vol. 81, pp. 366–374.

Schafer, J. L. (1997) *Analysis of Incomplete Multivariate Data*, New York, NY: Chapman & Hall.

—— (2003) "Multiple imputation in multivariate problems when the imputation and analysis models differ," *Statistica Neerlandica*, Vol. 57, pp. 19–35.

Schafer, J. L. and J. W. Graham (2002) "Missing data: our view of the state of the art," *Psychological Methods*, Vol. 7, pp. 147–177.

Scharfstein, D. O. et al. (1999) "Adjusting for nonignorable drop-out using semiparametric nonresponse models," *Journal of the American Statistical Association*, Vol. 94, pp. 1096–1146.

Schenker, N. et al. (2006) "Multiple imputation of missing income data in the national health interview survey," *Journal of the American Statistical Association*, Vol. 101, pp. 924-933.

Seaman, S. et al. (2013) "What is meant by 'missing at random'?" *Statistical Science*, Vol. 28, pp. 257-268.

Seaman, S. and A. Copas (2009) "Doubly robust generalized estimating equations for longitudinal data," *Statistics in Medicine*, Vol. 28, pp. 937-955.

Sterne, J. A. C. et al. (2009) "Multiple imputation for missing data in epidemiological and clinical research: potential and pitfalls," *British Medical Journal*, Vol. 339, pp. 157-160.

Takai, K. and Y. Kano (2013) "Asymptotic inference with incomplete data," *Communications in Statistics—Theory and Methods*, Vol. 42, pp. 3174-3190.

Tang, G. et al. (2003) "Analysis of multivariate missing data with nonignorable nonresponse," *Biometrika*, Vol. 90, pp. 747-764.

Tanner, M. A. and W. H. Wong (1987) "The calculation of posterior distributions by data augmentation," *Journal of the American Statistical Association*, Vol. 82, pp. 528-550.

Tsiatis, A. A. (2006) *Semiparametric Theory and Missing Data*, New York, NY: Springer.

von Hippel, P. T. (2009) "How to impute interactions, squares, and other transformed variables," *Sociological Methodology*, Vol. 39, pp. 265-291.

Wang, C. Y. and H. Y. Chen (2001) "Augmented inverse probability weighted estimator for Cox missing covariate regression," *Biometrics*, Vol. 57, pp. 414-419.

Wang, N. and J. M. Robins (1998) "Large-sample theory for parametric multiple imputation procedures," *Biometrika*, Vol. 85, pp. 935-948.

Watson, G. S. (1964) "Smooth regression analysis," *Sankhyā, Series A*, Vol. 26, pp. 359-372.

Wei, G. C. and M. A. Tanner (1990) "A Monte Carlo implementation of the EM algorithm and the Poor Man's Data augmentation algorithms," *Journal of the American Statistical Association*, Vol. 85, pp. 699-704.

Wood, A. M. et al. (2004) "Are missing outcome data adequately handled? A review of published randomized controlled trials in major medical journals," *Clinical Trials*, Vol. 1, pp. 368-376.

Wooldridge, J. M. (2001) "Asymptotic properties of weighted M-estimators for standard stratified samples," *Econometric Theory*, Vol. 17, pp. 451–470.

Wu, M. C. and K. Bailey (1988) "Analysing changes in the presence of informative right censoring caused by death and withdrawal," *Statistics in Medicine*, Vol. 7, pp. 337–346.

Wu, M. C. and R. J. Carroll (1988) "Estimation and comparison of changes in the presence of informative right censoring by modeling the censoring process," *Biometrics*, Vol. 44, pp. 175–188.

岩崎学(2004)『統計的データ解析のための数値計算法入門』, 朝倉書店.

岩田暁一(1983)『経済分析のための統計的方法』, 東洋経済新報社.

大森裕浩(2008)「マルコフ連鎖モンテカルロ法」, 小西貞則・越智義道・大森裕浩『計算機統計学の方法――ブートストラップ・EM アルゴリズム・MCMC』, 朝倉書店, 143–212 頁.

越智義道(2008)「EM アルゴリズム」, 小西貞則・越智義道・大森裕浩『計算機統計学の方法――ブートストラップ・EM アルゴリズム・MCMC』, 朝倉書店, 69–142 頁.

狩野裕(2014)「NMAR の下での尤度法」, 『日本統計学会誌』, 第 43 巻, 第 2 号, 359–377 頁.

久保拓弥(2012)『データ解析のための統計モデリング入門――一般化線形モデル・階層ベイズモデル・MCMC』, 岩波書店.

スネデカー, G. W.・W. G. コクラン (1962)『統計的方法――農学および生物学における実験のための』, 岩波書店, 畑村又好・奥野忠一・津村善郎(訳).

中妻照雄(2007)『入門ベイズ統計学』, 朝倉書店.

野田一雄・宮岡悦良(1992)『数理統計学の基礎』, 共立出版.

ホーエル, P. G. (1978)『入門数理統計学』, 培風館, 浅井 晃・村上正康(訳).

星野崇宏(2009)『調査観察データの統計科学――因果推論・選択バイアス・データ融合』, 岩波書店.

宮川雅巳(1997)『グラフィカルモデリング(統計ライブラリー)』, 朝倉書店.

索　引

欧　文

ACMV　192
CCMV　192
ECM アルゴリズム　98
EM アルゴリズム　73
E-step　73
Hausman 検定　203
H 関数　78
k-最近傍マッチング　110
Little の検定　199
LOCF　105, 184
LVCF　105
MAR　17, 41
MCAR　17, 54, 182
MMRM　182, 184
M-step　73
NMAR　17, 62
p 分割ホットデック　110
Q 関数　72
Rubin のルール　117
SEM アルゴリズム　100
sequential MAR　183

あ　行

一致性　24
一般化 EM アルゴリズム　79
一般化推定方程式　180
一般化線形混合モデル　181
打ち切り　14, 170
打ち切り確率の逆数による重み付き推定法　173
エイトケンの加速法　99
重み付き推定方程式　163

か　行

カーネルマッチング　107
回帰代入　6, 104
解析モデル　104
確率的回帰代入　105
確率の逆数による重み付き推定法　164
完全ケース分析　1, 142
完全条件付き分布の指定　103, 133
完全情報最尤法　48
完全情報尤度　48
完全データ　1
完全にランダムな欠測　17, 54
完全尤度　29
観測(データの)尤度　48
観測(データの)尤度法　48
感度分析　207
キー変数　110
棄却サンプリング　176
疑似完全データ　6, 19, 102
キャリパーマッチング　111
共変量　123
共変量に依存した MCAR　183
共有パラメータモデル　39
近似的ベイズブートストラップ　121
空間充填条件　98
傾向スコア　159, 163
傾向スコアによるカーネルマッチング　111
傾向スコアマッチング　110
継続時間分析　169
ケースコントロール研究　156
欠測指標　25
欠測データメカニズム　35
欠測による分散の割合　118
欠測パターン　26
コールドデック　105
互換性　135

さ　行

次元の呪い　107
指数型分布族　82

収束基準　76
準互換性　135
情報のある打ち切り　171
情報のある脱落　184
推定関数　216
推定方程式　216
生存時間分析　169
切断　15
セミパラメトリック有効　190
漸近正規性　24
選択に基づく抽出　160
選択バイアス　157
選択モデル　35, 191
層化マッチング　111
相対効率　132

た 行

代入モデル　104
タイプ I 打ち切り　172
タイプ II 打ち切り　172
多重代入　103
多重代入法　114
脱落　105, 182
単一代入　103
単調増加　81
単調(な)欠測　15, 182
超効率性　125
調整オッズ比　158
調整セル法　112
直接尤度　48
直接尤度法　48
データ拡大アルゴリズム　120
適正な多重代入法　122

な 行

内生的標本抽出　160
二重にロバストな推定法　106
二重にロバストな推定量　188
ノンパラメトリックな代入　106

は 行

バイアス　63
パターン混合モデル　37, 192
パラメトリックな代入　106
反復計算　71
分離　51
ペアワイズ削除　2
平均値代入　6, 104
補助変数　123
ホットデック　105

ま 行

マッチング　105
マハラノビスの距離　110
無視可能　51
無視不可能　52
モンテカルロ EM アルゴリズム　97

や 行

融和性のあるモデル　123
予測平均マッチング　112

ら 行

ラウンディング　14
ランダムでない打ち切り　170
ランダムでない欠測　17, 62
ランダムな打ち切り　171
ランダムな欠測　17, 41
ランダムホットデック　112
リストワイズ削除　1
利用可能なケースによる分析　2
連鎖式による多重代入　103, 133
連続変数の離散化　14

高井啓二（第2・3・7章執筆）
関西大学商学部准教授

星野崇宏（編者，第1・4・5章執筆）
慶應義塾大学経済学部・大学院経済学研究科教授

野間久史（第1・6章執筆）
情報・システム研究機構統計数理研究所准教授

調査観察データ解析の実際 1
欠測データの統計科学——医学と社会科学への応用

2016年4月19日　第1刷発行
2023年2月15日　第5刷発行

著　者　高井啓二（たかいけいじ）　星野崇宏（ほしのたかひろ）　野間久史（のまひさし）

発行者　坂本政謙

発行所　株式会社 岩波書店
〒101-8002 東京都千代田区一ツ橋 2-5-5
電話案内 03-5210-4000
https://www.iwanami.co.jp/

印刷製本・法令印刷

ISBN 978-4-00-029847-6　　Printed in Japan